地大人

趙鵬大

2022年（总第17辑）

中国地质大学（武汉）校友与基金工作委员会　编

中国地质大学出版社
ZHONGGUO DIZHI DAXUE CHUBANSHE

图书在版编目(CIP)数据

地大人 2022年(总第17辑)/中国地质大学(武汉)校友与基金工作委员会编. —武汉:中国地质大学出版社,2023.5

ISBN 978-7-5625-5544-5

Ⅰ.①地… Ⅱ.①中… Ⅲ.①中国地质大学-校友-丛刊 Ⅳ.①P5-40

中国国家版本馆CIP数据核字(2023)第100250号

地大人 2022年(总第17辑) 中国地质大学(武汉)校友与基金工作委员会 **编**

责任编辑:彭 琳 责任校对:武慧君

出版发行:中国地质大学出版社(武汉市洪山区鲁磨路388号) 邮政编码:430074

电 话:(027)67883511 传 真:(027)67883580 E-mail:cbb@cug.edu.cn

经 销:全国新华书店 http://cugp.cug.edu.cn

开本:787毫米×960毫米 1/16 字数:358千字 印张:18.25

版次:2023年5月第1版 印次:2023年5月第1次印刷

印刷:武汉中远印务有限公司 印数:1—3100册

ISBN 978-7-5625-5544-5 定价:48.00元

特别鸣谢：中国地质大学（武汉）党委宣传部

《地大人》投稿邮箱：cugxyb@cug.edu.cn

中国地质大学（武汉）校友与基金工作委员会　编

校歌简谱规范

《勘探队员之歌》(又名《勘探队之歌》),是电影《年青的一代》的主题歌曲。1990年,中国地质大学第九次校务会议将《勘探队员之歌》定为校歌。

2021年,学校第七次校务会议审议确定了此校歌五线谱、简谱规范版本。

勘探队员之歌

电影《年青的一代》主题歌《勘探队之歌》

1＝C $\frac{4}{4}$

热情、舒畅地

佟志贤 词
晓 河 曲

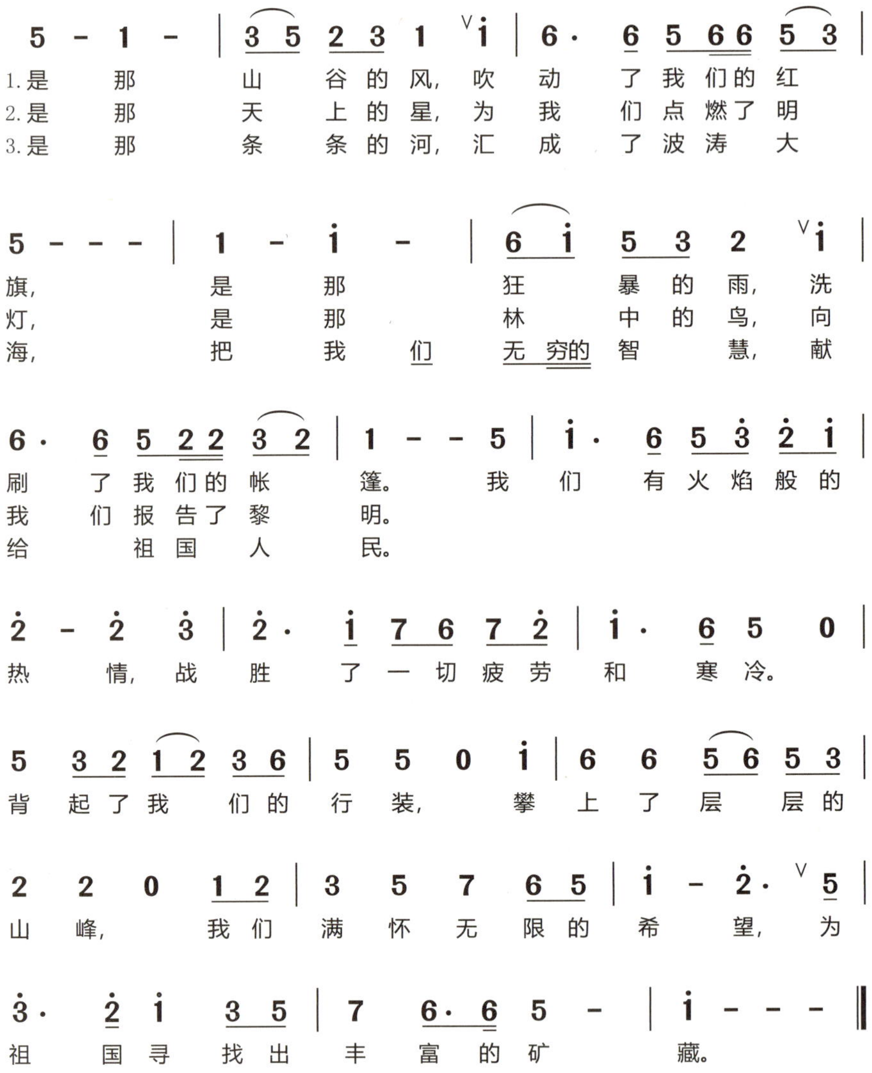

前 言

中国地质大学创建于1952年，前身是北京大学、清华大学等著名大学的地质系（科）合并而成的北京地质学院。1970年，学校迁出北京，在湖北江陵等地辗转办学，更名为湖北地质学院。1974年，学校正式定址武汉，更名为武汉地质学院。1978年，武汉地质学院在北京原校址设立武汉地质学院北京研究生部。1987年，国家教育委员会批准：武汉地质学院更名为中国地质大学，武汉、北京两地办学，总部在武汉。

这是一所底蕴深厚的大学。西南联大地质地理气象学系的学脉在这里延续，北大、清华的一流地质学科和"民主、包容、严谨、求实、勤奋"的先进文化基因在这里传承、创新，来自国内外的名师、才俊在这里切磋、共进。学校于1960年成为全国重点大学，1986年设立研究生院，1997年首批跨入"211工程"重点建设行列，2006年成为教育部优势学科平台建设项目资助高校，2017年首批获得国家统筹推进世界一流大学与一流学科建设项目资助。这是一所人杰地灵的大学。学校在长期的办学实践中形成"艰苦朴素、求真务实"的校训精神，培养了30余万名毕业生。他们在各自岗位上建功立业，报效祖国和人民。其中，涌现出众多的科技精英、治国雄才、商界骄子、体育健儿，温家宝校友和44位中国科学院、中国工程院院士便是杰出的代表。这是一所朝气蓬勃的大学。学校始终坚持以人为本，以学科建设为龙头，以人才队伍建设为核心，以教育教学质量为生命线，办学水平不断提高，在学科建设、人才培养、科学研究、社会服务、国际交流与合作等方面取得了丰硕成果，已发展成为以地球科学为主要特色，理学、工学、文学、管理学、经济学、法学、教育学、艺术学等学科协调发展的多科性大学。这是一所勇攀高峰的大学。学校正在实施"三步走"发展战略，通过实现"地球科学一流、多学科协调发展"的阶段性办学目标，建成地球科学领域国际知名研究型大学，以期在建校100周年之际基本实现地球科学领域世界一流大学的长远办学目标。为实现这一目标，学校将继承和发扬优良传统，励精图治，奋发图强，为解决国家面临的资源环境领域重大问题，建设美丽中国、宜居地球，谋求人类与自然的和谐发展而不懈奋斗。

校友是学校宝贵的资源和财富。2000年，学校校友总会成立，校友与母校从此有了一座沟通信息、联络感情、加强合作的桥梁。多年来，各地校友会本着“发扬地大传统、弘扬地大精神，增进母校与校友、校友与校友间的联络和感情，合作共赢”的宗旨，肩负起校友总会的工作职责，成为母校联系广大校友的桥梁和纽带，通过联络校友、服务校友、宣传校友、凝聚力量，在为母校提高办学质量、增强办学实力，为校友们扩大社会交往、拓展社会资源、开展交流合作、提升科技实力等方面发挥了重要作用，得到了校友们和学校的一致好评。2006年《地大人》创刊，旨在向海内外校友反馈母校年度建设发展情况，介绍校友工作动态，报道各地校友会活动，展示校友风采，登载校友文章等。温家宝校友亲笔为母校题写了校名，给予母校诸多的鼓励和希冀。

多年来，《地大人》是在校友和各地校友分会的大力支持下顺利出版的，并全部通过各地校友分会分发和邮寄等方式免费赠送给各地校友，受到校友们的好评。为满足更多校友阅览《地大人》的愿望，我们已将《地大人》电子版上传至中国地质大学校友会网站（http://alum.cug.edu.cn/）。《地大人》在广大校友的关心、关注和支持下不断提高图书质量和编辑水平，诚望校友们批评指正并提出更好的建议！

《地大人》编委会

2023年1月

目录

CONTENTS

第一章 仰取俯拾结硕果

社会合作

第二章 地负海涵容万象

总会活动

分会活动

院系校友工作

第三章
巍巍学府人才出

摇篮颂

优秀青年校友

校友风采

第四章 神来之笔颂地大

记忆里的青葱岁月

诗言诗语寄深情

第五章 大爱无疆汇人才

第一章

仰取俯拾结硕果

——• 社会合作 •——

学校与中国海洋石油集团有限公司签署战略合作协议

2022年8月18日，学校与中国海洋石油集团有限公司（简称中国海油）在北京签署战略合作协议，校党委书记黄晓玫、校长王焰新院士与集团公司总经理、党组副书记李勇座谈交流，共同见证签约仪式。按照协议，双方将在人才培养、科学研究、技术创新等方面开展全面合作，建立长期、稳定的全面战略合作关系，为保障国家能源安全作出贡献。

集团公司副总经理周心怀，学校党委常委、副校长刘勇胜代表双方签署协议。集团公司总经理、党组副书记李勇，原集团公司总地质师谢玉洪院士，集团公司总经理助理兼有限公司执行副总裁曹新建，校党委书记黄晓玫，校长王焰新院士，学校党委常委、宣传部部长储祖旺等参加签约仪式。

座谈交流中，李勇介绍了中国海油产业发展、科研进展、人才培养等方面的情况。他希望双方继续保持密切合作，加强互动，共同开展科技攻关以及重大项目谋划，合作培养高层次人才，共建原创技术策源地，努力推动“十四五”能源领域科技创新驱动发展。

王焰新介绍了学校与中国海油的合作情况和特色优势，希望同中国海油一

▲ 座谈会现场

▲ 学校与中国海洋石油集团有限公司签署战略合作协议

道，加强科技攻关和基础研究合作，探索校企合作新模式，为中国海油能源产业发展贡献力量。

黄晓玫表示，学校事业发展得到了中国海油的大力支持，在人才培养过程中，学生在一线接受了锻炼、增长了本领。她代表学校对中国海油表示感谢，希望中国海油一如既往地关心和支持学校发展，双方共商产教融合发展大计，共谋携手合作美好愿景。

（图文来源：地大新闻网）

学校与中部战区总医院签署战略合作协议

2022年6月29日，学校与中国人民解放军中部战区总医院（简称中部战区总医院）签署战略合作协议，双方将联合培养高水平人才，开展高水平科技创新和加强医疗合作。中部战区总医院院长邢文荣、护理部主任戴晓婧，学校校长王焰新院士、副校长刘杰，双方相关单位负责人等参加签约仪式。

刘杰主持签约仪式。他简要介绍了学校的基本情况及双方战略合作主要内容。双方将依托学校研究平台、院方设施设备及教学科研平台，在联合培养研究生、联合引进共享高层次人才、提升学校卫生专业技术人员业务水平等方面开展合作。同时，双方将加强交流协作，联合开展高水平科技创新工作，推动研究成果转化应用，开展医疗合作等。

▲ 学校与中部战区总医院签署战略合作协议

▲ 副校长刘杰主持签约仪式

王焰新、邢文荣代表双方签署战略合作协议，与会人员围绕校院合作进行交流座谈。

邢文荣简要介绍了中部战区总医院的基本情况。他希望通过学校和医院的紧密合作，加快产学研合作步伐，把医院的技术难题转化为地大专家学者的研究课题，探索在医用矿物材料和药物、肿瘤早诊技术等方向共同设立研究课题，合作开展研究，实施科技创新，切实提高双方服务社会的能力。

王焰新对中部战区总医院长期对学校的医疗保障支持表示感谢。他简要介绍了学校相关科研平台和研究基础，强调了医学地质研究面临的重大社会需求，表示双方可以共同组建团队，围绕地质环境中物质的赋存、循环及其健康效应等领域，谋划重大研究课题。他表示，学校将围绕协议内容，加强与中部战区总医院的交流，落地落实合作内容，实现优势互补、强强联合，共同服务国家战略和经济社会高质量发展。

当天上午，中部战区总医院的医生在学校南望山校区东区教学综合楼前进行义诊，开展党员干部“下基层、察民情、解民忧、暖民心”实践活动。来自12个科室的14位骨干专家坐诊，累计接诊450余人。

中部战区总医院院长邢文荣，校党委书记黄晓玫、校长王焰新、副校长刘杰一同到义诊现场指导工作。

▲ 校长王焰新院士讲话

▲ 中部战区总医院院长邢文荣讲话

▲ 义诊现场

（图文来源：地大新闻网）

学校与中国三峡集团进行校企合作座谈

2022年6月7日，学校党委书记黄晓玫、校长王焰新带队前往中国长江三峡集团有限公司（简称中国三峡集团），与中国三峡集团董事长、党组书记雷鸣山座谈。双方就打造校企合作新典范，聚焦产学研深度融合，进一步深化人才培养、科技攻关、科创平台建设等方面的合作深入交流。中国三峡集团副总经理、党组成员王良友，校党委副书记唐辉明，校党委常委、副校长刘杰、刘勇胜及双方相关单位负责人出席座谈会。座谈会由雷鸣山主持。

▲ 座谈会现场

雷鸣山讲话。他对学校领导到访表示欢迎，对学校长期以来给予中国三峡集团的支持和帮助表示感谢。雷鸣山表示，中国三峡集团与学校合作渊源深厚，自20世纪50年代开始，学校在三峡大坝选址勘探、库区地质灾害防治、生态环境治理等方面，为中国三峡集团提供了有力的学术论证支持，双方合作取得了一系列成果。当前，中国三峡集团正聚焦主责主业，奋力实施清洁能源和长江生态环保“两翼齐飞”的发展战略，推动高质量发展。他希望双方充分发挥各自优势，围绕科研平台建设、科学技术研发、高端人才培养等领域开展更高水平、更高质量、更高层次的合作，积极探索合作新模式，共同打造新时代校企合作新典范。

▲ 中国三峡集团董事长、党组书记雷鸣山讲话

黄晓玫代表学校对中国三峡集团表示感谢。她说，中国三峡集团是我国清洁能源领域的领军企业，是共抓长江大保护工作的骨干力量，与学校服务国家重大战略需求和长江经济带高质量发展的目标非常契合，双方拥有良好的合作基础和广阔的合作空间。她表示，学校将按照会谈形成的共识，加强统筹协调、合作交流，形成多层次、多方位的合作新格局，与中国三峡集团一起，聚焦重点项目，培育重大合作成果，为国家重大工程建设中的关键资源环境问题、安全健康问题提供“地大方案”，为实现创新发展和科技自立自强贡献地大力量。

▲ 校党委书记黄晓玫讲话

▲ 校长王焰新讲话

王焰新以“再续一江情谊　助力两翼齐飞”为题，介绍了学校的基本情况、学校与中国三峡集团的合作基础和合作内容。他说，地大与中国三峡集团人文相亲、渊源深厚，学校近年来在三峡库区重大地质灾害防治、生态环境治理等方面开展众多研究，成效显著。他介绍，双方可以共建创新平台、共通创新链条、共育一流人才、共享优质资源，做到通力合作、深化协同，实现优势互补、强强联合，共同更好地服务国家战略需求和经济社会高质量发展。

▲ 与会人员合影

会上，雷鸣山、黄晓玫为王焰新院士工作站揭牌，王焰新、王良友见证揭牌。与会人员观看了学校宣传片及中国三峡集团综合展示系统，双方围绕科学研究、人才引进、人才培养、已有的合作项目及未来开展合作方向等进行了深入交流。

（图文来源：地大新闻网）

服务大湾区建设：学校与广州南沙共建滨海研究院

2022年6月2日，校长王焰新带队前往广州，与广州南沙经济技术开发区管理委员会签署协议，共建广州南沙地大滨海研究院（简称滨海研究院）。

南沙区党工委副书记谢伟、学校副校长刘勇胜代表双方签署协议，广州市委常委、南沙区党工委书记、管委会主任卢一先与王焰新共同见证签约仪式。南沙区党工委委员欧阳刘兵主持签约仪式。

▲ 南沙区党工委副书记谢伟（左）、学校副校长刘勇胜（右）代表双方签署合作协议

卢一先说，南沙区依海而生、因海而兴，作为大湾区国际科技创新中心重要承载区和综合性国家科学中心主要承载区，未来将立足湾区、协同港澳，发展为大湾区国际航运、金融和科技创新的承载区，建成面向世界的国家级重大战略性平台。南沙区和地大共建滨海研究院，是双方深度参与粤港澳大湾区建设的重要举措。

▲ 广州市委常委、南沙区党工委书记、管委会主任卢一先讲话

南沙区将依托地大雄厚的科研实力，持续增强涉海科技创新能力，建设具有全球影响力的海洋科技创新中心。

▲ 校长王焰新讲话

王焰新表示，地大是教育部直属全国重点大学、国家“双一流”建设高校。近年来，学校在构建以地球科学为核心的学科生态系统的同时，坚持“四个面向”，坚持“强化特色、关联生长”，紧紧围绕服务国家战略和经济社会发展需要，走向“深蓝”，成立海洋学院，大力发展涉海学科。在南沙区建设研究院，既是学校助力粤港澳大湾区创新发展的重要现实机遇，也是学校高质量发展涉海学科的重要历史机遇。学校将举全校之力，努力支撑广州“一带双核多集群”海洋经济发展格局中的“海洋科技创新核”建设，贯通人才链、学科链，推动创新链、产业链有效衔接，努力为南沙区高质量发展贡献地大力量。

据悉，滨海研究院将设立海洋微藻种质中心、生物地质与环境地质国家重点实验室广州中心、海洋珠宝产业实验中心等平台，围绕海洋强国建设战略部署，集聚高质量人才团队资源，着力构建海洋科学研究新发展格局。滨海研究院将面向海洋科技前沿、海洋产学研合作等，着力突破学科前沿重大科学问题，大力汇聚国内外科技创新资源要素，充分发挥海洋科学的多学科交叉平台的综合性优势，打造高水平涉海研究队伍，培养高层次海洋人才，服务海洋产业链条，建设海洋领域国际合作创新的新高地。

（图文来源：地大新闻网）

服务湖北高质量发展：11人入选“院士专家企业行”名单

2022 年，中共湖北省委人才工作领导小组办公室（简称湖北省委人才办）、湖北省人力资源和社会保障厅（简称湖北省人社厅）公布了2022 年“院士专家企业行”人选名单，学校王焰新院士及芦露华、杨华明、聂玉伦、杜尧、鲍建国、祁士华、王东升、孔淑琼、徐方、赵啟行11名教授专家入选。

在2022年“院士专家企业行”专项活动中，王焰新院士对接联系中国长江三峡集团有限公司长江生态环境工程研究中心、湖北省地质局第七地质大队、三峡高科信息技术有限责任公司。根据企业需求，他们将着重在长江经济带生态环境保护相关科学研究和转化应用、共建院士工作站、信息系统研发等方面给予指导。

芦露华教授等分别联系湖北万润新能源科技股份有限公司、湖北明弘科技集团有限公司、恩施州施梅酒业有限公司、武汉市宇驰检测技术有限公司、湖北瑞凯兴科技股份有限公司、湖北省黄麦岭磷化工有限责任公司、武汉光谷蓝焰新能源股份有限公司、利川市鑫发源建材有限责任公司、湖北楚天联发路桥养护有限公司、湖北中油优艺环保科技集团有限公司等企业，并给予相关技术指导。

近年来，学校面向长江经济带区域经济发展，在矿产资源开发利用、生态环保、地热开发、地质灾害防治、智能制造等领域发挥优势，深度参与湖北省重点产业发展。在新能源、新材料、环境健康、先进制造、新一代信息技术（大数据人工智能、云计算）、航空航天等重点领域，开展产业共性关键技术研发、工艺试验和行业技术标准制定等工作，与行业骨干企业联合共建高质量示范性产业技术创新中心。学校科技工作坚持“四个面向”，鼓励专业教师把论文写在荆楚大地上，把科技成果应用在实现社会主义现代化的事业中，为国家高质量发展提供坚强的智力支持。

湖北省举办的“院士专家企业行”活动，是湖北省委为了帮扶企业“解难题、稳增长、促发展”而推进的服务基层人才专项计划。学校历年来认真落实湖北省委关于鼓励和引导人才向艰苦地区和基层一线流动、促进科技成果转化以及推动高校院所科技人员服务企业研发活动等的有关政策，积极选派专家参加“院士专家企业行”“科技副总”“科技特派员”“博士服务团”等项目，组织教师参加湖北省实施的“百校联百县——高校服务乡村振兴科技支撑行动计划”“一市两校双基地创新驱动工程”等项目，激励更多专家人才参与社会服务，投身基层一线和经济发展主战场。

据悉，湖北省委人才办、湖北省科学技术厅、湖北省经济和信息化厅、湖北省人力资源和社会保障厅、共青团湖北省委对前期学校作为选派单位，在服务基层工作方面的突出表现进行了通报表扬，并对学校积极参与服务基层人才专项计划，为推进乡村振兴、加快疫后重振作出的贡献给予了肯定。

（文字来源：地大新闻网）

学校与中央广播电视总台国际在线共建国际传播基地

2022年5月31日，中央广播电视总台国际在线举办推动国际传播能力建设座谈会暨国际传播战略合作协议“云签约”活动。活动主会场设在北京，全国15个省市设有分会场，线上线下同时举行。国际传播领域的有关负责人、专家学者、新闻工作者等，围绕当前热点议题展开研讨，并分享国际传播的优秀案例。

学校党委常委、宣传部部长储祖旺与国际在线湖北频道负责人艾涛，代表双方签署国际传播基地共建协议。今后双方将在国际传播传媒理论与实务、人才培养、信息与技术资源共享等领域开展深入合作，加强国际人才培养与对外传播有效融合，打造“留学地大”品牌，向世界讲好中国故事、地大故事，着力提高学校教育国际化水平与国际影响力，为加强湖北国际传播能力建设，服务地方“走出去”贡献力量。

会后，双方就加强国际传播能力建设进行交流。

据悉，国际在线是由中央广播电视总台主办的以国际传播为特色的中央重点新闻网站，目前通过44个语种向全球讲述中国故事、传播中国声音，是中国使用语种最多的网络媒体平台。

▲ 学校党委常委、宣传部部长储祖旺（右）和国际在线湖北频道负责人艾涛（左）代表双方签署协议

（图文来源：地大新闻网）

学校与中国工商银行湖北分行举行智慧校园建设合作签约仪式

2021年12月30日，学校与中国工商银行湖北分行在未来城校区举行智慧校园建设合作签约仪式。校党委书记黄晓玫，校长王焰新，副校长刘杰，中国工商银行湖北分行党委书记、行长郭伟，湖北分行副行长兼武汉分行党委书记、行长邱世杰，湖北分行副行长夏志青等出席签约仪式。

校长王焰新主持签约仪式。

王焰新对中国工商银行湖北分行各位领导的到来表示欢迎，对中国工商银行湖北分行长期以来对学校的关心和支持表示感谢。

▲ 签约仪式现场

副校长刘杰从银行金融服务、信息化建设服务、人才培养服务和共同抗疫4个方面回顾了学校与中国工商银行前期合作成果，详细介绍了学校新一轮合作银行的招标情况。

刘杰与夏志青分别代表双方签订了《资金存放及“智慧校园”建设合作银行协议》。

▲ 副校长刘杰（右）和中国工商银行湖北分行副行长夏志青（左）代表双方签订协议

▲ 中国工商银行湖北分行党委书记、行长郭伟发言

中国工商银行湖北分行党委书记、行长郭伟指出，中国地质大学建校70年来，在地球科学领域作出了积极探索，在高素质人才培养上作出了卓越贡献；中国地质大学一直是中国工商银行在教育领域的核心客户，双方在34年的长期合作中建立了互利互信、合作共赢的良好关系。在未来的合作中，中国工商银行将以优秀的团队、一流的服务、成熟的技术、个性

化的产品回报师生，与学校风雨同舟、精诚合作、携手共进。

校党委书记黄晓玫对多年来学校与中国工商银行的合作历程进行了回顾。她指出，今后双方应在已有的丰硕成果基础上深入挖掘合作空间，拓宽合作渠道，积极在校园信息化建设、国际化办学、产学研建设、人才培养合作等方面共谋发展。2022年11月将迎来中国地质大学70周年校庆，诚邀中国工商银行领导参加校庆活动。

▲ 校党委书记黄晓玫讲话

签约仪式后，郭伟一行参观了未来城校区。

▲ 与会人员参观未来城校区

（图文来源：地大新闻网）

学校与法国雷恩高等商学院签署合作协议

2022年9月15日，学校与法国雷恩高等商学院举行线上合作会谈签约仪式，共建经济学（中法班）本硕联合培养项目。

仪式由学校副校长赖旭龙和雷恩高等商学院发展部部长斯蒂芬妮·尤美共同主持。校长王焰新院士与法国雷恩高等商学院校长托马斯·伯乐签署合作协议。学校国际合作处、经济管理学院,法国雷恩高等商学院国际发展部、驻华代表处等相关人员参加仪式。

▲ 地大与法国雷恩高等商学院举行线上合作会议

王焰新对两校交流合作取得的成绩给予充分肯定,希望通过共建经济学(中法班)本硕联合培养项目,提升学校国际化人才培养水平。托马斯·伯乐表示,对两校共建经济学(中法班)本硕联合培养项目充满期待,希望未来与地大不断加强合作。

▲ 校长王焰新与雷恩高等商学院校长托马斯·伯乐签署合作协议

法国雷恩高等商学院成立于1990年,是法国精英大学校联盟成员,是全球拥有三皇冠认证①的商校之一。学校与法国雷恩高等商学院的合作始于2012年。10年间,随着合作的深化,双方师生互访频繁,学校有近50名学生赴法国雷恩高等商学院深造,法国雷恩高等商学院有近20名师生来学校举办讲座、授课和交流。

此次学校与法国雷恩高等商学院签署合作协议,共建经济学(中法班)本硕联合培养项目,是建立在两校互信基础上的深化合作。该项目旨在充分发挥两校教育优势,培养具有国际视野的创新型人才。

(图文来源:地大新闻网)

①三皇冠认证体系分别为国际商学院协会(AACSB)、欧洲质量发展认证体系(EQVIS)、国际MBA协会(AMBA)。对于商学院来说,它是国际上通用认可的最高荣誉。

学校首次与世界知名音乐学院签署合作协议

2022年5月31日，学校与意大利萨勒诺音乐学院签署校际合作协议。这是学校首次与世界知名音乐学院建立校际合作关系。

学校将与萨勒诺音乐学院在学生交换与联合培养、学术交流、科研创作、艺术实践等方面开展全方位合作。同时，学校艺术与传媒学院也将借此契机，与对方共同推动实现教育资源共享，推进教学方法改革，完善艺术课程体系建设，并计划组建音乐大师班，加快培养音乐领域专业人才的步伐。

萨勒诺音乐学院位于意大利坎帕尼亚大区的萨勒诺城，成立于1819年，学科专业设置齐全、师资力量强大、学术氛围浓厚，在全世界享有很高的声誉。值得一提的是，活跃于业界已20年之久的世界顶尖合唱团——萨勒诺威尔第歌剧院合唱团，其多数成员毕业于萨勒诺音乐学院。该合唱团曲目涵盖了横跨4个世纪的歌剧作品、轻歌剧、清唱剧等，该合唱团是威尔第的《安魂曲》《茶花女》《纳布科》，马斯卡尼的《乡村骑士》，贝里尼的《诺尔玛》，普契尼的《托斯卡》《波希米亚人》，比才的《卡门》和贝多芬的《第九交响曲》等作品的权威演绎者。

（文字来源：地大新闻网）

学校与中控技术共建未来技术学院 共同培养智能地球探测英才

▲ 吴敏、王华、黄晓玫、褚健、崔山、石莹(与图中顺序同)为智能化技术实验室和工业互联网技术实验室揭牌

2022年10月28日，学校与浙江中控技术股份有限公司(简称中控技术)共建未来技术学院启动仪式暨实验室揭牌典礼举行。中控集团创始人褚健，中控技术董事长崔山、总裁助理石莹，学校党委书记黄晓玫、副校长王华、未来技术学院院长吴敏，学校相关管理与服务机构负责人，相关学院负责人、

专家学者、师生代表，以及来自校企合作的企业代表等参加启动仪式。未来技术学院常务副院长陈鑫主持启动仪式。

吴敏、王华、黄晓玫、褚健、崔山、石莹共同为智能化技术实验室和工业互联网技术实验室揭牌。

王华认为，地大与中控技术共建未来技术学院，联合打造产教融合实验室，共同探索高水平人才培养的实验实践教学模式，为实现学院推动地球探测和生态健康技术、抢占未来技术制高点作出贡献。他表示，学校将加强与中控技术的密切合作，发挥各自优势，建立产教融合新模式，为校企合作树立典范。

▲ 副校长王华致辞

崔山指出，中控技术是国内领先的流程工业智能制造整体解决方案提供商，产品及解决方案已覆盖全球50多个国家和地区。他表示，中控技术拥有国内一流的技术与团队、先进的软硬件配置，中控技术与地大强强联合，将为师生提供更具实践性与科研性的场景化平台，能孵化更多科研成果。他期待地大人能够加入中控技术，共同为经济社会发展、教育事业发展作出贡献。

▲ 中控技术董事长崔山致辞

中控技术向学校捐赠价值千万元的先进设备，与学校合作共建智能化技术实验室和工业互联网技术实验室，并向学校捐赠50万元“智能地球探测奖学金”，奖励在智能地质装备领域取得优异成绩的学生。

▲ 中控技术向学校捐赠“智能地球探测奖学金”

多家工程装备制造企业也向学校捐

▲ 多家工程装备制造企业向学校捐赠“智能地球探测奖学金”

赠“智能地球探测奖学金”，助力学校人才培养。

2021年，学校成立未来技术学院，探索资源与环境领域多学科交叉创新模式和技术领军人才培养新范式，推动人工智能技术、新一代信息技术与地球科学的深度融合，培养“敢闯会闯”的复合型高素质人才。学院目前有本科生123名，研究生70名，由16位首席科学家牵头组建导师团队，实行“一生一方案”，即导师团一对一培养方案。

吴敏介绍，未来技术学院目前有两个主攻方向：未来地球探测技术和未来生态健康技术。矿产资源能源的勘探、地质灾害的监测预警、生态环境污染防治等都需要先进的智能装备保驾护航，人工智能和新一代信息技术带来的装备革新有望带来科研突破。他表示，中控技术在智能装备研发上有着强劲实力，也是学院的首家合作企业。学院还将与更多人工智能、信息技术行业龙头企业开展合作，打造一流实验教学平台。

（图文来源：地大新闻网）

第二章

地负海涵容万象

总会活动

校长王焰新一行赴成勘院与校友座谈交流

2021年12月28日，校长王焰新院士、校党委副书记王林清一行看望成都校友。川渝校友会会长、1985届地质管理专业邵家斌，中国电建集团成都勘测设计院有限公司（简称成勘院）副总经理、1992届水文地质与工程地质专业校友张世殊等校友代表与王焰新一行座谈交流。

王焰新对校友们长期关心和支持学校建设发展表示感谢，并介绍了学校发展近况。他说，近年来，学校破解办学资源短缺困境，建设未来城校区和国际教育校区，完善基础设施建设，改善学校办学条件。为提升人才培养质量、科学研究水平、社会服务能力、国际交流能力和文化传承能力，学校实施了学术卓越计划，致力于培养社会主义建设者和接班人。他表示，学校目前正开启建设地球科学领域国际知名研究型大学的新征程，希望与广大校友单位共建国家级、省部级平台和合作项目，与校友企业全方位对接，为校友企业提供科研支撑和人才储备服务。

▲ 与会人员合影

（图文来源：地大新闻网）

副校长赖旭龙一行调研湖南校友企业并为“校友之家”揭牌

2022年1月17日，学校副校长赖旭龙调研校友企业湖南北斗微芯产业发展有限公司（简称北斗微芯公司），并为湖南“校友之家”揭牌。学校相关部门负责人、湖南校友会会长王依洲、秘书长邓星平，川渝、河北、福建校友会代表参加揭牌仪式。揭牌仪式由学校探矿工程专业1991届校友、北斗微芯公司董事长杨世忠主持。

赖旭龙一行参观了北斗微芯产业基地，了解了公司相关技术、成果和发展现状，并与公司董事长杨世忠进行深入交流。

随后，赖旭龙、王依洲共同为“校友之家”揭牌。设在北斗微芯产业基地的地大湖南“校友之家”，将成为地大校友交流的温馨家园、校友联络的互动平台。

▲ 与会人员合影

王依洲表示，湖南校友会将加快推进与北斗微芯公司等校友企业的交流合作，在建设好“校友之家”的同时，凝聚校友力量，整合校友资源，促进合作发展，提升湖南校友会的活力，实现校友之间、校友与学校之间协作共赢、创新发展。

杨世忠对母校老师及校友会一行到北斗微芯公司调研表示欢迎。他期待进一步加强与母校的联络，促进产学研合作，并表示愿意全力支持学弟学妹来北斗微芯公司实习就业。

赖旭龙对湖南校友有了属于自己的“校友之家”表示祝贺，向杨世忠及长期关心支持地大建设发展的各地校友表示感谢。他表示，学校的发展离不开校友们的大力支持，希望校友与学校进一步加强联系沟通，在科技创新、人才培养、项目共建等多领域开展多层次深化合作，母校将永远是校友的后盾，持续关注、关心校友的事业发展。

（图文来源：地大新闻网）

校长王焰新一行赴中南市政总院开展“访企拓岗促就业”专项调研

为认真贯彻落实党中央、国务院关于高校毕业生就业工作的决策部署，按照教育部办公厅印发的《关于开展全国高校书记校长“访企拓岗促就业”专项行动的通知》，2022 年 4 月 14 日，校长王焰新、副校长刘杰一行前往中国市政工程中南设计研究总院有限公司（简称中南市政总院）开展调研，就进一步加强科研联合攻关、人才培养合作、科技平台共建，促进学生就业等内容进行深入交流。中南市政总院党委委员、副院长、总工程师李国洪主持会议。

中南市政总院党委副书记、副院长李伟国表示，地大多年来培养和输送了一批优秀人才到中南市政总院工作，受到了一致好评。他希望院校双方建立常态化交流互访机制，创新合作方式，在科技项目联合攻关、科技平台共建、研究基地共享、人才培养、学生实习实训、导师互聘、职工深造等方面开展广泛合作，将院校合作之路走深、走实、走宽。

中南市政总院党委组织部（人力资源部）部长皮文强介绍人才工作情况及校企合作设想，副总工程师、科研院院长万年红介绍科研工作情况。学校实验与设备管理处处长马腾介绍长江实验室筹建情况，双方参会人员就科技联合攻关、学生实习实训、院校定向招聘等内容进行了充分交流。

王焰新指出，学校始终坚持把立德树人作为根本任务，充分发挥办学特色，在人才培养、科学研究、社会服务、学科建设、国际交流与合作等方面取得了丰硕成果，这离不开中南市政总院等单位长期以来的支持。学校与中南市政总院人文相亲、专业相通、领域相近，在地质工程、生态环境、数字信息、材料化学等方面的合作大有空间、大有作为。他表示，学校高度重视毕业生就业工作，希望通过开展“访企拓岗促就业”专项行动，全面深化校企合作，促进供给需求有效对接，推进毕业生更加充分、更高质量就业。他希望未来双方进一步加强产学研用合作，深化产教融合，努力实现创新驱动发展。他强调，只有更高水平的开放才能促进更高质量的发展，要扩大合作空间、提升合作层次、施行务实有效的举措。校内相关单位要聚焦、紧盯、跟进、落实合作要求，实现提高能力强服务，加强合作促发展，为“十四五”高质量发展汇聚资源和力量。

▲ 与会人员合影

根据教育部、湖北省教育厅工作部署，学校结合实际，制定了《关于开展校领导“访企拓岗促就业”专项行动的工作方案》，通过发挥校党委书记、校长以及校领导班子成员带头做好毕业生就业工作的重要示范作用，开拓更多优质就业岗位，开展社会需求调查，推动人才培养面向国家重大战略需求、行业区域发展需求，全力促进学校毕业生更加充分、更高质量就业。目前，各项促进就业的举措正在推进。

（图文来源：地大新闻网）

校党委书记黄晓玫率队赴中诚信集团走访调研

2022年5月31日，校党委书记黄晓玫率队前往中诚信集团走访调研，开展“访企拓岗促就业”专项行动，了解企业生产运营情况，对接企业人才培养需求，看望企业校友代表，探讨校企产学研合作。校党委副书记成金华，学校办公室、校庆工作办公室、校友与社会合作处、学生就业指导处和经济管理学院等相关单位负责人参加走访调研。

中诚信集团副总裁、学校2002届会计学专业毕业生袁刚对母校领导、老师们的来访表示欢迎。他对母校即将迎来70周年校庆表示祝贺，并分享了在母校求学的经历。他介绍了中诚信集团在信用评级、征信和社会信用体系建设等多个信用产业板块的业务，以及近年来中诚信集团在湖北及武汉的发展情况。他希望中诚信集团能与学校在信用管理咨询服务、碳达峰碳中和目标实现、户外体育运动等方面，开展深层次的产学研合作，也期盼母校为单位输送更多的优质人才。

▲ 校党委书记黄晓玫(一排右三)带队调研

成金华表示，中诚信集团拥有信用评级、征信和社会信用体系建设等多个信用产业板块，是国内信用产业链条最完整、信用产品最丰富的综合性信用产业集团。近年来学校和中诚信集团聚焦国家“双碳”发展战略，在绿色产业转型、碳金融和气候投融资试点等领域，有良好的合作基础，此次调研在立足于为毕业生开拓更多就业岗位机会的同时，也要着眼于构建实现双方合作、发展、共赢的工作机制的长远目标，全力实现向社会和企业输送更多的优秀人才。

黄晓玫在座谈中听取了中诚信集团的发展历史、人才培养需求和产学研合作的思路。她指出，开展“访企拓岗促就业”专项行动，是为了进一步加强校企合作，培养高层次人才，促进毕业生更高质量、更充分的就业。地大毕业生传承“艰苦朴素、求真务实”的校训精神，具有鲜明的特色和优点，深受用人单位好评。企业对学校人才培养质量的肯定与认可，进一步增强了学校更好地落实人才培养主体责任的动力与信心。学校将始终紧跟时代步伐，根据国家社会发展大局、企业和行业发展需求，不断优化学科专业布局，深入推进校企科研合作，持续提升人才培养质量，通过组织专场招聘会、搭建校企双向交流平台等形式，促进在人才培养、科学研究、科技成果转化等方面与集团业务的良性互动，精准输送更多高质量的人才。

(图文来源：地大新闻网)

校党委副书记王林清率队赴中建科工集团调研交流

2022年6月1日，校党委副书记王林清率队赴中建科工集团有限公司(简称中建科工集团)湖北分公司开展“访企拓岗促就业”调研交流，校企双方就学生就业、产学研合作、实习实训基地建设等方面进行了深入交流。

中建科工集团华中大区党委副书记刘海群，武汉公司及相关部门负责人，学校学生就业指导处、校庆工作办公室、工程学院、经济管理学院、地理与信息工程学院、机械与电子信息学院、材料与化学学院等单位的学生工作负责人、辅导员参加调研。

调研团一行先后参观了蔡甸城市客厅项目部、中建钢构华中大区陈列室和钢结构制造厂，观看了中建科工集团企业宣传片、湾区会展国际酒店项目纪录片。

座谈会上，刘海群对王林清一行的到来表示欢迎。他指出，地大多年来重视学生培养工作，为中建科工集团输送了一批优秀人才，是名副其实的“校友院校”。华中大区要在学生就业、科研攻关、校企党建、员工进修等多个方面，加强与学校的深度合作，通过校企联建强基固本，提质增效，实现互惠共赢。

王林清就中建科工集团对学校的支持表示感谢。他指出，此次“访企拓岗促就业”专项行动是强化校企合作，开拓就业岗位资源，促进毕业生高质量充分就业的重要举措。他表示，中建科工集团作为国内最大的钢结构产业集团和国家高新技术企业，在工程建设领域成就斐然，希望双方以长期形成的良好合作为基础，充分发挥双方优势，进一步加强在校园招聘、实习实训、人才培养等方面的合作，深化长期、稳定、全面、深度的战略合作关系，共同助力建筑行业高质量发展。

▲ 与会人员合影

参与调研的学校职能部门、培养单位均表达了进一步深化校企合作的愿景，纷纷对产学研合作、校企文化交流、基层党组织结对领航、学生职业生涯教育等具体措施提出了建议。

（图文来源：地大新闻网）

“访企拓岗促就业”进青山　校企地合作促就业

为贯彻落实教育部办公厅印发的《关于开展全国高校书记校长“访企拓岗促就业”专项行动的通知》，深入推进湖北省“才聚荆楚”和武汉市“学子留汉”工程，搭建校企地联系合作平台，2022年6月2日，学校党委书记黄晓玫，副校长刘杰，学校办公室、校友与社会合作处、学生就业指导处、工程学院、环境学院、海洋学院等相关单位负责人及学生代表近40人，走进武汉市青山区，来到中冶集团武汉勘察研究院有限公司（简称中冶武勘）开展“地大学子看青山”“访企拓岗促就业”活动，推动岗位供需精准匹配，助力毕业生高质量就业。

青山区区长刘栿堂，副区长王清梅，中冶武勘党委书记、董事长臧中海，中冶武勘党委副书记刘耀峰，青山区人民政府办公室、区委组织部、区人力资源和社会保障局、中国共产主义青年团青山区委员会、区人才服务中心和中冶武勘相关部门负责人参加活动。

在中冶武勘企业展厅，师生们听讲解员介绍企业发展历程、科技前沿技术、未来战略规划，沉浸式感受VR①检修的场景，深入了解无人机在测绘地理信息领域中的应用，聆听中冶武勘专家深海勘探的故事。

在座谈交流会现场，臧中海介绍了企业生产经营、人才引进、人才培养与人才需求情况，希望进一步畅通校企地合作渠道，集聚更多的优秀人才。

刘杰表示，中冶武勘历史悠久、技术实力雄厚，大型项目业绩突出，专利数量及标准规程的编制经验丰富，在同类型企业中具备强大竞争力，是勘察设计行业领先企业。他希望校企在今后进一步加强交流，深入开展产学研合作。

黄晓玫指出，学校与青山区各部门、辖区企业互动频繁，保持着密切的合作关

①VR，英文全称Virtual Reality，指虚拟现实，也称为虚拟技术、虚拟环境。

系，为校企合作奠定了坚实的基础。她希望在辖区政府的引导和支持下，校企双方发挥优势，促进学校人才培养与企业人才需求的深度融合，共同打造校企地合作的新范式，为毕业生提供更多的就业岗位，为辖区企业输送更多的优秀人才，贡献更多的地大力量。

刘栿堂表示，青山区是奋斗创业的沃土，不仅工业基础雄厚，更在数字经济、新材料、新智造、氢能等新兴产业发展方向迈出了坚实的步伐，集聚了众多科技创新企业，需要青年人才一起共创未来。青山区愿搭好三方联系平台，强化服务保障，让更多人才在青山区安居乐业。

在分享交流现场，青山区人才专员向同学们解读大学生落户安居、租房补贴、档案托管等人才服务政策。学校2010届资源学院毕业生孙丽娜、2012届工程学院毕业生王金伦、2018届资源学院毕业生王振武作为入职青山区的校友代表，先后分享就业创新的故事及扎根街道社区、服务居民的经历，以自己的亲身经历为学弟学妹答疑解惑，邀请大家选择青山、共创未来。

实地走访企业后，师生们来到青山江滩，听江滩变迁故事，感受生态之美。来自海洋学院的博士研究生马晓晨说：“企业的就业创新氛围很好，青山江滩环境优美，大学生安居落户、租房补贴政策诚意满满，让我感到暖心，如果有合适机会，我愿意选择青山。”

▲ 与会人员合影

（图文来源：地大新闻网）

副校长刘杰率队赴武汉硚口区开展“访企拓岗促就业”专项行动

为贯彻落实教育部办公厅印发的《关于开展全国高校书记校长“访企拓岗促就业”专项行动的通知》和深入推进武汉市“学子留汉”工程，深化校企地对接合作，2022年5月31日，副校长刘杰、学生就业指导处处长严嘉、校团委书记朱荆萨及学生代表15人赴武汉市硚口区参加“一起向未来”新时代英雄城市学子行首场活动暨高校“访企拓岗促就业”活动启动仪式。武汉市委组织部副部长、市人才工作局局长姜铁兵参加启动仪式。

大家参观了中国葛洲坝集团股份有限公司(简称葛洲坝集团)、联创新锐设计顾问(武汉)有限公司(简称联创新锐)、“D+M”工业设计小镇3家重点企业和科创载体。年营业收入超千亿元、员工人数超10万的葛洲坝集团,高层次人才汇聚的建筑设计企业联创新锐,以全产业链设计创新为核心的工业服务平台“D+M”工业设计小镇,给大家留下深刻印象。

姜铁兵指出,千秋基业,人才为本。以大学生为主体的青年人才是人才队伍的源头活水,是最为活跃、最具生机、最具创造性的力量。武汉市创新开展“一起向未来”新时代英雄城市学子行系列活动,旨在大力支持在汉高校开展的“访企拓岗促就业”专项行动,构建新时代校地实践育人新模式。

葛洲坝集团副总经理黄浩介绍了集团公司引才育才敬才爱才的经验做法,同时“喊话”在场师生,欢迎大家加入“葛洲坝战队”,期待与各高校在专业建设、人才培养、科技研究、社会服务等方面建立长期合作关系,实现学校、企业、学生共享机遇、共建共赢。

刘杰在座谈会上回顾了地大与硚口区同呼吸、共命运的岁月历程,并就校企地协同发力,促就业、聚人才,加速推进科教人才优势转化为区域创新发展优势进行交流。他指出,硚口区是地大的第一个落脚点,是地大人的温馨家园和奋斗沃土。学校已与硚口辖区重点企业建立了长期合作关系,近年来留在武汉就业的毕业生比例逐年上升。此次“访企拓岗促就业”专项调研行动,旨在为毕业生拓展就业新空间,破解学生就业难题,引导更多地大学子了解硚口区、选择硚口区。同时,学校将进一步优化专业结构、深化产教融合、强化校地企合作,发挥人才、科技等优势,努力为武汉市以及硚口区提供新智慧、作出新贡献。

▲ 参与活动人员合影

砀口区区委书记周耕指出，砀口区是汉口城市之根、武汉商业之源，流淌着奋斗成功的血脉，是厚植人才创新的沃土和汇聚人才的高地，具有光辉的历史荣光、未来可期的发展空间和近悦远来的良好环境。砀口区期待与各高校加强更有深度和广度的合作，提供更多优质岗位，共同探索建立就业育人新路径，打造产学研创新平台，构筑校企地合作的“砀口样本”。

活动现场，参与单位共同为高校就业处负责人颁发“校园引才联络大使”聘书，进一步加强对接和服务工作，共同开创招才引智工作新局面。

（图文来源：地大新闻网）

校党委常委、宣传部部长储祖旺赴汉阳区开展“访企拓岗促就业”专项行动

为贯彻党中央、国务院、教育部关于高校毕业生就业工作的决策部署，全面落实供需对接、深入校企地合作，促进毕业生更加充分、更高质量就业，2022年6月2日，学校党委常委、宣传部部长储祖旺，学生就业指导处处长严嘉，校团委书记朱荆萨及学生代表共计38人，赴汉阳区开展“访企拓岗促就业”专项行动。汉阳区委常委、组织部部长王汉斌和湖北省水文地质工程地质勘察院有限公司、武汉地质工程勘察院有限公司、武汉泽塔云科技股份有限公司负责人参加活动。

座谈会上，汉阳区人力资源局的工作人员进行就业创业政策宣讲，地大学生就业指导处的老师介绍了学校的就业情况，3家企业参与现场推介，为大学生们提供了勘察设计、云计算研发等近30个实习实践岗位。

王汉斌对青年学子的到来表示欢迎。他从历史文化、区位优势、发展潜力、宜居宜业等方面全方位介绍了汉阳区。他引经据典，生动形象地说汉阳区因传承了大禹治水文化，所以汉阳人能奋斗；因传承了三国关羽文化，所以汉阳人重信义；因传承了张之洞“汉阳造”文化，所以汉阳人善创新。

储祖旺代表学校感谢汉阳区政府、辖区企业长期以来对学校的大力支持。他介绍了学校的发展情况及近年来取得的成绩，希望通过“访企拓岗促就业”专项行动深化校企地合作、加强供需对接，持续完善校企地合作长效机制。他积极邀请辖区内企业和引才活动走进校园，引导更多毕业生了解汉阳、选择汉阳、留在汉

阳，在为汉阳区的发展提供智力支撑的同时，努力形成促进毕业生就业、助力用人单位选才的双赢局面。

▲ 活动见面会现场

师生代表一行相继参观了中铁大桥局集团有限公司桥梁博物馆、武汉智慧地理信息产业园和晴川阁。在湖北青创园，相关负责人介绍了区级招商留商政策，如制定了入孵企业房租补贴、科技型企业梯次培育计划、旅游消费支持计划、人才公寓等多项扶持创业政策，这些创业政策的制定旨在助力青年人在汉阳干事创业。

（图文来源：地大新闻网）

副校长赖旭龙率队赴长沙开展“访企拓岗促就业”专项行动

为贯彻落实教育部办公厅印发的《关于开展全国高校书记校长“访企拓岗促就业”专项行动的通知》，深化校企地对接合作，2022年6月13日至14日，副校长赖旭龙率队赴湖南长沙开展“访企拓岗促就业”专项行动并看望校友代表，先后走访中国能源建设集团湖南省电力设计院有限公司、湖南北斗微芯产业发展有限公司、湖南省地质调查所等单位。地理与信息工程学院、校友与社会合作处等单位的有关负责人，湖南校友会会长王依洲、秘书长邓星平等陪同调研。

13日上午，赖旭龙一行到访中国能源建设集团湖南省电力设计院有限公司（简称电力设计院有限公司）。公司总经理汪觉恒、副总经理雷远华，相关部门负责人及学校校友代表参与交流座谈。雷远华介绍了电力设计院有限公司的基本情况。他说，地大多年来为公司输送了一批优秀人才，公司现有地大毕业职工27人，并有多名校友成长为公司骨干，体现了地大学子突出的专业能力和素质。汪觉恒表示，中国能源建设集团重视科技创新与科研投入，希望地大能够持续为公司提供全学科覆盖的人才支持，双方通过建设产业联盟、实习基地等形式加强合作。赖旭龙就电力设计院有限公司对学校的支持表示感谢,强调要落实校企双方合作与联络,实现互惠共赢。

13日下午,赖旭龙一行到访湖南北斗微芯产业发展有限公司(简称北斗微芯公司),在公司董事长杨世忠的陪同下,参观了北斗微芯公司智慧体验中心,详细了解北斗微芯公司发展情况、技术链路和应用成果。赖旭龙介绍了学校的学科布局与发展情况,并指出学校与北斗微芯公司在专业技术领域有着良好的合作机会和发展愿景。双方达成初步合作意向,将在灾害监测预警、地理空间安全信息化建设等领域,开展科研攻关和高层次人才培养的深度合作。

14日上午,赖旭龙一行到访湖南省地质调查所。湖南省地质调查所所长孟德保、副所长吴能杰以及相关部门负责人参加会议。孟德保首先介绍了湖南省地勘单位改革,湖南省地质调查所的历史沿革、科技平台及创新团队等方面的情况。赖旭龙表示,矿产资源勘探与调查是“卡脖子”技术,需要持续的科技人才培养与科研投入。双方就科技创新、研究生联合培养、产学研基地建设、高质量人才招聘与就业等合作事宜,进行了深入讨论,并达成合作共识。

▲ 北斗微芯公司调研合影

▲ 湖南省地质调查所调研合影

本次“访企拓岗促就业”专项行动旨在贯彻落实党中央、国务院、教育部促就业专项行动精神的决策部署,落实岗位供需与就业意向匹配,助力毕业生充分、高质量就业,进一步推动校企在联合人才培养、科教创新、产学研实习基地建设等方面的合作。

(图文来源:地大新闻网)

副校长王华率队赴青海开展“访企拓岗促就业”专项行动

为贯彻落实教育部办公厅印发的《关于开展全国高校书记校长“访企拓岗促就业”专项行动的通知》，深化校企地对接合作，2022年6月，副校长王华率队赴青海开展“访企拓岗促就业”专项行动并看望校友代表，先后到访青海极地生态环境有限公司、青海省工业和信息化厅、中国联合网络通信有限公司青海省分公司、青海省自然资源厅等单位。环境学院、体育学院、本科生院、后勤保障部、校团委等单位的有关负责人陪同调研。

王华一行调研走访青海极地生态环境有限公司，与该公司相关负责人开展座谈交流。交流座谈中，王华详细了解了企业运营、发展规划、业务范围、人才需求及待遇等情况。双方针对校企双方加强产学研合作、建立常态化互动交流机制等进行深入交流。该公司董事长张永对地大人才培养质量和毕业生职业能力给予高度评价，希望双方在实习实训、就业对接等方面加强合作，为毕业生就业搭建平台。

在青海期间，王华一行与青海省工业和信息化厅党组书记、副厅长姜军，中国联合网络通信有限公司青海省分公司党委书记、总经理朱常波开展座谈交流。王华介绍了学校总体发展情况。姜军表示，地大在工业互联网技术、人工智能新一代技术等方面具有优势，希望与学校提升合作层次、拓展合作领域，在人才培养、科技创新、产学研等方面展开全方位战略合作。

随后，王华一行到访青海省自然资源厅，与该厅副厅长韩生福，厅生态修复处、地质调查局等相关单位负责人座谈交流。王华指出，青海省自然资源厅在技术创新、人才培养等方面，与地大教学科研紧密相连、高度契合，双方在长期的产教融合过程中，进行了广泛的合作，建立了深厚友谊。韩生福表示，期待与地大在科教创新、产学研实习基地建设等各个方面深化合作，携手推进美丽青海建设。

▲ 副校长王华一行在青海省自然资源厅座谈

本次“访企拓岗促就业”专项行动旨在贯彻落实党中央、国务院、教育部促就业专项行动精神的决策部署，助力毕业生充分、高质量就业，推动校企联合人才培养、实习就业机会拓展、产学研实习基地建设。

（图文来源：地大新闻网）

副校长刘勇胜率队赴南京开展“访企拓岗促就业”专项行动及学术交流活动

2022年7月，为深化校企合作，加强科技交流，贯彻落实教育部办公厅印发的《关于开展全国高校书记校长“访企拓岗促就业”专项行动的通知》，副校长刘勇胜率队赴江苏南京中国石化石油物探技术研究院、中国石化华东石油局开展学术交流、“访企拓岗促就业”专项行动并走访校友。资源学院、地球物理与空间信息学院、科学技术发展院、校友与社会合作处等单位的相关负责人和教授代表陪同调研。

▲ 座谈会现场

刘勇胜一行调研走访中国石化石油物探技术研究院，考察了地球物理云计算中心、超声地震物理模拟实验平台等，并与中国石化石油物探技术研究院院长杨勤勇、副院长刘定进及相关负责人座谈交流。

刘勇胜介绍了学校的基本情况，并代表学校为杨勤勇颁发兼职教授聘书。地球物理与空间信息学院院长熊熊介绍了学校地球物理学科发展现状，张乐乐、严哲两位教授作了专题学术报告。双方还围绕相关技术问题及产学研合作、战略合作协议、人才培养及基地建设、毕业生就业等内容进行了交流。

在中国石化华东石油局（华东油气分公司），刘勇胜一行与华东石油局局长、分公司总经理云露，分公司副总经理何希鹏及相关负责人座谈交流。刘勇胜介绍了学校的基本情况，双方开展了学术交流。资源学院陆永潮、叶加仁、石万忠、沈传波4位教授分别作了专题学术报告。双方还就企业需求及技术攻关合作、青年人才联合培养、毕业生就业等内容进行了交流。

刘勇胜要求学校有关单位，将解决科学问题和“卡脖子”问题与企业需求相结合，要集中力量整合资源，协同攻关解决难题，积极推进科研成果运用于生产实践；要积极主动对接企业，做好青年人才培养和毕业生就业工作。

在宁期间，刘勇胜邀请企业领导与校友，在学校70周年校庆之际，来校聚首畅谈、共庆盛典。

（图文来源：地大新闻网）

校长王焰新一行赴新疆开展“访企拓岗促就业”专项行动并看望部分校友

2022年7月，校长王焰新院士应自然资源部中国地质调查局、新疆维吾尔自治区人民政府邀请，赴乌鲁木齐参加新疆绿色矿业发展院士论坛，并在大会上围绕新疆内陆盆地水盐运移和土壤盐渍化防治作主题发言。

▲ 新疆绿色矿业发展院士论坛活动现场

在新一轮找矿突破战略行动研讨会上，王焰新提出，要聚焦能源资源安全问题，建立包括高校在内多方参与的合作机制，共同助力新疆资源优势得到更好的发挥。

▲ 新一轮找矿突破战略行动研讨会

在新疆期间，王焰新先后赴新疆维吾尔自治区地质矿产勘查开发局（简称新疆地矿局）（新矿投资集团）、新疆煤田地质局、中国石化集团西北石油局有限公司（简称中石化西北石油局）、新疆农业大学、新疆水利水电勘测设计研究院有限责任公司、新疆地矿局物化探大队开展“访企拓岗促就业”专项行动并看望部分校友。校友与社会合作处处长陈华荣、资源学院党委书记高复阳、资源学院副院长严德天、环境学院副院长孙自永以及部分在新疆开展科研工作的资源学院教师参加相关调研。

在新疆地矿局（新矿投资集团），双方围绕人才培养、科技项目合作进行了交流。校友代表阮传明、常志勇回忆了在母校的学习生活，分享了毕业后奔赴西部、扎根新疆干事创业的经历和体会，真诚欢迎有志向的学弟学妹来新疆闯出一片天地。

▲ 座谈会现场

新疆地矿局党组副书记、副局长孙新春高度肯定学校“十三五”以来的发展成就。他指出新疆地矿局与地大合作基础良好，尤其是2003年以来在高层次人才培养、专业技术培训等方面，开展了务实有效的合作，取得了积极成效。地大毕业生基础厚实、专业精深，很多人成为地矿局的骨干和技术支撑，目前事企分离使得地矿事业发展空间更加广阔。他希望新疆地矿局能与学校推进多领域、宽视野、深层次的合作，进一步为地质事业高质量发展提供科技支撑和人才保障，为新疆高质量发展共同作出地质人的贡献。

王焰新指出，地大与新疆地矿局渊源同出、友谊深厚，双方有条件、有基础持续在人才培养、能力培训、毕业生就业、科技攻关等方面，开展更深层次的合作。学校将进一步整合资源、汇聚力量助力新疆地矿局实施基础地质提升行动、战略性矿产找矿突破行动、地质转型升级行动，共同推动新疆地质科技创新发展，提升国家矿产资源安全保障水平，助力新疆经济高质量发展。

在新疆煤田地质局，党委副书记、局长薛洪伟介绍了新疆煤田地质局的历史沿革、基本情况和目前推进事企改革的进展。他指出地大在煤田地质研究方面优势明显，为局里输送了一大批优秀毕业生，随着改革的推进，人才引进机制更活、工作环境更优，欢迎地大优秀毕业生来局干事创业，围绕地质局确定的“稳煤、增气、拓新”战略，助力新时代新疆煤田事业发展。

王焰新感谢新疆煤田地质局为来疆工作的地大人提供广阔的舞台和良好的成长环境。他表示，学校将围绕新时期煤田事业发展的趋势、需求，进一步完善人才培养模式，提高人才培养质量，为新疆煤田事业发展提供高素质人才。

中石化西北石油局副总工程师兼科技管理部经理王建峰介绍了中石化西北石油局的基本情况和合作的前期基础，提出了科技需求；校友与社会合作处处长陈华荣汇报了学校近期发展状况，并就深化局校合作提出建议。

中国石化集团公司油气地质综合研究与部署首席专家漆立新校友分享了毕业后从事油气工作的心得体会，介绍了当前油气勘探和开发实践中急需突破和解决的关键问题和技术。他建议：母校在工科人才培养中可更加注重学科交叉融合和生产实践，更加强化综合素质能力提升。

中石化西北石油局总经理、党委副书记王世洁指出，局校合作由来已久，一大批地大人在油田贡献智慧和力量，中石化西北石油局将创造更有利的条件，与地大开展更加务实的合作。

中石化西北石油局执行董事、党委书记张煜强调，局党委正落实习近平总书记提出的“能源的饭碗必须端在自己手里”的重要指示，抢抓机遇、抢抓生产，向科技创新要生产力和效益。他表示，推动高校科技创新成果转化具有十分重要的意义，提升局校合作层次恰逢其时。他指出中石化西北石油局是地质人干事创业的热土，将提供具有吸引力的生活条件和待遇，欢迎地大优秀毕业生加入。

王焰新指出，此次与中石化西北石油局深化合作是进一步落实学校与中石化战略合作协议的具体举措，学校希望在大学生联合培养、高层次人才培育、队伍能力提升、科技难题攻关、高水平平台共建等方面，细化合作清单，务实开展合作，实现双方共赢，努力构建项目牵引、人才支撑、平台赋能的局校合作新机制。当听到有190多位校友在中石化西北石油局不同岗位上贡献力量时，他讲到，事业是永恒的，平台最关键，中石化西北石油局为几代地大人提供了施展才华的机会和舞台，母校既为校友们感到欣慰，也倍感责任和压力。学校将不断提高人才培养质量，为新疆和国家能源资源事业提供更好的支撑。

在新疆农业大学，双方互致建校70周年祝福。王焰新向资源与环境专业、水利专业的师生分享了自己的研究成果。他表示要在两校之间建立有组织、常态化合作机制，在人才培养、高层次人才引进与互聘、科技项目申报研究等方面开展合作，努力建设服务新疆自然资源事业的新支点，打造校际合作和对口支援的典范。

中国工程院院士、新疆农业大学名誉校长邓铭江，新疆农业大学校长蒋平安在讲话中指出，与地大开展合作既需要也必要，双方要围绕共同研究领域，以项目化、清单化的形式开展务实合作，要充分发挥人才作用，由点到面，扩大合作范围，提升合作层次。新疆农业大学教授、博士生导师周金龙校友表示，将积极发挥两校之间桥梁纽带作用，为双方深层次合作贡献力量。

在新疆水利水电勘测设计研究院有限责任公司，王焰新听取公司项目负责人介绍拟建重大水利工程项目的预研成果，为项目建设中遇到的技术难题把脉支招。公司党委副书记、总经理王水生指出，公司承担的重大水利工程项目离不开地大的专业技术支撑，双方合作前景广阔，将以此项目为开端持续深化在基础地质、工程地质、水文地质等方面的深入合作。

离疆前夕，王焰新一行专程驱车前往位于昌吉自治州的新疆地矿局物化探大队，看望扎根基层、服务西部的部分校友。物化探大队党委书记、队长刘正荣校友介绍了物化探大队发扬"三光荣""四特别"地质精神，为新疆地矿事业所作的重要贡献，讲述了地大人不畏艰苦、拼搏奋斗的生动事迹。

▲ 校长王焰新(一排中间)带队调研新疆地矿局物化探大队

在物化探大队会议室，地大人济济一堂，回忆在地大求学的难忘时光，表达了对母校、老师培养的感恩之情，一同回顾在新疆从事地质工作的火热岁月，深情寄语在校学弟学妹，希望他们秉承校训精神，同时真诚欢迎优秀毕业生来新疆建功立业。

王焰新看望了资源学院2015届毕业生、学校原创话剧《大地之光》中的李四光的第一任扮演者赵新雅。他高度肯定赵新雅校友不忘初心、牢记使命，不计个人得失，不惧艰难困苦，服务地质事业，把所学到的全部知识奉献给祖国最需要的地方的坚定选择。他鼓励赵新雅要不断充实知识，提高本领，以便更好地为国家服务。他叮嘱包括赵新雅在内的全体校友要保重身体，团结协作，互帮互助，秉承“艰苦朴素、求真务实”的校训精神，努力创造属于地大人的精彩。他代表学校邀请广大校友回母校共襄70周年校庆盛典。

（图文来源：地大新闻网）

副校长赖旭龙率队赴湖南开展“访企拓岗促就业”专项行动

2022年7月18至19日，副校长赖旭龙率队赴湖南长沙、湘潭开展“访企拓岗促就业”专项行动，与湘电集团有限公司（简称湘电集团）、湖南北斗微芯产业发展有限公司（简称北斗微芯公司）就深化校企合作进行深入交流，并看望湖南校友会部分校友。校长助理蒋少涌，机械与电子信息学院、自动化学院、地理与信息工程学院、校友与社会合作处等单位的负责人参加调研。

恰逢湘电集团上市20周年之际，校企双方围绕人才培养、科技项目、校友资源开发、矿山石油等合作领域进行交流。湘电集团副董事长、总经理敖琢校友，副总经理汤鸿辉以及相关部门负责人参加座谈。

敖琢介绍公司将在“十四五”期间，聚焦“电机+电控+电磁能”（“三电”）三大核心产业，着力在推进、发展“三电”主业上，将企业建设成为国家“先进制造业和科技创新高地”的标志性企业，期待与学校在行业发展、产品研发、科技创新、商业模式构建等方面深化合作。

▲ 副校长赖旭龙（右排中间）带队在湘电集团调研

赖旭龙介绍了学校学科布局与发展情况。他说，学校与湘电集团多年来具有深厚的合作基础。学校的多个学科与湘电集团的战略布局高度契合，双方应继续加强在人才培养、技术创新、商业发展、毕业生就业创业方面的深入合作，拓展开发各行业领域的校友资源，深化产学研合作。随后，赖旭龙带队考察湘电集团矿山运输设备产品及生产线。

在北斗微芯公司，双方就发挥各自学科优势、技术优势、产业优势，探索建立协同合作的运行机制进行研讨，就建立多领域、多层次、高水平的校企合作关系进行交流。随后，北斗微芯公司和地理与信息工程学院举行战略合作协议签约仪式。北斗微芯公司董事长杨世忠、总经理庄建华以及相关部门负责人参加签约仪式。

杨世忠对学校高效务实推动双方战略合作表示感谢。他说，北斗微芯公司一直与学校保持密切的交流和联系，学校多个学院的学科布局和老师们的研究方向，与公司的需求和发展方向契合，希望未来双方在人才引进、科研成果转化、项目合作、学科交叉、品牌扩展等方面开展深层次合作，开启校企合作新征程。

赖旭龙对北斗微芯公司取得的发展成就给予高度评价，并对深化校企合作提出建议。他说，学校与北斗微芯公司地缘相近、专业相关，希望双方以此次协议签署为契机，全方位开展合作，形成优势互补、协同创新、长效稳定的利益共同体，让“学校所能”和“企业所需”实现无缝对接，共同打造校企合作的典范。

根据协议，北斗微芯公司挂牌成立中国地质大学（武汉）地理与信息工程学院产学研合作示范基地，双方将围绕民生基础工程（住建工程、轨道交通设施、水利工程）安全、地质灾害监测预警，以及地理空间安全信息化建设等重点领域开展深度合作。

▲ 北斗微芯公司和地理与信息学院举行战略合作协议签约仪式

（图文来源：地大新闻网）

校长王焰新赴黑龙江山西河北开展“访企拓岗促就业”专项行动并商谈校地合作

2022年8月，校长王焰新先后到黑龙江、山西、河北等地，开展“访企拓岗促就业”专项行动并与当地有关部门商谈校地合作事宜。资源学院、环境学院、珠宝学院、实验室与设备管理处、校友与社会合作处等单位的负责人和教师代表参加调研。

在黑龙江，王焰新先后与黑龙江省自然资源厅厅长于万臣、黑龙江省地质矿产局一级巡视员王文祥、黑龙江省自然资源调查院院长王逊、黑龙江省地矿投资集团有限公司董事长祁福利等座谈交流。他介绍了学校“十三五”以来事业发展取得的成就和近几年毕业生就业情况，高度肯定了黑龙江地矿系统事企改革取得的成效和自然资源系统落实厅校合作协议的务实举措。

王焰新表示，自然资源行业和地矿领域正面临快速升级和转型，更紧密地融入自然资源行业、更深入地开展联合攻关、更精准地进行人才培养是校地双方实现共赢的最优选择。学校将围绕黑龙江矿产资源开发、金矿勘探开发、煤层气高效利用、逊克北红玛瑙鉴定开发推广、黑土地综合保护、矿业经济与投资等领域，组织校内相关力量针对性回应科技需求，更好助力黑龙江经济社会发展。

走访期间，王焰新还应邀参加由哈尔滨工业大学主办的第十一届全国环境化学大会，并作学术报告。经答辩陈述和中国化学会环境化学专业委员会投票决定，第十二届全国环境化学大会将于2023年在武汉举办，并由中国地质大学承办。

在山西，王焰新与山西省副省长贺天才、山西省自然资源厅厅长姚青林、山西省地质勘查局局长彭东晓等座谈交流。他表示，学校认真贯彻落实与山西省省校合作协议，围绕山西省能源革命综合改革，在地热资源勘探开发、科技平台建设、地勘人才能力提升、科技咨询服务、生态环境修复等方面做了大量工作，取得了阶段性成果。

当前，学校按照山西省委省政府关于深化省校合作的决策，与运城等地积极对接。王焰新希望山西省能继续为学生实习实训、毕业生就业创业等，提供更有力的支持和保障。

王焰新在山西省华阳新材料股份有限公司、国家能源集团山西电力有限公司走访调研时说，学校在煤层气高效综合利用、珠宝玉石产业化建设、地热资源勘探开发、矿山生态修复、智慧矿山及自动化等方面有学科布局、有研究基础、有应用范例，与山西省重点企业转型升级和业务拓展方面的需求匹配度高、对应性强，学校将加大在科技支撑、人才培养和输送等方面的力度，更好服务企业高质量发展。

走访期间，王焰新参加了中国地质大学山西校友会成立大会，并代表学校看望部分在晋工作创业的校友。

在河北，王焰新到河北省科学技术厅(简称河北省科技厅)进行交流。该厅党组书记、厅长龙奋杰介绍了河北省科技工作基本情况和未来五年发展规划。他希望能加强与学校的合作，期望将人才、科技、校友等资源优势转化为助力河北经济社会高质量发展的胜势。

河北省科技厅副厅长张永强介绍了河北在科技投入、平台建设、项目规划、成果转化等方面的具体政策。王焰新表示，河北地理位置特殊，经济社会发展对人才和科技创新的需求迫切，加强与河北省的科技合作是学校以更高水平开放推动更高质量发展的重要选择。他希望双方找准合作的切入点，以点带面，逐步深化，推动校地合作落地落细落实。

走访期间，王焰新看望了部分在冀工作的校友，专程调研了校友企业河北昕佳工程勘察设计有限公司(简称昕佳公司)，并与河北钢铁集团矿业有限公司副总经理刘云华，昕佳公司董事长李志学、总经理刘小龙等座谈交流，听取了企业在矿山防治水研究、水资源管理、国土空间生态修复等方面的研究成果和工作进展。他表示，服务行业和企业发展，是学校的社会责任，也是校企融合的契机，希望学校能与企业在水文地质、资源勘探开发、生态修复、人才培养等方面开展紧密合作。

▲ 校长王焰新(左七)带队走访河北钢铁集团矿业有限公司

(图文来源：地大新闻网)

副校长刘勇胜率队赴无锡商谈校地合作
并开展“访企拓岗促就业”专项行动

2022年8月，副校长刘勇胜率队赴江苏省无锡市走访交流，商谈校地科技合作、深化校企对接、探访校友企业、落实“访企拓岗促就业”专项行动。科学技术发展院、地质过程与矿产资源国家重点实验室、材料与化学学院、地理与信息工程学院、机械与电子信息学院、武汉中地大资产经营有限公司等单位的负责人及教师代表参加活动。

刘勇胜一行先后赴无锡宜兴陶都科技新城发展有限公司、宜兴市丁蜀镇人民政府进行校地合作对接，宜兴市挂职科技镇长、学校材料与化学学院沈毅副教授就建设中地大宜兴创新研究院情况进行汇报。

各方聚焦宜兴市无机非金属材料和环境修复创新驱动战略、产业强市战略重点产业，围绕加强校地合作、建设中地大宜兴创新研究院进行交流。大家一致希望通过校地合作，加强产业迭代和科技赋能，在陶瓷产业升级、陶瓷新技术开发、陶土资源的科学开采与结构分析、人才引育等领域开展深入合作，探索学校科研人才引育新模式，提升优势成果转移转化服务地方经济发展水平，促进学校产学研用融合，为宜兴市经济发展提供科创新动能。

▲ 校地合作对接会现场

宜兴市委常委、组织部部长钱怡，宜兴市科技局副局长廖忠祥，宜兴市丁蜀镇党委书记钱靖，宜兴市陶都科技新城发展有限公司董事长卢达等参加座谈。

刘勇胜一行赴校友企业无锡市钻通工程机械有限公司，开展“访企拓岗促就业”专项行动。他说，学校与公司有着长期的产学研合作关系，在定向钻进工艺和钻机控制智能化等方面，有着深入的合作且成效显著，希望学校与校友企业继续保持深度的友好合作，在产教融合、学生高质量就业、联合培养“一带一路”留学生、推动企业国际市场拓展等方面，进一步加强全面合作，形成学校与校友企业的发展合力，共谋发展、共创机遇、共享未来。

无锡市钻通工程机械有限公司总经理、学校“地二代”王晓晗，无锡市钻通工程机械有限公司销售总监、1987级校友陈国强，2009级校友徐松等参加座谈。

会后，刘勇胜前往该公司研发室、企业生产车间探望和慰问校友及学校实习生。他表示，学校始终关注着校友及校友企业的创新发展，学校是大家的坚实后盾、温暖港湾，希望广大校友始终关注母校的发展，诚邀校友回家共庆母校70华诞。

在东珠生态环保股份有限公司（简称东珠公司），刘勇胜一行与该公司董事长席惠明等进行校企科技合作对接座谈。他表示，学校与东珠公司的发展和产业升级需求契合，希望未来双方在生态环境领域围绕技术创新、成果转移转化、项目合作等方面开展深入的合作，共同服务“美丽中国　宜居地球”建设。

（图文来源：地大新闻网）

副校长刘勇胜参加青少年高校科学营10周年发展论坛

2022年8月12日，副校长刘勇胜参加青少年高校科学营10周年发展论坛湖北分会场活动，并作为全国5所分营承办高校代表之一进行发言。

青少年高校科学营10周年发展论坛采取线上线下相结合的方式举办，中国科学技术协会青少年科技中心和教育部基础教育司，以及各支持单位、省级管理办公室、分营承办单位的有关领导，专家学者、中学校长、往届营员、媒体记者代表等

▲ 湖北分会场活动现场

近300人参与本次会议。湖北省科学技术协会副主席朱志斌、学校副校长刘勇胜，以及省级活动管理办公室和科学营承办单位的有关负责人出席湖北省分会场活动。

会上，与会人员共同观看青少年高校科学营10周年总结视频，一起回顾了科学营10年来的精彩瞬间，清华大学、大连理工大学、上海交通大学、东南大学和中国地质大学，分别作为分营承办单位高校代表在会上交流发言。

刘勇胜代表学校介绍了地大分营10年来的开展情况。他表示，学校高度重视青少年高校科学营活动，将承办青少年高校科学营作为学校开展科普教育、服务社会的重要途径，经过10年的探索，逐步形成了特色与内容并重、探究与体验并行、思想与文化并举、立德与立志并施的高校科学营活动体系。他强调，地大分营聚焦学校地球科学特色，重点打造“上天、入地、下海、登极”科学主题，通过对话名家大师、领略前沿科技、参与科学实践、传承红色精神等活动，帮助青少年感受科学精神、感悟科学意义、端正科学态度、深化科学理念，通过厚植科技创新发展沃土，助力科技创新人才培养。

地大分营10年来累计接收营员2000余名，多次获评“优秀组织单位”“特色营队活动”等荣誉。学校坚持以高校科学营为载体，依托2个全国科普教育基地以及多个国家、省部级科研平台，着力将科技创新资源转化为科普教育资源，广泛开展各类科普宣教和实践活动，弘扬科学精神、普及科学知识、激发科学梦想、树立科学志向，为青少年科学素质提升贡献地大智慧和力量。

据悉，本次青少年高校科学营10周年发展论坛旨在总结活动举办10年来取得的经验和成效，推动高校科学营活动高质量发展。

（图文来源：地大新闻网）

校党委副书记王林清率队赴河南开展“访企拓岗促就业”专项行动

为贯彻落实教育部办公厅印发的《关于开展全国高校书记校长“访企拓岗促就业”专项行动的通知》，深化校企对接，加强科技交流与合作，2022年8月14日—16日，校党委副书记王林清率队赴河南开展调研交流并进行校企合作对接，先后走访了郑州宇通集团有限公司（简称宇通集团）、中国平煤神马控股集团有限公司（简称平煤神马集团）等单位。经济管理学院、工程学院、自动化学院、后勤保障部、学生就业指导处等单位的负责人参加调研。

8月15日，王林清一行来到宇通集团走访调研。宇通集团作为以客车、卡车、环卫装备及工程机械为主业的商用车集团，已连续18年入选中国企业500强榜单，旗下拥有宇通客车股份有限公司（简称宇通客车）和宇通重工股份有限公司（简称宇通重工）两家上市公司。宇通客车高端产品及新兴市场总经理宋昆鹏、相关部门负责人与部分优秀校友陪同参观走访并参加座谈交流。

▲ 王林清（右边右三）一行与宇通集团相关负责人及校友座谈交流

宋昆鹏代表宇通集团对王林清一行表示欢迎，同时，感谢地大一直以来为宇通集团输送高质量人才。他表示，宇通集团与地大一直保持着密切交流和联系，希望以此次调研为契机，进一步完善合作对接机制，加强战略沟通，强化全方位交流合作。座谈会上，宇通集团卡车业务人力行政室主任吴卫介绍了公司人才培养情况和学校近60名毕业生在公司的发展情况。谭海玉、程明革等青年校友汇报了个人工作情况，同时表达了对母校的美好祝愿。

王林清指出，长期以来，宇通集团与学校渊源深厚、交流频繁，建立了深厚友谊和合作基础。他希望通过此次走访调研，一方面听取企业对学校人才培养的建议，以便今后进一步深化校企协同育人新模式，共抓创新发展机遇，努力为中国“智”造和区域经济社会高质量发展作出新的贡献；另一方面加强校企产学研的深度合作，充分发挥各自特色和优势，争取在学生

▲ 王林清一行参观调研平煤神马集团炼焦煤资源开发及综合利用国家重点实验室

就业、实习实训、科学研究等方面开展更多宽领域、全方位、多层次的校企合作。

8月16日，王林清一行来到平煤神马集团走访调研。在平煤神马集团副总经理江俊富的陪同下，王林清一行来到炼焦煤资源开发及综合利用国家重点实验室调研，详细了解实验室组织架构、研究方向、人才培养、重大科研成果、创新平台建设等方面的情况。

在平煤神马集团第十一矿区举行的座谈会上，江俊富对王林清一行的到来表示欢迎，对学校为集团培养和输送了大量优秀人才表示感谢。他指出，近年来，平煤神马集团立足煤、延伸煤、超越煤，打造了多条国内一流的特色煤基产业链，构建起多元支撑、协同发展的产业体系，走出了一条高质量转型发展之路。当前，集团正依托产业链优势努力向世界一流企业迈进，需要一大批地质勘探、瓦斯抽采等方面的专业技术人才。他希望双方在项目共建、人才交流、教育培训等方面加强合作，实现发展双赢。

▲ 王林清一行在平煤神马集团第十一矿区与集团的相关负责人及校友座谈交流

王林清对平煤神马集团长期以来给予学校的关心和支持表示感谢。他指出，学校在学科设置、科研方向上与平煤神马集团产业布局、发展方向高度契合，双方合作基础良好、合作空间广阔。他希望今后双方坚持优势互补、资源互通、人员互动、成果互惠的原则，谋求更多、更深层次的合作，激发双方同频共振，共同为推动学校和企业的全方位高质量发展携手并进。

据悉，平煤神马集团是以能源化工为主的国有特大型企业集团，也是中国500强企业，是我国品种最全的炼焦煤、动力煤生产基地和亚洲最大的尼龙化工产品生产基地，旗下拥有平顶山天安煤业股份有限公司、神马实业股份有限公司、河南易成新能源股份有限公司3家上市公司和3家新三板挂牌企业。

在豫期间，王林清一行与河南校友会的部分校友进行了交流。他邀请校友在学校70周年校庆之际，来校聚首畅谈、共庆盛典。

（图文来源：地大新闻网）

黄晓玫、王焰新赴京开展“访企拓岗促就业”专项行动

2022年8月，学校党委书记黄晓玫、校长王焰新院士赴北京开展“访企拓岗促就业”专项行动，先后赴北京城建集团、中国铁建股份有限公司（简称中国铁建）、中国铝业集团有限公司（简称中国铝业集团）、中国煤炭科工集团（简称中国煤科）、航天宏图信息技术股份有限公司、北京莱伯泰科科技有限公司等企业，围绕人才培养、科学研究、学生实习实践、毕业生就业等会商校企合作。副校长刘勇胜，校党委常委、宣传部部长储祖旺，学校办公室、本科生院、科学技术发展院、校友与社会合作处、地理与信息工程学院、地质调查研究院等单位的负责人参加。

▲ 校党委书记黄晓玫（右六）、校长王焰新（右五）带队调研北京城建集团

在北京城建集团，黄晓玫、王焰新、刘勇胜与集团党委书记、董事长陈代华，北京城建投资发展股份有限公司董事长储昭武、总工程师李久林等座谈交流。双方签署战略合作协议，在企业设立实习基地、研究生工作站、博士后科研流动站，推进建立“双导师”机制，加强工程博士和“一带一路”沿线国家人才培养，共建科研平台，联合申请重大科技攻关项目，推动青年人才双向挂职锻炼。

▲ 校党委书记黄晓玫（左边左三）、校长王焰新（左边右三）带队调研中国铁建

在中国铁建股份有限公司，中国铁建总裁、公司党委副书记庄尚标与学校领导会谈。双方就进一步深化校企合作，在人才培养、科技攻关等方面加强合作进行深入交流并达成共识。他说，地大同中国铁建一样，经过艰苦卓绝的奋

斗，创造了辉煌的历史，积淀了深厚的文化底蕴。当前，中国铁建聚焦高质量发展，加快企业转型升级，希望双方在加强人才培养、技术咨询和科技成果转化等方面开展更广泛的合作，特别是依托国家重大工程项目，发挥各自优势，共同解决关键核心技术领域的“卡脖子”问题，实现合作共赢。

▲ 校党委书记黄晓玫（左边左五）、校长王焰新（左边左六）带队调研中国铝业集团

黄晓玫、王焰新高度评价了中国铁建传承的“铁道兵精神”和新时代的创新精神。他们表示，当前，学校正实施“名企合作计划”，希望与中国铁建这样知名的企业形成战略伙伴关系，联合培养一批高水平人才、建设一批科技创新平台，协同攻关一批关键技术，推动双方共同发展。

在中国铝业集团，中国铝业集团总经理、党组副书记刘祥民，副总经理董建雄及相关部门负责人等与学校领导会谈。双方就深化校企合作进行交流。刘祥民指出，我国经济建设对能源、资源的需求非常明显，这为中国铝业集团的发展提供了机遇，也提出了挑战。当前，中国铝业集团加快建设世界一流企业的步伐，地大作为“双一流”建设高校，专业实力雄厚，希望双方围绕国家重大战略和需求，发挥各自优势，加强沟通交流，深化产学研合作，在实现共赢发展的同时，在服务和融入新发展格局中展现更大的作为。

黄晓玫、王焰新介绍了学校的基本情况，表达了加强合作的意愿。中国铝业集团作为国内有色金属行业的头部企业，近年在党的建设、改革创新、转型升级等方面取得的成就令人钦佩。学校希望与中国铝业集团加强合作交流，联合培养一批高水平人才、建设一批科技创新平台、协同攻关一批关键技术，推动双方共同发展，为国家“十四五”发展贡献智慧和力量。

▲ 校长王焰新（左边左三）带队调研中国煤科

在中国煤炭科工集团，中国煤科党委书记、董事长胡善亭，党委副书记赵玉坤，总会计师赵寿森，副总经理熊代余、刘见中等与校长王焰新、副校长刘勇胜等会谈，双方就科技平台开放共享、人才双聘、成果转移转化等达成共识。

王焰新指出，长期以来，中国煤科与地大在地质勘探施工技术与装备领域有着密切的合作，希望双方在科技创新、人才培养、技术攻关等领域进一步开展全方位、深层次的合作，联合培养一批高水平人才、建设一批科技创新平台、协同攻关一批关键技术，加快推进产学研用深度融合，打通服务企业发展、产业升级的通道。中国煤科领导班子表示，中国煤科将始终秉持开放合作的态度，与学校在科研条件建设利用、科研项目产业化、人才培养等方面加强合作，共同推动能源科技进步，支撑煤炭行业高质量发展。

▲ 校党委书记黄晓玫（右二）、副校长刘勇胜（左一）带队调研航天宏图信息技术股份有限公司

在航天宏图信息技术股份有限公司，黄晓玫、刘勇胜与公司总裁张翔等座谈交流，并参观公司研发基地，双方就产教融合、科普教育和毕业生就业等达成合作意向。

▲ 副校长刘勇胜（左二）带队调研北京莱伯泰科科技有限公司

在北京莱伯泰科科技有限公司，刘勇胜与公司董事长胡克交流，参观考察公司生产研发基地。双方深入交流，同意在产学研用、人才联合培养等方面加强合作。

在京期间，学校还先后拜访有关部委（局），与中国石油化工股份有限公司、中国石油天然气集团有限公司、中国海洋石油集团有限公司等企业的负责人交流，看望慰问部分在京工作生活的校友代表，听取他们对学校发展的建议。

（图文来源：地大新闻网）

校领导赴广西开展“访企拓岗促就业”专项行动

2022年8月31日，副校长赖旭龙、校长助理蒋少涌率队赴广西开展“访企拓岗促就业”专项行动，并与中国铝业广西分公司（原平果铝业）就开展产学研合作进行深入交流。中国铝业广西分公司党委书记、总经理、广西华磊新材料有限公司董事长黄卫平，中国铝业广西分公司、广西华磊新材料有限公司副总经理熊林及相关部门的负责人参加了座谈。学校高等研究院、校友与社会合作处相关负责人及广西校友会会长陈海等参加调研。

▲ 副校长赖旭龙（左边左二）、校长助理蒋少涌（左边左三）带队调研中国铝业广西分公司

黄卫平介绍了中国铝业广西分公司的组织架构、产品产能、人才队伍建设、产学研合作、近年来生产经营业绩等方面情况。他表示，地大在国内知名度高且影响力大，学术实力强、学术水平高，希望双方加强沟通交流，在科技研发、人才培养、资源综合利用等领域寻求合作。

赖旭龙介绍了学校的历史沿革、学科建设、师资力量、人才培养和科学研究等方面情况。他表示，学校高度重视与大型国有企业和行业龙头企业合作，愿意通过产学研合作共同解决企业生产经营中遇到的“卡脖子”难题。他希望，双方加强交流，确立合作领域与方向，实现互惠互利、共赢发展。

蒋少涌介绍了双方开展合作的思路与方向，建议主要围绕地质找矿、矿山边坡治理以及矿山环境修复等双方优势领域开展合作，并重点介绍了学校当前在铝土矿及其伴生关键金属综合开发利用方面所取得的成果和进展。

▲ 副校长赖旭龙（右二）一行参观中国铝业广西分公司厂史展览室

双方一致同意尽快达成战略合作，积极推动学校学术科研团队与中国铝业广西分公司业务技术团队对接，实现科研、技术、方法、业务全面合作。双方还就相关事宜进行了深入交流。

会前，赖旭龙一行参观了中国铝业广西分公司厂史展览室。

（图文来源：地大新闻网）

副校长赖旭龙率队赴华测导航公司开展“访企拓岗促就业”专项行动

为贯彻落实教育部办公厅印发的《全国高校书记校长“访企拓岗促就业”专项行动的通知》，深化校企地对接合作，2022年10月26日，副校长赖旭龙一行赴武汉东湖新技术开发区华测时空智能科创园进行交流。

上海华测导航技术股份有限公司（简称华测导航公司）高级副总裁、武汉基地总经理袁本银介绍了公司情况。副校长赖旭龙随后介绍了学校近几年的发展情况。

▲ 副校长赖旭龙（一排左三）和华测导航公司副总裁袁本银（一排左四）

赖旭龙与袁本银共同为大学生实习实践基地揭牌，学校与华测导航公司正式成为战略合作伙伴。

赖旭龙表示，华测导航公司长期专注于高精度导航定位技术，注重技术深耕和人才培养。学校即将迎来70周年校庆，双方通过战略合作协同育人，地大向华测导航公司输送青年人才，华测导航公司为学校指明创新创业方向，助力实现科技成果转化以及资源、设备共享，共同为提升我国科技竞争力作出贡献。

袁本银表示，地大办学历史悠久，学科底蕴深厚，重视产学研合作及校企合作。双方的合作将进一步提高公司人才和科技竞争优势，推动我国高精度导航定位技术的发展。

华测导航公司两位技术专家被聘任为学校校外创新创业导师，一位职业发展规划导师被聘任为学校校外辅导员。

双方就校企合作事宜进行交流讨论。地理与信息工程学院测绘遥感系副主任黄海军表示，学校学生专业与华测导航公司发展需求相关，华测导航公司产品研发过程与学院教学过程深度契合，有利于科技成果的快速转化。“实习实训基地的设立为学校学生解决了实习、就业问题，希望结合华测和学校的资源以及政府的支持，双方能开展更深层次的合作。”地理与信息工程学院党委书记许德华说。

学生就业指导处、本科生院、地空学院、机电学院与会代表也就学生实习实践、科研合作、社会服务等，与华测导航公司进行交流。

赖旭龙、袁本银就学校开设课程引进企业人才入校开展行业前沿技术介绍和就业指导、教师进入企业分享高校学术资源、学生进入企业学习实践常态化等事项达成一致，后续将加强共谋、共建、共享，努力实现共赢，培养出更多社会需要的高质量“北斗+”复合型人才。

华测导航公司经理廖猛陪同赖旭龙一行，参观了公司展厅及供应链大楼。“携带华测产品登顶珠峰的登山队里有很多地大学子的身影，”赖旭龙感慨地说，“地大登山队与华测导航公司有着不解之缘”。

会后，赖旭龙一行看望了在华测导航公司工作的校友。

（图文来源：地大新闻网）

学校召开校友工作信息化建设专题会议

2022年4月1日，学校召开校友工作信息化建设专题会议并开展校友工作信息系统管理员培训。校友与社会合作处负责人、信息化工作办公室负责同志、各教学培养单位校友信息系统管理员参加会议。会议由校友与社会合作处副处长胡肖主持。

校友与社会合作处副处长张延平对学校校友智能管理系统建设背景和推进情况进行了详细介绍，希望通过全体参会人员的努力，做到校友数据日日新、又日新。

为了保证“中国地质大学校友智能管理系统”的严密性和保密性，全体校友及

▲ 会议现场

信息系统管理员在现场签订了《校友信息管理员信息安全承诺书》。

校友与社会合作处旷杰媛向与会人员作专业设置－院系沿革的工作进展汇报，并对需要学院支持专业设置及院系沿革方面的相关工作作说明。

会议现场，智能系统建设方工作人员对所有与会人员开展了智能系统应用专项培训。

参会人员就校友数据库使用中遇到的问题进行了现场交流。经济管理学院朱冬元教授对数据库建设智能化、个性化的发展，提出了宝贵建议。远程与继续教育学院潘哲远老师针对具体操作中可能出现的问题提出了建议和意见。

信息化工作办公室副主任李琪对校友智能管理系统建设工作在有限时间内取得的进展表示充分肯定，并强调了信息时代校友档案数字化的必要性和重要性。他建议各培养单位深度参与、共同搭建高效协同平台，赋能校友事业、助力学校建设，实现校友与母校之间合作发展、创新共赢。

校友与社会合作处处长陈华荣对本次会议作总结。他希望全体管理员多一点恒心，不怕繁琐，持之以恒了解校友动态，完善和更新校友数据；多一点耐心，融入新发展格局，克服困难，积极交流和改进系统建设中遇到的问题；多一点信心，下定决心推进建设工作，齐心协力搭建数据平台，为校友智能数据库提供更有力的信息保障。

（图文来源：地大新闻网）

学校召开校友联络组、资金筹措组工作交流推进会

2022年4月20日，学校召开70周年校庆校友联络组、资金筹措组工作交流推进会，统筹调度相关工作。副校长刘杰出席会议并讲话，校友联络组、资金筹措组各成员单位负责人和校庆办负责同志参加会议。会议由校友与社会合作处处长陈华荣主持。

会上，校友与社会合作处副处长胡肖汇报了《校友联络组工作方案》和相关工作推进情况。校友与社会合作处副处长袁江汇报了资金筹措组工作方案及相关工作推进情况。两个工作组牵头单位负责同志分别汇报了本单位前期工作进展及下一个阶段相关工作安排，并对进一步做实做细各项工作提出了具体建议。

▲ 校友联络组、资金筹措组工作交流推进会现场

副校长刘杰作会议总结，对后期工作提出5点要求。一是要高度重视，主动参与。各单位应增强主人翁意识，由主要负责同志亲自负责，成立工作领导小组和专班，加强宣传、广泛动员，鼓励所有教职工积极主动开展筹资工作；充分发挥退休老领导、老教师的作用。二是要统筹谋划，加强协调。各单位应制定专项工作方案，安排工作能力强、责任心强的同志开展具体工作；加强与校内相关部门的沟通协调，加强相关信息数据的共享，避免重复或“撞车”。三是要抓住重点，强化主题。全面对接校友和社会资源，确定本单位重点筹资对象与接受捐赠的途径；开展多种形式的宣传，让广大师生、海内外校友、合作单位及社会各界了解校庆各项筹资捐赠活动，知晓捐赠政策，并形成齐心协力、广泛参与的良好氛围。四是要开拓思路，注重实效。各单位要结合实际情况，制定合理的筹资策略，对照筹资项目类别，设计明确、具体、具有吸引力的筹资与接受捐赠项目；积极拓展筹资渠道，通过合作共赢的方式获得更广泛的资金来源。五是要以服务为本，着眼长远。校友是学校的宝贵财富和资源，各单位要积极主动加强与校友间的联络，将支持校友

干事创业与争取校友支持学校事业建设融通融合；同时主动拓展学校办学资源，将筹资工作日常化、常态化，为推动学校的建设和发展积极贡献力量。

（图文来源：地大新闻网）

290名毕业生受聘为2022届校友大使

2022年6月16日，学校召开2022届校友大使聘任会议，290名毕业生受聘为2022届校友大使。校党委常委、副校长刘杰，各培养单位及相关单位负责人，200余名毕业生及校友参加会议。校友与社会合作处副处长胡肖主持会议。

大会首先播放《欢迎加入中国地质大学全球校友会》的短视频。视频中，来自全球校友分会的会长、秘书长表达了对2022届校友的欢迎和祝福。

校友服务办公室丁苗苗介绍校友总会情况。

校友与社会合作处处长陈华荣宣读2022届校友大使名单。他希望校友大使弘扬地大精神，充分联络校友感情、凝聚校友力量，积极传播母校信息、报道校友事迹，把服务校友需求落到实处，推动校友与母校共赢共荣。

就业指导处处长严嘉、校党委宣传部副部长魏海勇为本科生校友大使代表颁发聘书。

本科生院副院长朱继、校团委挂职副书记周克清为研究生校友大使代表颁发聘书。

▲ 全体与会人员合影

海洋学院硕士毕业生谢薇作为2022届校友大使代表发言。她表达了身为地大人对母校的深情厚谊和浓浓的家国情怀，更明确了校友大使的神圣使命和光荣责任。她号召2022届校友大使，传承地大精神内核，助力校友工作发展。

2009届校友大使、武汉工程大学法商学院教授付书科校友发言。他回忆了南望山下9年的奋斗历程，并对母校给予的悉心培养和校友会的支持表示感谢。借感恩之心和爱校之情，他与获聘校友大使的学弟学妹们共勉：永葆自信赤诚，激扬爱校之情；矢志担当奋斗，砥砺荣校之志；当好桥梁纽带，凝聚兴校之力。

研究生工作部部长王甫为付书科颁发优秀校友大使纪念证书。

谭治宇、谢薇、谭玉龙、王玮琦4位同学用一曲《干杯》共忆母校生活甘甜，点燃大会气氛。

（图文来源：地大新闻网）

学校成功举办第六届“地二代”云端夏令营

中国地质大学第六届“地二代”云端夏令营

结营啦！

传承校训精神，争做地学栋梁！

为吸引更多关注地球科学、热爱地球科学的同学，

7月8日—10日，

中国地质大学第六届“地二代”云端夏令营成功举行。

开营日志

7月8日 你好，黄山！

我们邀请到黄山地质公园博物馆的缪馆长与我们一同云游博物馆。

经过第一天的课程，我们了解了组成黄山的主要岩石是花岗岩，

并且深入了解了黄山的花岗岩在时间和空间分布上的独有特征。

通过5道有奖竞猜题和同学们的踊跃发言，

7月9日　来！做一份自然笔记！

跟随独家推荐的科普路线，我们一同走上黄山，

路边的花儿、树上的鸟、脚下的岩石，

都是我们认识自然、记录自然的好题材。

如何制作一份记录大自然的自然笔记？

一份高质量的自然笔记需要具备哪些要素？

许多同学在课堂后积极把自己的作品发送过来，让子豪哥哥为之惊叹！

7月10日　徽州文化餐

最后一天，我们探访徽州古城的蜿蜒小巷，

走进徽州民居建筑，见识造型精美的徽州三雕。

为什么天井是徽派建筑中不可或缺的一部分？

为什么长条案几上摆放着固定的装饰？

为什么每一座房屋都有一堵造型别致的马头墙？

我们还通过南北建筑对比，了解其背后的文化深意。

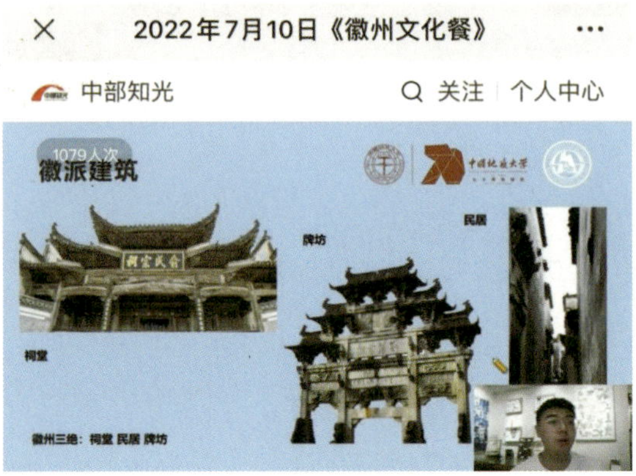

本次夏令营通过实拍录播、有奖问答、留言互动等丰富形式开展云端学习，近6000人参加了此次云端夏令营。

在互动环节抢答正确的同学们将获得精心打造的“自然探索大礼包”。积极发送自然笔记的同学还有可能获得黄山定制小型的博物框一份。百余份定制礼物即将飞往获奖同学家中！

本次活动吸引了许多校友陪同“地二代”共同学习地球科学知识。最后一次课程结束时，校友们通过留言和微信纷纷为活动点赞，并表示希望分享课程视频，期待“地二代”云端夏令营活动常态化。

扫描二维码查看课程回放

主办单位

中国地质大学校友总会

中国地质大学（武汉）地球科学科普研究与创作中心

支持单位

中国地质大学（武汉）招生办公室

中国地质大学（武汉）党委宣传部

中国地质大学（武汉）科学技术发展院

中部知光技术转移有限公司

主讲人　王子豪

中国地质大学（武汉）校友，“Earth 24H”科普品牌创始人、博物馆品质科普讲师、科普插图手绘师、独立科普视频制作人，带领团队一直以来致力于青少年儿童的地球科学知识普及工作。

科学顾问　徐世球

中国地质大学（武汉）教授，自然资源部首席科学传播专家，全国科技报最美基层科普带头人，中国科学技术协会“科普中国”专家团成员，科普研学指导专家；湖北70年优秀科学传播人物，湖北省科普作家协会副理事长，湖北省地质遗迹专家，湖北省古生物化石专家委员会委员，湖北省“荆楚科普大讲堂”报告团成员；武

▲ 徐世球

汉市公园协会自然教育分会会长，武汉市自然教育首席专家，武汉市最美科技工作者，武汉市十佳科技志愿者，武汉科学家科普团团员，武汉市理论宣讲员。研究方向为地球科学、博物学、自然教育及科学传播。

（图文来源：地大新闻网）

分会活动

搭建母校和校友的桥梁　学校宁夏校友会成立

2022年6月18日，中国地质大学宁夏校友会成立仪式在银川市举行。中国地质调查局西部绿色发展研究院院长李志忠校友，中国地质大学校友与社会合作处处长陈华荣、资源学院党委书记高复阳等母校教师代表，福建校友会会长卢禄华、山东校友会会长渠洪喜、陕西校友会会长马骉、甘肃校友会会长鄢峰、内蒙古校友会会长王利田等地方校友会代表，在宁约40位校友参加会议。会议由1984届煤田地质专业张天鹏校友主持。

张天鹏校友介绍宁夏校友会筹备情况。筹备组自2021年以来，先后组织8次筹备会议，商议了校友会章程、组织机构建设、会议筹备等具体事项。

中国地质大学校友与社会合作处处长陈华荣宣读《关于中国地质大学宁夏校友联谊会成立申请的批复》。

1986届矿床地质学专业刘金科校友代表筹备组作宁夏校友会章程说明。全体审议通过《中国地质大学宁夏校友会章程（草案）》。

与会全体校友表决通过宁夏校友会会长、副会长、秘书长、副秘书长人选。会议选举1991届应用化学专业毕业生、宁夏嘉农环保科技有限公司董事长王平校友担任宁夏校友会会

▲ 宁夏校友会会长王平校友讲话

长，选举路学忠、张春忙、马保军、李天明校友担任副会长，选举1992届探工系的路学忠校友担任秘书长。

宁夏校友会第一届理事会会长王平讲话。他说，两年以来，在母校领导的亲切关怀、筹备组全体的精心筹备和在宁校友的全力支持下，宁夏校友会得以成立，这是全体宁夏校友的大喜事。他将带领第一届理事会，不负使命和重托，积极服务宁夏校友，加强母校和校友的联络，促进母校和校友事业共同发展。

学校党委常委、副校长刘杰视频讲话。他表示，因疫情防控，不能现场祝贺，深表遗憾。他代表学校向大会的胜利召开表示热烈的祝贺，向为宁夏校友会成立付出心血的校友表达衷心的感谢，向所有在宁夏工作的校友致以亲切的问候。刘杰介绍学校近年来事业发展情况，并对宁夏校友会提出了新期盼。他希望宁夏校友会积极承担使命，搭建母校和校友的信息桥梁，夯实母校和校友的情感纽带，让母校与校友同频共振，共建母校与校友命运共同体。他祝愿广大在宁校友在各自的岗位上辛勤耕耘，传承校训精神，赓续地大文化，再接再厉，再创辉煌；他热情邀请在宁校友常回家看看，在学校建校70周年之际重返南望山、相聚未来城，共庆母校华诞。

▲ 与会代表合影留念

福建校友会会长卢禄华、甘肃校友会会长鄢峰分别作为南、北方校友会代表向宁夏校友会成立致贺词。

刘金科校友代各校友会宣读贺信。宁夏校友会收到来自北京、川渝、福建、甘肃、广东、广西、贵州、海南、河北、河南、黑龙江、湖北、湖南、吉林、辽宁、山东、陕西、上海、深圳、云南、浙江、珠海、内蒙古23个地区的校友会代表的贺信。

（图文来源：地大新闻网）

中国地质大学美国校友会成立

2022年7月17日，中国地质大学美国校友会成立仪式在华盛顿举行。校长王焰新院士、副校长赖旭龙、校友与社会合作处负责同志以及各校友分会的32位代表云端参会，在美约30位校友代表以及加拿大校友会会长冯建德，副会长张战波、陈建明一行线下参会。

会议由1984届科技英语专业赵焱明校友主持。

全体校友齐唱校歌《勘探队员之歌》。

赵焱明介绍了美国校友会筹建情况及第一届理事会成员的相关情况。美国校友会第一届理事会由1984届古生物学专业黎观城校友担任会长，1995届物探系吴心霞校友任秘书长，赵云龙校友任理事长，俞黎明、张金才、邓新华校友任副会长，蒋胜平校友任财务长，蒋峥校友任宣传部长，姜祎校友任技术部长，胡昌铭校友任荣誉主席，苏桂珍、连炎清、马元哲、陈如桂、邓保林、苏东灵等校友担任理事。

▲ 美国校友会会长黎观城致开幕词

美国校友会会长黎观城致开幕词。他深情回忆了32年前在母校求学的情景。他说，母校学术氛围浓郁，学风严谨，王鸿祯、杨遵义、郝诒纯、殷鸿福等大师的谆谆教诲至今仍在耳畔回响，与马永生、王勇峰等同窗的友谊仍然历历在目。70年来，在美地大校友在“艰苦朴素、求真务实”校训精神的指引下，勤奋学习、刻苦钻研，在各行各业作出了重要贡献，为促进母校与美国相关科研院所及高校开展科技合作、文化交流发挥了纽带作用。他表示，将精诚团结第一届理事会成员，同心协力建设美国校友会平台，为建立在美地大校友命运共同体作出贡献。

校长王焰新院士云端致贺词。他说，近年来，学校坚持人才强校战略，大力实施以“学术卓越计划”为核心的一系列改革，在建设地球科学领域世界一流大学的奋进征程上又取得了一些新标志性成果：一是校园面貌发生了新变化，二是人才强校战略取得了新成绩，三是多学科协调发展进入了新阶段，四是国际合作交流开创了新局面。他向新成立的美国校友会提出3点期望：第一，搭好平台，建好组织。校友会要以校友情谊为所依、以校友发展为所系、以校友利益为所重，发挥平台、载体作用，多开展校友活动，多促进校友联络交流，努力把广大校友团结在一起、凝聚在一起，让大家互相提携、相互促进，共谋发展、共同进步。第二，团结互助，共谋发展。希望广大校友紧紧依靠校友会这一平台，彼此关心、相互支持、团结奋斗、携手共进。第三，关心母校，互相支撑。学校会更加重视校友工作，通过采取更加有效举措、加大工作力度、完善联系网络、创新活动方式、提供周到服务，不断加强校友与母校的沟通和联系。他表示，希望校友们继续关心、支持母校的发展，与母校保持联络。学校也将为广大校友提供温馨、贴心的服务，做校友永远的坚强后盾。

蒋胜平校友受殷鸿福院士委托致贺词。殷鸿福院士在信中说："地大美国校友会成立，我谨以一位老学长的名义，向师兄师弟师姐师妹们表示热烈的祝贺和亲切的问候！几十年来，在美校友用在地大学到的知识和在地大培养出来的优良品德与学风，在异国他乡开创了自己的事业，取得了瞩目的成就。我感到无比的欣慰，感到作为一名老教师的荣耀！"

副校长赖旭龙云端介绍校庆70周年活动方案。他向在美校友介绍了校史馆建设进展、校庆70周年系列校友活动等，并热情邀请在美校友回校参加母校70周年校庆活动。

北京大学美国校友会代表常劲、清华大学美国校友会代表邢飞在现场致贺词。

加拿大校友会会长冯建德代表海外校友会致贺词。他欢迎美国校友会与地

▲ 线下参会校友合影留念

大各校友会共同建设全球校友的“加油驿站”，合力打造让广大校友和母校共享情谊、共谋发展的服务平台和精神家园。

湖北校友会副会长熊友辉代表国内校友会校友致贺词。他祝贺美国校友会的成立。他说，在美校友秉承母校校训精神，并在美国这片竞争热土取得了骄人的成绩，期待海内外校友会加强交流和学习，共同建设校友会组织平台，祝福美国校友会越办越好。

美国华人联合会会长薛海培致贺词。

美国校友会副会长邓新华致闭幕词，宣布美国校友会正式成立。

据悉，地大校友在美国有组织地开展活动可以追溯至2003年。美国校友会的成立，标志着在美地大校友建立了正式的校友组织，将为校友与母校、校友与校友交流合作提供服务平台。

（图文来源：中国地质大学校友总会微信公众号）

中国地质大学山西校友会成立

2022年7月29日，中国地质大学山西校友会成立仪式在太原举行。学校校长王焰新院士、学校相关学院领导和老师、在晋地大校友，以及各校友分会代表约150人参加会议。

2000届水利工程专业硕士、山西省地质勘查局总工程师王润福校友主持会议。

会议现场播放学校宣传片。

1991届岩石矿物学专业毕业生、深圳诗普琳珠宝有限公司董事长郭晖校友介绍山西校友会筹备及成立情况。

▲ 郭晖介绍山西校友会筹备及成立情况

校友与社会合作处处长陈华荣宣读《关于成立中国地质大学山西校友会申请的批复》。

会议审议并通过了《中国地质大学山西校友会章程》，选举产生中国地质大学山西校友会第一届理事会。会议选举1986届地层古生物学专业毕业生、太原金硕科贸有限公司董事长仇铁强校友担任山西校友会第一届理事会会长；1991届岩石矿物学专业毕业生、深圳诗普琳珠宝有限公司董事长郭晖校友，1988届探矿工程系钻探工程专业毕业生、中国能源建设集团山西省电力勘测设计院有限公司工程勘察分公司正高级工程师于爱文校友，2003届水文与水资源工程专业毕业生、国科星图（深圳）数字技术产业研发中心有限公司董事陆赛华校友，1985届地质力学专业毕业生、山西地质博物馆原副总工程师续世朝校友，1991届矿产开发管理工程专业毕业生、山西地质博物馆馆长康志帅校友担任副会长；1991届应用化学专业毕业生、山西省地质调查院赵永生校友担任秘书长；1992届岩石矿物学专业史伟校友、2010届地理信息系统专业王晓磊校友、2016届计算机科学与技术专业闫鸿剑校友、2014届社会体育指导与管理专业李勇校友、2011届地质工程专业硕士庞起发校友担任副秘书长；郭斐斐、康涛、杨浪峰、雒建峰、张婷翔、高艳荣等校友担任秘书。

▲ 王焰新（左）向山西校友会授会旗，仇铁强（右）接旗

▲ 校长王焰新（左）向山西校友会授“校友之家”牌匾，康志帅（右）接牌

1986届地层古生物学专业毕业生、太原金硕科贸有限公司董事长、山西校友会会长仇铁强讲话。他深情回忆了在母校求学时老师严谨的治学精神和殷殷的嘱托牵挂，以及淳朴绵长的同窗情谊。他说，虽然我们的工作性质、工作岗位不尽相同，但“艰苦朴素、求真务实”的校训精

▲ 山西校友会会长仇铁强讲话

神已深深融入我们的血液里。他表示，将和理事会成员共同建设好山西校友之家，服务好广大山西校友，加强山西校友与母校之间的联络、增进省内校友之间的感情，搭建山西与母校合作的桥梁，促进校友和母校共同发展。

▲ 校长王焰新讲话

福建校友会会长卢禄华校友和内蒙古校友会会长王利田校友分别代表南方、北方校友会宣读贺信。山西校友会秘书处张翔婷宣读各校友分会贺信。卢禄华校友分享了自己的求学和创业经历："在社会上，我还没发现任何比见母校老师、与校友相聚更重要、更有意义的事情。"王利田校友驱车5小时从内蒙古赶赴太原，用一首即兴诗词祝福山西校友会圆满成立。

校长王焰新院士讲话。他代表学校和校友总会向大会的召开表示热烈祝贺，向各位来宾和远道而来的各地校友会会长、秘书长表示诚挚欢迎，向为筹建工作付出辛勤努力的山西校友表示衷心感谢。

王焰新说，山西表里山河，地貌形态独特、地质遗迹众多、矿产资源丰富，既是天然的地质公园，也是学校服务区域经济社会发展的主战场。学校自建校以来，就有一大批科学家常年在山西开展科学研究，服务国家找矿事业。进入新世纪以来，学校和山西广大校友一道，围绕山西转型发展面临的饮水安全问题、水资源开发与保护问题、生态环境修复问题、能源转型发展问题，积极开展各种形式的产学研合作，为山西经济社会发展提供了强有力的人才和科技支撑。2020年，学校与山西省人民政府签署战略合作协议，约定省校双方在地质研究、矿产勘查、生态治理、资源综合利用等方面加强交流与合作，在地热能、煤层气等清洁高效资源勘查开发及相关产业、高水平科研平台建设等领域开展深度合作。学校将团结、带领全国乃至全球的校友，聚合地大人的集体智慧和力量，共同参与山西新时期的建设发展，助力山西把资源优势转化为发展优势和竞争胜势，打造省校合作的新典范。

他说，山西校友会是学校成立的最后一个省级地方校友分会，这标志着学校校友分会完成了全国31个省份的全覆盖，也必将是学校加强和改进校友服务工作的新起点。他要求学校校友会进一步完善校友服务工作体系，探索构建校友与学校的命运共同体的具体机制。他期待山西校友会承典塑新，建好山西校友组织；同心共济，服务校友事业发展；力行致远，实现校友母校共赢共荣。

全体合唱校歌《勘探队员之歌》，集体合影留念。

▲ 全体与会人员合影

（图文来源：中国地质大学校友总会微信公众号）

广西校友会成立15周年纪念大会暨乡村振兴高峰论坛在南宁举行

2022年8月27日，广西校友会成立15周年纪念大会暨乡村振兴高峰论坛在南宁举行。学校副校长刘杰，学校相关职能部门、学院代表及各地校友会代表参加大会。

当天上午，广西校友会“校友之家”揭牌仪式暨校友代表座谈会在南宁举行。座谈会由广西工程防震研究院副院长李细光校友主持。南宁师范大学北部湾人工智能应用技术研究院院长许贵林、广西华蓝岩土工程有限公司总经理阳成、广西北海市合浦县西场镇四级主任科员刘成等在桂校友畅叙母校情谊，讲述在桂发展情况。川渝校友会会长邵家斌、湖南校友会会长王依洲、上海校友会副会长陈磊等校友会代表共同交流地方校友会建设发展的经验。

刘杰向校友们对母校的关注和支持表示感谢，对广西校友会“校友之家”的成立表示祝贺。他期待“校友之家”成为广西校友母校情感的“联络站”、事业发展的“加油站”、工作生活的“排忧站”。

会后，副校长刘杰和广西校友会会长陈海共同为广西校友会“校友之家”揭牌。

▲ 副校长刘杰（正中间左）和广西校友会会长陈海共同为“校友之家”揭牌

当天下午，广西校友会组织举行乡村振兴高峰论坛。浙江校友会会长丁晓冬宣读各地校友会代表贺词。

刘杰致论坛开幕词。他说，近年来学校主动服务国家乡村振兴战略，在产业帮扶、科技帮扶、教育帮扶等领域积极发挥作用。学校从乡村振兴战略定位出发，紧密围绕“三农”问题，以服务求发展，促进学校环境科学与工程、土地资源管理、国土空间规划、资源环境经济学等学科与国家战略同频发展。他希望发挥校友会联系广大校友的纽带作用，积极开展合作交流，为学校更好服务乡村振兴战略多提建议，希望有更多的校友积极投身乡村振兴的伟大事业，加强校友和校友、校友和母校之间的联系与合作，相互支撑、互相帮助、共谋发展。

▲ 7位嘉宾作主题报告

会上，浙江大学厉子龙教授，中国地质大学谢淑云教授、王占岐教授、徐德义教授，桂林理工大学单慧媚教授，广西民族大学覃英宏教授，成都中地大有机硒农业科技有限公司董事长、川渝校友会会长邵家斌共7位嘉宾，作大会主题报告。

广西校友会会长陈海总结表示，7位教授、专家在矿业经济、海洋资源与环境、

▲ 参会人员合影

农业生态、村庄规划、工程应用、地下水治理修复等领域所开展的研究及取得的进展令人印象深刻，希望地大校友能够凝心聚力，努力开创乡村振兴工作的新局面。

当晚，广西校友会成立15周年纪念大会在《勘探队员之歌》大合唱中拉开帷幕。

广西校友会名誉会长陈大克致欢迎词。

广西校友会第三届理事会秘书长李细光校友介绍换届筹备情况。

唐勇校友宣读第四届理事会选举结果，广西校友会第四届理事会由陈海校友担任会长，阳成校友、王新宇校友、罗冲校友担任副会长，唐勇校友担任秘书长。

刘杰说，地大人是我们引以为傲的共同身份。一批地大学子在广西大地上奋力拼搏，秉承"艰苦朴素、求真务实"的校训精神，胸怀家国理想，心系百姓民生，为建设广西作出了积极贡献，为母校赢得了荣誉。他诚挚邀请在桂校友回母校参加70周年校庆活动。

（图文来源：地大新闻网）

吉林校友会成立一周年座谈会在长春举行

2022年1月，中国地质大学吉林校友会成立一周年座谈会在长春举行，会议总结了吉林校友会成立一周年以来的工作进展，明确了今后的工作思路，并制订了2022年工作计划。部分理事会成员及校友代表参加座谈。

会上，会长刘宏波对母校长期以来的大力支持和各界校友的无偿付出表示感谢。他指出，吉林校友会自2020年12月5日成立至今，一直秉承"艰苦朴素、求真务实"的校训精神，以"汇聚平台力量，服务校友发展"为宗旨，为推动省内校友沟

▲ 与会人员合影

通联系、兄弟校友会协作互助、母校对接互动做了大量的工作，推动校友分会成为联系母校的纽带、温馨交流的家园、共谋发展的平台。

刘宏波说，为了开展好今后的校友分会工作，我们要在校友总会的指导下，坚持服务校友、服务母校、服务本地发展的“三服务”工作思路，创新工作理念、发挥骨干力量、积极组织活动、用好平台载体，更多地在人才培养、就业创业、工作科研、学习生活等方面提供支持和服务，让吉林校友会真正地成为校友间增进感情、共谋发展的平台。

与会代表对2022年工作计划进行讨论，并提出意见和建议。会后，全体参会人员为云南校友会第三次代表大会录制祝贺视频。

（图文来源：中国地质大学校友总会微信公众号）

海南校友会第二次会员代表大会在海口举行

2022年1月15日，中国地质大学海南校友会第二次会员代表大会暨第二届理事会第一次会议在海口隆重召开。中国地质大学校友与社会合作处处长陈华荣、湖北省知识产权与创新发展研究院执行副院长罗林波、福建校友会荣誉会长李忠荣、福建校友会会长卢禄华、辽宁校友会会长王淑艳、广西校友会副会长方芳、陕西校友会代表郑民奇、华中师范大学等高校校友会代表、海南省地大校友代表130余人参加会议。

海南校友会第一届理事会秘书长、1984届构造地质学专业毕业生肖军校友宣读《第一届理事会工作报告及相关说明》《海南省中国地质大学校友会章程（修订稿）》和《海南省中国地质大学校友会会费标准》。

会议选举产生第二届理事会、监事会，第二届校友会名誉会长、会长、执行会长、副会长、秘书长、监事长。1985届古生物学专业毕业生李晓光校友、1986届水文地质专业毕业生杨光东校友、1986届地质学专业毕业生张永北校友、1984届地质力学专业毕业生吴时国校友、2011届资源产业经济专业博士毕业生彭京宜校友当选名誉会长,1999届管理工程专业毕业生张振豪校友当选会长,1984届构造地质学专业毕业生肖军校友、1998届宝玉石鉴定及加工专业毕业生郑明三校友、2005届英语专业毕业生陈康校友、2007届土木工程专业毕业生吴光帅校友当选执行会长,2008届应用化学专业毕业生陈欢校友当选秘书长,2005届应用化学专业毕业生张国栋校友当选监事长。

陈华荣代表学校为荣誉会长代表颁发聘书,为海南校友会授牌"校友之家"并向他们授予会旗。

▲ 海南校友会会长张振豪讲话

新任会长张振豪代表第二届理事会发言。他感谢母校长期以来对海南校友会的关心、指导和支持,并表示将带领理事会成员团结一心,更好地服务海南校友,深入拓展母校与海南校友的联系,助力构建校地合作平台,为母校建设发展和海南自贸港建设献计出力。

新任秘书长陈欢汇报海南校友会第二届理事会工作计划。

本次会议还通过了秘书处副秘书长人员名单,并表彰了海南校友会23名优秀校友。

学校党委常委、副校长刘杰录制视频传递祝福。他代表学校向大会的胜利召开表示热烈的祝贺,向为海南校友会建设付出心血的校友表达衷心的感谢,向所有在海南工作的校友致以诚挚的问候。刘杰介绍学校2021年发展情况,并对海南校友会提出了新期盼、新要求。他期盼海南校友会开阔格局,继往开来,凝心聚力,同向发力,建成校友发展共同体。期盼海南校友赓续优良传统,汇聚强大合力,积极推进与母校全方位的合作。他代表学校邀请海南校友组团常回母校,关心母校事业发展。

全体参会校友齐唱地大校歌——《勘探队员之歌》,会议在嘹亮的歌声中闭幕。

▲ 全体与会人员合影

（图文来源：海南校友会）

陕西校友会召开第二届理事会第三次会议

新春伊始，万物复苏。2022年2月12日，中国地质大学陕西校友会第二届理事会第三次会议在西安召开。

陕西校友会名誉会长李志忠，会长马骉，常务副会长华曙光，副会长王义红、杜岳红、常喜顺、斯尚华、雷明川，秘书长李涛，常务副秘书长余彦忠等30余位理事成员及校友代表参加了会议。大家共聚一堂，就2021年校友会工作情况及2022年发展方向等问题进行了热烈的讨论。

▲ 与会人员合影

陕西校友会会长马骉首先在大会上作校友会2021年度工作总结暨2022年度工作要点汇报，并表达了对校友会和各位校友的美好祝愿。他指出，校友会一直恪守为校友服务的理念，发挥校友会的平台和纽带作用，不断完善校友会的工作机制建设，大力推进各级各类校友会组织建设，充分挖掘和发挥校友反哺母校的能量。过去一年校友会的工作均取得了良好的进展，接下来，校友会将持续探索“助力校友发展—校友主动回馈”的自我“造血”模式，集思广益，认真研究将西部绿色发展研究院有效运行起来，将研究院设立的宗旨和各项规划切实落地的方式方法。他希望广大校友企业积极合作、通力配合，争取2022年实现新的发展及飞跃。

陕西校友会荣誉会长、中国地质调查局西部绿色发展研究院院长李志忠校友发言。他高度肯定了校友会2021年的工作成绩，尤其是在基础工作、加强校友之间联系、活动建设、自身建设等方面取得的成效，也充分认可本届校友会秘书处的团队氛围和运作机制，并指出："地大陕西校友会是三秦校友的坚强后盾，作为校友会的一名老同志，此次会议看到许多的新面孔非常欣慰，这代表着广大校友积极参与校友活动，为母校发展添砖加瓦、献计献策的决心。"2021年，校友会夯实基础工作，2022年是上台阶的关键一年。同时，他提出，本届理事会涵盖了能源、化工、环保、教育、互联网等行业的诸多优秀校友代表，这为接下来校友工作的持续健康高质量发展提供了重要的人力保障，希望理事会充分借鉴各地方校友组织的宝贵经验，发挥校友会交流合作平台作用以及与母校各地分会的联系纽带作用，为开展好与世界一流大学建设相匹配的校友工作而矢志奋斗。

李志忠校友希望各位校友要始终铭记校训，在各自事业发展的道路上做到"艰苦朴素、求真务实"，为母校发展、为当地的经济建设作出贡献。

常务副会长华曙光、秘书长李涛、常务副秘书长余彦忠分别发言，对校友会2021年的工作进行了详细的回顾，同时还就校友会在加强校友联络、帮助年轻校友发展、在新形势下有效开展工作等方面，提出了一系列积极建议。

秘书长李涛说，2021年度，校友会紧紧围绕学校中心工作和重点工作，在认真履行和完成常规工作的同时，完成了1989—2021届校友的电子信息录入工作，为校友工作的进一步推进奠定了坚实的基础。同时，在过去一年，陕西校友会契合实际地开展了富有意义和影响力的交流活动，可谓丰富多样、精彩纷呈，实打实地为大家解决了很多问题，让每一位校友都能感受到这个大家庭浓厚的情谊。接下来，校友会将举办和筹划更多丰富多彩的活动，加强校友与母校之间的情感交流，培育校友文化，筑牢母校情结。

特邀嘉宾和理事们积极发言，大家围绕如何开拓发展校友会未来的工作进行了热烈讨论。常喜顺、斯尚华、杜岳宏、王义红、雷明川、刘小平、张荔、刘振亚等理事会成员均作了简短、热情的发言，对校友会的发展模式、资源整合以及如何更好地帮助年轻校友获得发展等问题进行了深入的讨论。在场校友们纷纷表示今后愿为校友会建设发展出资出力、积极奉献。

会议最后，全体成员合影留念，中国地质大学陕西校友会第二届理事会第三次会议圆满落幕。

未来，陕西校友会将锐意进取、勇毅前行，继续办好校友会各类活动，凝聚陕西校友情谊，为校友服务，促进母校与陕西的交流与合作，力争将校友会打造成一个有高度、有深度、有广度、有力度、有温度的友情家园和精神港湾，为母校争光，为70周年校庆贡献力量！

（图文来源：中国地质大学校友总会微信公众号）

甘肃校友会召开第一届理事会第二次会议

2022年2月26日，中国地质大学甘肃校友会第一届理事会第二次会议在兰州召开。第一届理事会28名校友参加会议，副秘书长、208971班陈琳校友主持会议。

中国地质大学校友与社会合作处处长陈华荣以线上方式参加会议，并对会议召开表示热烈祝贺。他对甘肃校友会的工作给予肯定并对2022年度校友会的工作提出意见和建议。

甘肃校友会秘书长、73951班梁庆国校友作甘肃校友会2021年工作总结，并提出2022年的工作重点：组织“地大杯”足球赛、参与母校70周年校庆和丰富甘肃校友会“校友之家”系列活动。

校友会副秘书长、53021班潘建磊校友作2021年度财务报告，说明校友会经费来源和支出明细。

新组建的校友会足球队队长、22982班李树同校友向大会汇报足球队筹备情况和下一步训练计划。会议商议了主题分别为“飞天盾牌”和“龙雀天马”的两款

队名：地大甘肃校友会足球队

队徽：飞天盾牌

口号：团结奋进、坚不可摧！

队徽寓意：金色“甘”字由绿色盾牌和飞天彩云组成，具有甘肃敦煌飞天文化特点。

金色代表金属矿产，绿色代表绿茵场，上面的校徽、中间的CUGS字母、下面的足球寓意在地大领导和组织下的校友足球运动。盾牌代表球队团结一致、坚不可摧，飞天彩云代表场内公平竞技、场外亲如兄弟，大家永远都是地大人。

▲ 足球队备选队徽方案解读（一）

队名：地大甘肃校友会足球队

队徽：龙雀天马

口号：勇往直前、马到成功！

队徽寓意：图形由飞腾的黄色天马和形似火焰的红色龙雀以及围巾组合而成，具有浓郁的甘肃地域特色和厚重的文化底蕴。

黄色天马以甘肃武威出土的汉代马踏飞燕为原型，黄色代表厚重的黄土高原，飞腾的天马代表不畏强敌、拼搏进取的勇气，熊熊燃烧的龙雀火焰代表激情无限。天马、龙雀和足球组合在一起体现了甘肃校友会足球队的火热激情与拼搏进取之精神。

▲ 足球队备选队徽方案解读（二）

足球队队徽以及足球队队旗和参赛口号。

理事会参会校友就如何建设甘肃校友会积极建言献策，并提出具体措施：将加紧球队训练，积极参与母校足球赛，赛出甘肃校友精神风貌；面向甘肃校友征集校庆70周年活动题材，积极参与70周年校庆系列活动，在兰州地标位置齐唱校歌，歌颂母校等；增做校友会会旗，用于记录地质行业校友野外工作或校友小范围聚会时拍摄宣传活动，留存校友活动素材；加强宣传，丰富“陇原地大人”微信公众号内容，特别是征集校友在校期间的点滴趣事、青葱往事等；面向甘肃校友推广使用“地大人”微信小程序；等等。

会长鄢峰、副会长付文翰和副会长陈秀清为获得“2021年度优秀青年校友”称号的甘肃校友颁发证书。

校友会会长、33832班鄢峰校友总结了校友会一年来的工作，肯定了全体理事的积极参与和无私奉献，部署安排了校友会2022年重点工作。他就校友会的可持续发展提出建设性方案，并与校友代表热烈讨论。大家一致认为相关思路方案切实可行，有利于校友会建设实现良性循环，并表示将积极参与和支持方案的施行。

会议期间，校友表演各类特色文艺节目。

与会全体校友齐唱校歌《勘探队员之歌》。

▲ 甘肃校友会会长、副会长为“2021年度优秀青年校友”颁发证书

▲ 全体与会人员合影

（图文来源：中国地质大学校友总会微信公众号）

福建校友会理事会召开2022年第一次会议

蓝天碧海徐风吹，暖阳鲜花欲迷眼。2022年2月26日，在春光明媚的午后，中国地质大学福建校友会理事会代表齐聚福建“校友之家”——厦门三烨清洁科技股份有限公司召开2022年第一次理事会。

福建校友会会长卢禄华说，2022年是母校70华诞之年，福建校友会对母校70华诞表示衷心祝福。他对2022年福建校友会工作进行部署，强调今年福建校友会工作重点在于整合校友优势资源，服务校友，回馈母校。

▲ 会议现场

中国乡村产业振兴发展论坛执行主任陈晓阳校友作关于中国乡村产业振兴的主题报告。他在报告中说，乡村振兴战略是习近平新时代中国特色社会主义思想的重要组成部分，是事关国家发展的全局性、历史性任务，总书记作出了实施乡村振兴战略的重大部署，为我国做好新时代乡村振兴工作指明了方向、提供了遵循。2022年5月，陈晓阳校友将参与组织在昆明举办的“中国乡村产业振兴发展”论坛，协助组委会搭建政府、学者、乡村一线工作者交流、对话的平台。

与会代表表示，地大校友在国家乡村振兴的事业中有着非常独特的专业优势，地质勘察、土壤学、新材料、机械制造与自动化、物联网等专业，都契合乡村振兴战略的需求。地大“艰苦朴素、求真务实”的校训精神，与全面实施乡村振兴战略的总目标一脉相承。地大福建校友将秉承校训精神，继续投身乡村振兴的宏伟事业，在探索中前进。

新时代校友经济研究院院长轩辕建伟校友通过云端参与福建校友会理事会，并作主题报告。他分享了新时代校友经济的3个关键词：服务、联合和共生，提出新时代校友经济以实现学校与学校联合、学校与校友联合、校友与校友联合互助为目标，为教育行业赋能，为校友事业赋强。

会议传达了地大校友总会关于地方校友会组织活动和返校活动统一使用“地大人”小程序的倡议，并讨论了分会年度重点服务事项：一是对工程勘察、检测领域的资源进行整合，二是对生态环保工程领域的资源进行整合，三是帮助校友树立正确的财富观、健康观。

中国地质大学福建校友会艺术总监洪秉琛向“校友之家”捐赠台球桌。会后，校友们齐唱校歌并开展了打台球、弹唱、打乒乓球等文体活动。

参会校友录制视频，共同祝福母校70华诞快乐。

（图文来源：中国地质大学校友总会微信公众号）

校友企业20周年盛典在重庆举行

“长风破浪会有时，直挂云帆济沧海”。2022年2月26日，重庆开源地质勘探有限公司20周年盛典在重庆举行，该公司创始人为学校川渝校友会副会长、1987届钻探工程专业毕业生补红兵校友，川渝校友会会长邵家斌及多名校友参会。

补红兵在会上表示，辉煌属于过去，未来任重道远。未来公司将紧跟新时代的铿锵步伐，紧紧抓住千载难逢、百年一遇的盛世良机，顺应时代潮流，搏击市场风浪，持之以恒地发扬“敬业、责任、创新”的企业精神，紧紧围绕“情满开源，舒适家园”这一主题，以志在千里、永不停歇的豪气，以更加优异的业绩，为国家发展、社会进步、员工幸福作出更大贡献，无愧于大家，无愧于这个美好的时代！

总会致贺信表示：“欣悉贵公司廿年华诞，中国地质大学校友总会谨表示热烈祝贺！廿年栉风沐雨，廿年辛勤耕耘，贵公司董事长、川渝校友会副会长补红兵先生践行母校‘艰苦朴素、求真务实’的校训精神，勇担踏实拼搏的企业责任，追求时代的初心与梦想，我们坚信，您定能以诚信、共赢、开创的经营理念，引领公司勇立潮头，再谱地大川渝校友新篇。”

（图文来源：中国地质大学校友总会微信公众号）

宁夏校友会筹备组第一次会议在银川召开

2022年3月2日，中国地质大学宁夏校友会筹备组第一次会议在银川召开，研究商议了宁夏校友会成立的准备工作和相关事宜，来自各个行业的校友代表共16人参加会议。

会议由宁夏校友会筹备组负责人张天鹏校友主持。张天鹏汇报了筹备组所做的前期准备工作，介绍了筹备组与中国地质大学校友总会的前期沟通情况，校友对《中国地质大学宁夏校友会章程（草案）》《中国地质大学宁夏校友会工作方案》《中国地质大学宁夏校友会第一届理事会名单》等筹备事项进行了认真热烈的讨论。

与会校友代表纷纷表示，积极支持成立中国地质大学宁夏校友会，愿意为宁夏校友会的筹备、组建和发展献策献力。校友们纷纷表示宁夏校友会将以服务校友为宗旨、以服务社会为使命，加强校友会自身建设，广泛凝聚广大校友的智慧力量，努力构建校友与母校命运共同体，为推动校友、母校事业发展和宁夏回族自治区高质量发展作出更大的贡献。

宁夏校友会筹备组第一次会议在校友企业宁夏嘉农环保科技有限公司召开。会后，校友们参观校友企业并了解企业业务范围等情况。

▲ 与会校友合影

（图文来源：中国地质大学校友总会微信公众号）

甘肃校友会开展踏青活动

2022 年 4 月 23 日，阳光和煦，春意正浓。中国地质大学甘肃校友会组织部分在兰校友开展了以“畅享金城春意，祝福母校生日”为主题的踏青活动。

一大早，地大甘肃校友足球队来到位于城东的兰州碧桂园体育公园，开展日常训练赛，大家在球场切磋球技，在场外畅聊人生，锻炼身体的同时增进了感情。

临近中午，校友们录制了以“我把校歌唱给您听——贺母校 70 华诞”为主题的祝福视频，大家挥舞着 70 周年校庆旗帜同唱校歌。

为了表达地大学子对母校的无限感恩和深切祝福，校友们还精心创作了一副对联：

▲ 甘肃校友录制校庆祝福视频

愿母校逐梦想之崇高，遍撒硕果，美誉天下；

愿母校积历史之厚蕴，大展宏图，再谱华章！

此次活动伴随着校友们的欢声笑语圆满结束。有诗为证：

金城四月春意浓，
地大学子踏歌行。
枝繁叶茂不忘根，
七秩华诞荣光存。

（图文来源：中国地质大学校友总会微信公众号）

上海校友会开展“2022守沪抗疫公益法律讲座”

2022年4月下旬，上海校友会联袂在沪律师校友，推出“2022守沪抗疫公益法律讲座”系列活动，讲座从征集主题伊始即受到校友积极关注。

5月3日—8日，讲座通过线上方式进行，内容涵盖劳动用工、股权激励、创业者对商事主体的选择和股权设计等校友普遍关心的问题，3场讲座累计370人参与，受到校友们的高度好评。

此次系列法律讲座是上海校友会首次尝试举办的“云”活动。云端平台让校友活动不停摆，助力校友会持续发挥凝聚作用，惠及在沪校友。

据了解，在沪9位校友从事律师工作，其中6位校友律师在此次系列讲座中亮相，3位校友担任主讲人，3位校友担任主持人。后续公益法律服务也将继续以其他形式开展。

（图文来源：中国地质大学校友总会微信公众号）

川渝校友会承办“2022新时代校友经济论坛暨乡村振兴赋能生态文明高端对话”活动

2022年6月18日，“2022新时代校友经济论坛暨乡村振兴赋能生态文明高端对话”活动在成都崇州举行，此次活动由中国地质大学川渝校友会承办。

中国农业大学、北京航空航天大学、四川大学、山东大学、华中农业大学、中国地质大学（武汉）等单位的专家教授、行业校友汇聚一堂，以乡村振兴赋能生态文明为主题作了主旨报告。与会人员就乡村振兴的新机遇和新发展、校友经济与乡村振兴的相互赋能等课题方向进行了交流。

本次活动聚焦乡村振兴与生态文明，对校友经济与乡村振兴产教融合发展进行了新的探索，展现了地大智慧和地大力量。

▲ 全体与会人员合影

（图文来源：中国地质大学校友总会微信公众号）

丽水校友会开展“喜迎地大70周年校庆助力百山祖国家公园建设”主题活动

“是那山谷的风，吹动了我们的红旗；是那狂暴的雨，洗刷了我们的帐篷……”，地大校友们在位于百山祖国家公园的“江浙第一峰”上，唱响《勘探队员之歌》，共祝母校中国地质大学70华诞。

2022年7月9日，在中国地质大学建校70周年校庆到来之际，为积极响应母校“七秩荣光　逐梦未来”迎校庆全球校友登山活动倡议，为百山祖国家公园建设贡献地大智慧和地大力量，丽水校友会专门组织开展了登山、野外地学科考及科普活动。本次活动的主题是“喜迎地大70周年校庆　助力百山祖国家公园建设”。本次活动得到了地大校友总会、浙江校友会及百山祖国家公园等部门的大力支持。浙江校友会副会长、浙江大学海洋学院博士生导师厉子龙教授，地大校友及家属等共50余人参加活动。

▲ 丽水校友在“江浙第一峰”黄茅尖合影

为更好服务“美丽中国　宜居地球”建设，本次活动地点选在了百山祖国家公园。这里地学资源十分丰富，自然环境优美，特别适合开展登山、野外地学科考及科普活动。大家统一穿着印有地大校徽及70周年校庆标识的文化衫、戴着印有“中国地质大学丽水校友会”字样的小红帽，共同攀登海拔1929m并被誉为“江浙第一峰”的黄茅尖，并在长三角制高点合唱《勘探队员之歌》，录制了以“我把校歌唱给您听——贺母校70华诞”为主题的短视频，献礼母校70华诞。热血澎湃、充满激情的歌声满载地大校友对校园的深切怀念，对母校的无比热爱，对未来的美好祝愿。

▲ 百山祖国家公园地质考察

此后，在百山祖国家公园内，地学专家开展了野外科学考察，浙江大学的厉子龙教授，浙江省第七地质大队李春忠校友、童朝旭校友结合实地情况开展地学科普活动，以通俗易懂、生动有趣的语言讲解了地壳演化、火山喷发、岩石形成等大约1.45亿年前的地球故事。大家听得津津有味，通过大自然的课堂，加深了对地学的认识和理解。

尽管本次活动圆满结束，但是每一位地大人仍将继续秉承“艰苦朴素、求真务实”的校训精神，在各自的岗位书写新篇章。丽水校友会全体成员再次祝福母校70华诞，愿母校越来越好，每一位地大学子都将继续努力为母校增光添彩！

（图文来源：中国地质大学校友总会微信公众号）

湖北校友会校友登顶华中第一峰神农顶　献礼母校70周年校庆

为庆祝母校建校70周年，响应“迎校庆全球校友登山活动”，2022年7月16日，湖北校友会一行在会长王学海的带领下于汉口火车站集结出发，前往神农架，攀登神农顶。

神农架位于我国地势第二阶梯的东部边缘，平均海拔1700m，最高峰神农顶海拔3 105.4m，为华中第一峰，神农架因此有“华中屋脊”之称。此次湖北校友会通过精心组织、策划，最终选择攀登神农顶，以攀登华中地区最高峰献礼母校70周年校庆。

此次攀登活动，湖北校友会放弃了登顶华中第一峰的常规线路，而是在体育学院校友的专业指导下，选择了长达4.5km、多达6000多级台阶的高难度登顶线路，带领湖北校友感受不一样的攀登体验。攀爬过程中，湖北校友形成梯队阵型，

▲ 全体队员合影

相互鼓励加油，克服了间歇降雨、山内低温、路况复杂、夜行等重重困难，全程无一人放弃，所有校友登顶成功。他们用实际行动践行了地大人迎难而上、敢于攀登的精神。

全体队员不仅领略了神农架层峦叠翠、气势磅礴的自然风光，还看到了雨后云蒸雾绕的滚滚云海，感受了夜登神农顶的别样风情。攀登过程中还有师兄们结合实际场景为大家讲解神农架的地质构造，带来了一堂生动有趣的地学科普课。

参加攀登活动的全体校友在华中第一峰唱响地大校歌《勘探队员之歌》。熟悉的旋律在华中第一峰神龙顶响起！那嘹亮的歌声、回荡山间的口号都表达着校友们对母校的深情祝福。不论身在何方，湖北校友都将继续秉承“艰苦朴素 求真务实”的校训精神，关注母校建设发展，立足岗位，自觉投身“美丽中国 宜居地球”建设中，以实际行动献礼母校70华诞。

（图文来源：中国地质大学校友总会微信公众号）

辽宁校友会举办“我把校歌唱给您听——贺母校70华诞暨欢迎2022届校友活动”

为庆祝母校中国地质大学70华诞，厚植校园文化，凝聚校友情谊，迎接2022届校友加入辽宁校友会大家庭，2022年7月31日上午，辽宁校友会举办了“我把校歌唱给您听——贺母校70华诞暨欢迎2022届校友活动”。辽宁校友会会长王淑艳、秘书长赵长宏等近30位校友到场参与本次活动。

活动开始，王淑艳会长向新校友们表示了热烈欢迎，并向他们介绍了辽宁校友会的基本情况以及在辽工作校友取得的成绩。王会长叮嘱校友，辽宁校友会是在辽校友工作、生活的坚强后盾，有困难和需要，可随时联系校友会，并勉励校友们始终铭记“艰苦朴素、求真务实”的校训精神，为社会发展多作贡献。赵长宏秘书长向新老校友介绍了辽宁校友会成立情况、在辽校友人数及分布情况、地大学子在辽河油田的工作情况等，并强调地大学子要团结奋进，努力拼搏，在为祖国找石油的实践中展现母校的影响力与创造力。与会校友也依次进行了自我介绍，并献上对母校中国地质大学70华诞的祝福。

当天辽宁校友会还进行了以“我把校歌唱给您听”为主题的短视频拍摄。按照拍摄计划，校友们分工配合，有序行动，顺利完成所有拍摄环节。本次活动在嘹亮的校歌声中圆满结束。

▲ 全体与人员合影

（图文来源：中国地质大学校友总会微信公众号）

吉林校友齐聚长白山　共贺母校70华诞

为热烈庆祝母校70华诞，吉林校友会在2022年7月30日校庆倒计时100天之际，组织属地校友开展“登顶长白山　唱支校歌给您听”活动，吉林校友会会长刘宏波、秘书长孙国伟等30余名校友参加本次活动。

长白山海拔2691m，是中国东北的最高峰。长白山脉地貌为典型的火山地貌，随海拔自下而上主要由玄武岩台地、玄武岩高原和火山锥体三大部分构成。其独特的火山地质地貌具有重要的科研价值，是研究地球演化历史的重要材料，是揭示地球生物形成演变的重要依据，也是重要的

▲ 吉林校友会活动合影

地质资源宝库。

来自吉林省长春市及其他县市的校友齐聚长白山脚下，高声齐唱中国地质大学校歌。“是那山谷的风，吹动了我们的红旗；是那狂暴的雨，洗刷了我们的帐篷……”，在慷慨激昂、振奋人心的校歌声中，活动拉开序幕。

校友们在校旗和会旗的带领下，沿着蜿蜒曲折的山路一步步攀登，在一次次的驻足远望中回顾着母校70年来的光辉历程，在一个个坚实的脚印中追随着地质工作者的足迹，在一滴滴的汗水里深刻诠释“艰苦朴素、求真务实”的校训精神。

站在长白山山顶，望着清澈碧蓝的天池，李雅丽校友兴奋地说：“期待已久的长白山，我们来啦！一场雨过后，天池在云雾缥缈中逐渐露出真容，宛如仙境一般。从阔叶林到灌木丛再到苔原带，不断变幻的景色让人心情愉悦，整个过程一点都不觉得累。最重要的是看到长白山这样一座巨大的地质资源宝库，我们更加感受到每一位地质从业人员的工作意义和光荣使命，对母校事业的光明前景充满了自信和力量！”

活动的最后，校友们集体在天池附近拍摄了校庆祝福语短视频，共同祝愿母校70周年生日快乐，愿母校越办越好。

（图文来源：中国地质大学校友总会微信公众号）

青海校友会校友登岗什卡雪山　迎地大70华诞

值母校70华诞之际，中国地质大学青海校友会积极响应学校发出“迎校庆　全球校友登山活动”的号召，在2022年7月24日组织校友完成了青海省的岗什卡雪山攀登活动。

▲ 攀登前的合影

岗什卡雪峰位于青海省门源回族自治县境内，海拔5 254.5m，是祁连山脉东段的最高峰，雪峰集现代冰川的壮观和完整的植被带于一体，峰顶上有万年冰川，常年白雪皑皑，每当夕阳西下，晚霞轻飞，山顶晶莹白雪、熠熠闪光，时而殷红淡紫，时而浅黛深蓝，犹如玉龙遨游花锦丛中，此景被称为“龙岭夕照”。该峰不仅是门源八景之一，同时也是2019年吴京主演的《攀登者》影片拍摄取景地点。由于此处自然条件优越，学校也在该处设置了登山户外运动实训基地。该基地成为了学校高海拔登山的“训练跳板”，为母校校友挑战更高海拔山峰发挥着重要的作用。

为更好地开展此次攀登活动，青海校友会校庆大使杜建峡积极联系中国地质大学校友总会、青海省体育局、地大体育学院、青海校友会足球队等部门制订了攀登方案。本次攀登活动制订了2套活动方案，一是“3700m（七彩瀑布）至4324m（大本营）”的保守方案，二是3700m（七彩瀑布）至5005m（岗什卡雪峰）的登顶方案。由于受多方面的因素影响，本次活动选择了保守方案，登顶方案未能实施，因此留下了些许遗憾。

7月24日，16名校友从西宁市出发，约10时到达岗什卡开始攀登，此次行程从七彩瀑布（海拔3700m）出发，至大本营（海拔4324m）结束。在母校校庆良机的眷顾下，当日青海结束了将近两周的低温降雨天气，阳光普照，微风和蔼，16名队员以饱满的热情，举着标有“校庆70周年”字样的红旗，唱着《勘探队员之歌》一步一步地攀登着满是碎石的雪山。一路经过富含矿物质的七彩瀑布、布满碎石的高山碎石滑坡带、雪线周边的高山苔藓，还意外发现了生长在4200m海拔左右处的西藏珊瑚苣苔，该植物被称为“高原莲花”，象征着遵循母校校训精神，坚持扎根西北的地大校友。

在登山过程中部分校友陆续出现了因海拔升高造成的头晕目眩、呼吸不畅、双腿酸痛等自然生理反应，也有人掉队，但没有一个人放弃，大家即使体力不支也坚持攀登，绝不放弃。约中午12时，所有校友最终全部到达大本营，此时天气骤变、突降冰雹，然而低温和冰雹阻挡不了青海校友的热情，校友们齐聚在中国地质大学（武汉）登山户外运动实训基地，在杜建峡、武明德、赵勇、马忠鹏校庆大使的组织下，大家以饱满的热情合唱校歌《勘探队员之歌》。当熟悉的旋律在海拔4324m的雪山响起时，每一位校友都心潮澎湃，思绪早已飞回到南望山、学院路、北戴河、周口店。值此70周年校庆之际，青海校友秉承着“登高望远、自信开放、团结奉献、不懈奋斗”的新青海精神，立足岗位，力争为祖国的发展作出自己更大的贡献。

此次活动由学校70周年校庆大使、青海晟拓生态科技有限公司武明德校友提供资金赞助，青海名平商贸有限公司祁一珉校友提供技术支持。活动在校庆大使杨占君、刘长征校友的关心下顺利举行，感谢各位青海校友的大力支持。

（图文来源：中国地质大学校友总会微信公众号）

湖南校友会举办岩土科学高端论坛

2022年7月23日，由中国地质大学湖南校友会发起的“中国地质大学‘七秩荣光’——岩土科学高端论坛”在湖南举行。本次会议现场参会人员87人，线上参会人员302人，累计线上观看人员3431人。

本次论坛旨在探讨岩土科学最新进展，推动岩土科学的发展。出席本次论坛的主要嘉宾有工程学院党委书记李红丽、工程学院博士生导师胡郁乐、学校校友中南大学张绍和教授、老校友代表肖燕波等21人，以及其余岩土界校友66人。

▲ 全体与会人员合影

学校工程学院党委书记李红丽发表主题演讲。李书记充分肯定了学校岩土界各位校友的成绩。她强调：学校岩土界校友牢记“艰苦朴素、求真务实”的校训精神，在岩土科学与工程领域作出了重要的成绩，为母校增了光，为国家添了彩。她介绍了母校最近的发展变化以及取得的成绩，并代表母校欢迎校友们常回家看看。

工程学院胡郁乐教授为大家详细地介绍了勘察技术的变革历史，分享了当前最先进的勘察技术，提出当前岩土勘察领域遇到的若干难题，并对“勘察人”提出了新的要求。

学校校友中南大学张绍和教授介绍了3D打印技术在钻具领域的应用。张教授和他的团队在长期科研过程中，掌握了复杂钻具3D打印制备技术，突破了我国在超薄金刚石切割片制备领域的瓶颈，使超薄金刚石切割片具备了量产的条件。

此外会议嘉宾还分享探讨了一些工程领域的具体问题。具体如下："斜孔和水平孔工程勘察设备和工艺发展态势及新技术"（分享嘉宾胡郁乐）、"3D打印金刚石碎岩工具研究进展"（分享嘉宾张绍和）、"工程勘察、设计常见问题探讨"（分享嘉宾陈桂兵）、"湖南水工环工作发展"（分享嘉宾皮建高）、"岩土设计的若干问题探讨"（分享嘉宾苏吉平）、"深基坑工程理论与实践"（分享嘉宾陶宏亮）、"抗浮设防水位有关问题探讨"（分享嘉宾谢特华）、"地质灾害危险性评估技术要点"（分享嘉宾尹欧）、"浅谈岩土工程安全监测"（分享嘉宾郑斌）、"联合支护形式在石狮鸿山热电厂取水泵房基坑中的应用"（分享嘉宾林志军）。

高楼万丈平地起，岩土科学的重要性是不言而喻的。我国在岩土科学领域起步晚，赶得快，就是因为有着一代代岩土人艰苦卓绝的探索和无私的分享。本届岩土科学高端论坛不仅增进了校友的情谊，分享了大咖的经验，让岩土的继任者们少走弯路，更重要的是大咖之间的分享、交流和学习，推动了岩土人在岩土科学与工程上取得新的进展。

（图文来源：湖南校友会）

川渝校友会校友登顶贡嘎雪山那玛峰　献礼母校70周年校庆

2022年8月6日，川渝校友会5名校友登顶贡嘎雪山那玛峰（海拔5588m），为母校70周年校庆送上祝福。他们分别是：1201346班张伏友、131131班陈超、131091班罗成、131121班蒲开茂、2019级雷波。

▲ 川渝校友登顶

贡嘎雪山坐落在青藏高原东部边缘，主峰海拔7556m，是四川省海拔最高的山峰，被誉为"蜀山之王"。

▲ 川渝校友在峰顶献礼校庆

（图文来源：川渝校友会）

佛山校友会祝母校70周年生日快乐

2022年8月27日，20多名地大佛山校友汇聚佛山顺德龙舟广场，一起为庆祝母校——中国地质大学建校70周年献唱校歌《勘探队员之歌》。

▲ 佛山校友会活动合影

这20多名校友中，最年长的为1977级校友何家敏师兄，最小的为2015级校友唐井权。一首《勘探队员之歌》将老中青3代校友的心紧紧地联系在一起，大家仿佛又回到了学生时代，重温在南望山下孜孜求学的岁月。校友们唱出了“无奋斗不青春”的精神力量，用最真诚的歌声向母校表白。

建校以来，一届届地大毕业生扎根佛山，为佛山乃至广东省的经济建设和社会发展作出了卓越贡献。2019年，佛山校友会正式成立。它充分发挥社会团体的优势，为佛山五区校友建起了联系的平台，也为地大与粤港澳大湾区校友的联系畅通了渠道。至今，已有400多名在佛山工作、生活的校友加入了组织。校友们虽然来自南、北地大，年龄不同、专业各异、工作有别，但是地大人的身份将大家联系在一起，助力校友们共同书写地大人的奋斗篇章。

（图文来源：佛山校友会）

陕西校友会校友登顶太白山　献礼母校70华诞

2022年9月3日，中国地质大学陕西校友会为庆祝母校70华诞，组织三秦校友在雨雪交加中登顶太白山，活动取得圆满成功。

▲ 校友们在太白山下合影留念

2022年是中国地质大学建校70周年，为响应学校号召，陕西校友会精心组织此次登山活动。会长马骉亲自安排部署，常务副会长华曙光、秘书长李涛积极联系协调，校友会监事长杨选江负责具体落实，副秘书长郭红杰积极联系校友。活动得到在陕校友的积极响应，参加登山活动的29名校友中年龄最大的是71812班的常喜顺校友，现任西北有色工程有限责任公司副总经理兼总工程师。年龄最小的是2021届研究生高雅校友，现就职于陕西川庆石化科技有限公司。

9月3日9时整，校友们统一着装，从地大陕西“校友之家”出发，冒雨乘车去太白山，车外风雨交加，车内却充满了欢声笑语。

到达太白山景区游客服务中心，雨越下越大。前来迎接的导游说，山上下雪了，太白山的六月积雪是关中八景之一，只有在太白山最高峰拔仙台遇到特殊天气才可看到。今天大家一听说山上有雪，异常兴奋，都想尽快登顶一睹太白山雪景。

秦岭，位于陕西关中平原，有“华夏龙脉”的尊称。太白山位于陕西省宝鸡市境内的眉县，是秦岭山脉的最高峰，海拔3 771.2m。在秦岭山脉的诸多山峰之中，太白山以鹤立鸡群之势冠列群峰之首。太白山以高、寒、险、奇、富饶、神秘等特点闻名于世、称雄华夏，山中第四纪冰川遗迹地貌奇特、形态多样，被誉为“第四纪冰川天然博物馆”。

穿行在盘山公路上的小车，仿若一只正在探秘的小精灵，灵动且自由。秋雨中的太白山更是迷人。奇特的岩石、壮观的瀑布、浓郁的秋韵，都令人心旷神怡，驻足流连。莲花峰、泼墨山都是典型的地质地貌景观。

地大陕西校友会副会长、西安新时代生态环境治理研究院有限公司总工程师杜岳鸿博士极富热情且极其专业地给大家讲起了眼前所看到的群山的地质知识，神奇的地质构造、岩体性质吸引了不少登山的游客围上前来认真倾听，大家为杜博士渊博而专业的地质知识拍手称赞。

“天圆地方”位于太白山上板寺，海拔3511m。此处山高势险，怪石嶙峋，风紧云低，视野开阔，天空仿佛一个巨大的圆盖，山峦绵延无垠。站在峰顶，天离得如此之近，真有“去天三百尺，举手可近月”之感。这是此次登山活动的目的地，更是祝福母校70华诞之福地。

大家不畏严寒，在雨雪中拉起横幅，尽显了我们地大人的精神风貌。

“中国地质大学陕西校友会祝母校70周年生日快乐”！洪亮而气势磅礴的祝福之声，发自肺腑，响彻山巅！

母校，您听到了吗？这是来自您的三秦学子，挺立在秦岭之巅对您最诚挚的祝福！

▲ 校友们在太白山顶“天圆地方”景观处合影留念

祝福您再创辉煌！

山顶合影后，校友们一起在雨雪中唱起了校歌，“是那山谷的风，吹动了我们的红旗；是那狂暴的雨，洗刷了我们的帐篷。我们有火焰般的热情，战胜了一切疲劳和寒冷……”熟悉的旋律响起，艺术与传媒学院刘雯校友在雨雪中带头领唱校歌。

斗志昂扬的歌声，不仅唱出了地大人对地质勘探事业的执着，也唱出了校训“艰苦朴素、求真务实”的精神内核，更唱出了陕西校友会三秦学子感恩母校、祝福母校的肺腑之声！

（图文来源：陕西校友会）

上海校友会祝母校70周年生日快乐

地大人，上天可揽九天月，入地能勘地球心，下海可游万里海，登极可攀世界巅。为献礼母校70周年校庆，上海校友会于2022年9月3日举办“我从海上来——唯有攀登，才能向上”系列活动，用上海校友自己的方式，为母校献上最诚挚的祝福。本次活动共计60余名校友参加。

我从海上来

60余名上海校友在长江入海口从“0”点开始，奋勇击水，百舸争流。地大人，既有探索海洋的勇气，也有攀登向上的初心。

▲ 来自皮划艇的祝福(一)

我在上海之巅

上海中心大厦——上海之巅，海拔632m。上海校友以攀登之心，成凌云之志。6位校友代表带着全体上海校友的热情不断向上，在云端祝福母校生日快乐。

▲ 来自皮划艇的祝福(二)

从海上到上海，从“0”点到云

▲ 来自云端的祝福

▲ 上海校友会活动合影

端，上海校友将以攀登的脚步，逐梦未来；以实际行动，助力母校。

（图文来源：上海校友会）

深圳校友会举办“地二代”航空体验活动

2022年9月24日上午，正值中国地质大学建校70周年来临之际，为了进一步增强校友与母校的联系，强化校友的认同感和归属感，中国地质大学深圳研究院、深圳校友会联合北航深圳航空航天科普基地在北航大厦举行“地二代”模拟飞行体验活动。32名来自不同届别和专业的“地二代”们在家长的带领下参与了此次活动。

本次活动由专业飞行员亲自授课，他们从理论学习到实践操作，为孩子们带来一堂沉浸式体验课程，带领“地二代”走进航天科学发展的历史时光机。本次活动的开展激发了孩子们对航空航天科技的兴趣，坚定了孩子们立志做一名合格的“地二代”的信念。

为了庆祝即将到来的70周年校庆，深圳研究院常务副院长王强、校友会常务副秘书长谢令青带领在场校友及“地二代”们前往活动现场合影留念，并为母校送上了生日祝福。

▲ “地二代”们的活动合影

王强对各位校友及家人的积极参与表示欢迎，也对深圳校友会的悉心组织表示感谢。他表示此次活动是地大深圳研究院于2022年举办的第二场校庆活动，今后还将有第三场活动，希望每次活动都能发挥好桥梁和纽带的作用，增强校友凝聚力，传承校训精神，在湾区弘扬地大精神。

全方位航空知识讲解

老师通过实景结合动画视频的方式讲解从鸟类到现代飞机的演变及历史发展过程，以及飞机的基础飞行原理，培养孩子们潜在的物理兴趣及思维。

Cessna172飞行基础课

通过老师的基本讲解与示范，小学员们逐步掌握飞行的基本要领，在教官的指导下完成起飞、滑行、偏航、降落等多种动态情境下的操作。

波音737－800模拟飞行

在经过理论学习和教练机的飞行实践后，小学员们终于迎来最期待的波音737全真模拟飞行，执行起飞、平飞、转弯、降落等飞行基本指令，切身体会到飞行的乐趣。

颁奖仪式

活动最后，在场全体"地二代"排队依次领取证书及小礼品。

活动反馈

活动结束后，校友们纷纷感谢深圳研究院和校友会组织如此有意义的活动，期待在下次活动中再相聚。

活动结语

模拟飞行活动是一项兼备了科技性、知识性、趣味性和应用性的科普实践课程。该活动的开展有利于"地二代"们全面素质的提高，培养"地二代"们勇于探索的精神。

（图文来源：深圳校友会）

山西校友会校友登崛围山　献礼母校70华诞

崛围山，也许不是太原最高的山峰，但她的陡峭和险峻却是出了名的。太原人都知道，每一次爬崛围山，都要面对体能和勇气的挑战。成立于2022年7月29日的山西校友会是中国地质大学各校友会中最年轻的组织。本次攀登活动是山西校友会成立后组织的第一次户外活动。

为了给母校70华诞献礼，山西校友们来到了山西太原北郊的崛围山下。巍峨陡峭的崛围山，枫叶未红，绿草茵茵。登山的队伍中有踏遍青山尚未老的“60后”“70后”，也有风华正茂的“80后”“90后”。校友们一边赏景，一边畅谈，1小时后到达山顶。校友们拉着横幅旗帜一字排开，用洪亮的声音为母校70华诞送祝福。

▲ 校友们在崛围山为母校送祝福

地大山西校友会将以实际行动践行母校“艰苦朴素、求真务实”的校训精神，发扬母校团结互助的优良传统，为母校的70华诞献礼添彩。

（图文来源：中国地质大学校友总会微信公众号）

陕西校友会组织学习习近平总书记给山东地矿局第六地质大队的回信精神

中共中央总书记、国家主席、中央军委主席习近平近日回信给山东省地矿局第六地质大队，勉励全体地质工作者在新一轮找矿突破战略行动中发挥更大作用，奋力书写“英雄地质队”新篇章。这封回信在中国地大陕西校友会全体校友中引起强烈的反响，大家深受鼓舞，数千名校友掀起了学习习近平总书记回信精神的热潮。大家一致表示，在党的二十大即将召开之际，习近平总书记给山东省地矿局第六地质大队全体地质工作者回信，习近平总书记对能源资源安全一以贯之的高度重视，对全国地质工作者的关心和信任，为推进矿产资源勘查开发指明了方向。习近平总书记的回信，是在新时代对地质工作优良传统的再升华，是对全国地质工作者的褒奖和肯定，也是对更好传承优良传统的鞭策和激励。习近平总书记的回信，更加坚定了地质工作者攻坚克难，保障国家能源资源安全，为经济社会发展贡献力量的坚定信念。

李志忠校友表示，将不忘初心，坚守地质找矿初心，全力服务国家能源资源安全战略，抓好战略机遇期，积极备战深部关键矿产绿色开采，服务国家建设，以饱满的热情迎接地质工作新的春天。

华曙光校友表示，将积极发挥地质人才蓄水池作用，把广大退伍军人团结起来，加大地质技术培训力度，提前储备好地质技能人才，全力支撑新一轮地质找矿行动。

会长马骉校友希望全体陕西校友牢记习近平总书记的殷殷嘱托，向老一辈科学家学习，向"英雄地质队"学习，弘扬爱国奉献的优良传统，把地质找矿融入全面建设社会主义现代化国家的宏伟蓝图，在献身地质事业的同时实现自己的人生价值。积极助力陕西高质量发展，围绕深部资源绿色开采技术和矿产资源综合利用，努力攻坚克难；围绕秦岭生态保护和重要金属矿产开发做好基础调查；围绕黄河流域高质量发展，推进矿山生态修复；围绕地矿事业持续发展，着力加强地矿人才培训和储备；围绕全省自然资源，积极研发卫星遥感技术，实现全域全天候资源动态监测。期望全体校友将地大人"艰苦朴素、求真务实"的校训精神融入三秦大地创新发展的大潮中。

（文字来源：中国地质大学校友总会微信公众号）

湖北校友会第四次会员代表大会暨"碳达峰　碳中和"高峰论坛举行

2022年9月17日，中国地质大学湖北校友会第四次会员代表大会暨高峰"碳达峰　碳中和"论坛在武汉举行。学校党委书记黄晓玫，校长、校友会会长王焰新院士，副校长刘杰，学校相关职能部门负责人、各地校友会代表参加会议。

王焰新致辞。他对远道而来的各校友会代表、各位来宾表示欢迎，向大会的

▲ 与会人员合影

召开表示祝贺，向为湖北校友会建设付出心血的校友表达衷心的感谢，向所有在湖北工作的校友致以最美好的问候和祝福。他说，湖北校友会自2005年成立以来，为母校和广大校友搭建起一个信息互通、资源共享、携手共进的平台，在凝聚校友共识、助力母校发展方面作出了突出贡献。学校党委持续加强校友工作体系建设，在校内新修建了校史馆，完善校史展陈，保留校友们的青春记忆，在各地加强校友会组织建设，协助各地方校友会完善校友联络机制、服务机制，在完善校友服务体系上形成了一些新思路、新做法，倾力构建校友与学校的命运共同体。他对加强湖北校友会建设提出期望：因时而进，不断加强校友会自身建设；因势而新，努力服务校友事业发展；同频共振，构建校友母校命运共同体。

1996届地球化学专业校友、人福医药集团股份有限公司董事、湖北校友会第三届理事会会长王学海作工作报告。他介绍，第三届理事会扎实做精做实品牌活动，开展了校友迎新、秭归捐资助学、校园文体活动、校友企业走访、校友讲座及座谈等一系列富有成效的工作。湖北校友会充分发挥紧邻母校的地缘优势，主动参与母校建设和人才培养，同时立足校友所涉猎的行业领域，通过建链、补链，探索在大健康产业、富硒产业、大数据信息技术、环境治理、地质工程、智能制造等领域完善产业链条，致力于实现校友企业间、校友企业与母校间优势互补、资源共享、合作共赢、共同发展。

2012届测绘工程专业校友、湖北智途北斗空间信息技术有限公司董事长何祥伟作换届筹备情况说明。

刘杰宣读换届申请的批复。他希望湖北校友会传承“艰苦朴素、求真务实”的校训精神，广泛联络湖北校友、积极凝聚校友力量，实现信息互通、资源互融、共同发展，在推进地方经济、助力母校发展和成就校友事业等方面作出积极贡献。

与会湖北校友代表审议第四届理事会建议名单，并选举产生第四届理事会会长、副会长和秘书长。会议推选王学海校友担任荣誉会长，1994届煤田地质专业毕业生、四方光电股份有限公司董事长熊友辉校友当选湖北校友会第四届理事会会长；1995届工业管理工程专业毕业生、武汉天扬慧博科技有限公司总经理贺健校友担任常务副会长；付书科、刘杨、许汇源、阮一恒、李一鸣、杨波涌、吴洁、周正华、郑洪标、袁刚、徐军、陶宏亮、谢志军等校友担任副会长；2006届地理信息系统专业毕业生、武汉华信联创技术工程有限公司总经理龚杰校友担任秘书长；何祥伟校友担任常务副秘书长。

黄晓玫为湖北校友会荣誉会长王学海、会长熊友辉以及理事会成员颁发聘书。

▲ 王学海（左）向熊友辉（右）转交会旗

广西校友会会长陈海代表地方校友会致贺词。湖南校友会、广西校友会、福建校友会、甘肃校友会、浙江校友会、宁夏校友会、贵州校友会、海南校友会、上海校友会、珠海校友会等地方校友会发送贺信祝福。

湖北校友会第三届理事会会长王学海向第四届理事会会长熊友辉转交会旗。

熊友辉讲话。他表示，他将带领理事会成员做价值创造者和奉献者，第四届理事会将和广大校友做到月月有活动、行业有牵头、各地有组织、年年有创新，期待广大湖北校友支持校友会的工作，加强彼此联系，积极参加校友会的活动，为校友会的发展建言献策。

黄晓玫为“碳达峰　碳中和”高峰论坛致开幕词。她说，湖北校友会组织举办这次论坛，是贯彻落实习近平生态文明思想的重要举措，是倡议全体校友弘扬“谋求人与自然和谐发展”价值观的积极行动。学校结合未来城校区建设的实践，编制了国内高校第一个推进碳排放治理的校园碳中和规划，正在从建筑、能源、交通、管理运营和治理模式等方面，开展改革试点工作。期盼各位校友和来宾把学校当作科技创新的支撑单位，围绕“双碳”目标和高质量发展，面向学校专家实施“揭榜挂帅”制度，通过企业出题、协同答题，提高协同创新效率，形成项目牵引、人才支撑、平台赋能的新合作机制。期待在校友们的关心和指导下，学校为服务国家“双碳”目标和服务生态文明建设，作出更大贡献。

黄晓玫说，今年11月7日，学校将迎来70周年校庆。届时，学校将举行纪念活动，回顾、总结办学经验，弘扬大学文化，展示办学成就，团结海内外广大校友，凝聚社会各方面力量，促进学校事业发展。她诚邀各位朋友、各位校友届时莅临学校，参加校庆活动。

国家自然资源首席科学传播专家徐世球教授作《碳为关止：碳达峰与碳中和》主题报告。

湖北碳排放权交易中心副总经理、湖北环境资源交易中心总经理王海作《碳市场的机遇与挑战》主题报告。

学校张伟教授作《双碳战略与绿色金融》主题报告。

会议期间，各地校友会代表参观未来城校区。未来城校区管理办公室组织校友依次参观了北门浮雕、明德广场、地质过程与矿产资源国家重点实验室、生物地质与环境地质国家重点实验室、教学楼、图书馆、学一组团宿舍、弘雅堂、学三组团宿舍、体育馆等建筑场馆。

（图文来源：地大新闻网）

福建校友会开展南北双狮捐赠20周年座谈会

2022年10月6日下午，中国地质大学70周年校庆之际，福建校友会南北双狮捐赠20周年座谈会在福州举行，来自福州、厦门、宁德等地的30余名校友欢聚一堂，忆校园话发展，共贺母校华诞。

座谈会上，福建校友会会长、座谈会策划筹办者卢禄华致辞。他表示，2022年是母校建校70周年，也是福建校友会南北双狮捐赠20周年，在此时举办本次座谈会，是希望广大校友能够了解福建校友会双狮捐赠的历史，总结提炼“双狮精神”，并在工作生活及校友会工作中不断弘扬、传承“双狮精神”，共促母校发展。

地大福建校友会于1997年10月正式成立，是学校较早成立的校友会分会之一。2000年，为表达对母校的眷念之情，福建校友理事会研究决定向母校京汉两地校部各赠送一对具有福建特色、又具永久纪念意义的礼物——大规格花岗石质“京狮”。

钟厚良校友是2002年福建校友会捐赠行动的亲历者之一。会上，他向大家详尽介绍了双狮捐赠由构想筹备到最终落座的过程。他表示，两份独具象征意义的“京狮”代表了福建校友对母校的思念深情，也寓意地大历经世纪沧桑，犹如雄狮奋起，嘶鸣东方，为引领中国地质事业改革发展、培育社会主义现代化建设地质事业优秀人才所作出的巨大贡献。

福建是全国唯一在名字中冠以“福”字的省份，拥有多样、多姿、多彩的“福”文化。在福建，“狮”的形象无处不在，“福狮文化”也是福建“福”文化之一。

座谈会上，校友们深受触动，纷纷回忆自己在母校就读时与“双狮”的故事。吴礼斌校友和他的父亲吴诗鑫、女儿吴传莹均为地大学子。会上，他与大家分享了“三代地大人”与母校、“双狮”的不解之缘。大家表示，“双狮”贯穿求学记忆，见证了福建学子思念故乡之情、踔厉奋发之志。毕业后，更是寄托了福建校友拼搏进取、实干报国、心系母校的深情厚谊。

会议还就如何加强京汉校部校友沟通联系展开讨论。校友们纷纷表示，南北校部一家亲，大家将发扬“双狮精神”，通过福建校友会平台，加强交流合作，共同为母校的建设发展献计献策。

会议期间，学校代表还为福建校友会副会长施修春颁发了70周年“校庆大使”荣誉证书，公布了福建校友会李忠荣、卢禄华、施修春等校友为70周年校庆活动的捐赠情况。

▲ 与会人员合影

最后，卢禄华会长用“敢拼会赢、智慧勇气、传承创新、真诚刚毅、奉献担当、广积善缘”总结了福建校友会“双狮精神”，并希望广大校友在接下来的工作生活中，以实际行动不断丰富“双狮精神”的内涵，以优异成绩献礼母校70周年校庆，迎接党的二十大胜利召开！

（图文来源：中国地质大学校友总会微信公众号）

北京校友会为母校70华诞送祝福

七秩荣光，唱响青春。2022年11月7日，我们挚爱的母校——中国地质大学迎来70华诞，这是全球地大人共同的节日，是所有地大人欢聚一堂、值得庆祝的美好时刻。

北京校友会自成立以来，始终秉承“艰苦朴素、求真务实”的校训精神，践行各校友分会“同为地大人，南北一家亲”的使命。值此校庆佳日，在校友总会的指导下，北京校友会积极组织在京校友开展系列活动，共同为母校70华诞送出最真挚、最热烈、最美好的祝福。

借由唐照伟校友为母校成立70周年精心创作的《如飞少年》歌曲，9月25日，经过前期精心策划组织，北京校友会在常务副会长周建珣校友、潘鸿宝校友的带领下，组织上百名在京校友于鸟巢的6个拍摄点录制《勘探队员之歌》和校庆纪念歌曲《如飞少年》的音乐短片，为庆祝母校70华诞唱出最悠扬动听的赞歌。

活动中，学校原校长、中国科学院院士赵鹏大深情回忆了当年参加建校工作的往事，忆苦思甜，并向传承地大精神的各地校友们表示感谢与祝福，同时衷心祝

▲ 校友在鸟巢合影

▲ 校友在水立方合影

愿母校繁荣昌盛，越办越好。

北京城建集团总工程师、国家体育馆（鸟巢）总工程师、国家速滑馆（冰丝带）总工程师、1987级校友李久林等近百名校友，相聚鸟巢、追忆往事，共同为母校建校70周年送祝福。

各位校友热情高涨、激情澎湃，共同高唱校歌《勘探队员之歌》和校庆纪念歌曲《如飞少年》，高亢而热血的地大之声响彻鸟巢。

正如《如飞少年》的歌词“那个如飞少年就是你啊/最初的模样/一样藏着地大的青春啊/背负爱飞翔”描述的一样，所有校友的心中都蕴藏着地大青春，校友们在母校的庇佑和祝福下，展翅翱翔。本次活动参与校友覆盖老中青三代人，寓意着地大精神永流传，相信未来母校将会更加美好灿烂，取得更加耀眼的成绩。

（图文来源：北京校友会）

上海校友会举办足球羽毛球邀请赛

70年风雨兼程，70年自强不息。2022年10月，中国地质大学上海校友会承办了地大建校70周年系列活动之足球、羽毛球邀请赛，浙江校友会、苏州校友会、湖北校友会及深圳校友会的100多位校友从祖国各地奔涌而来，欢聚一堂，为母校送上衷心的祝福。国庆假期10月6日，来自全国各地的校友陆续抵达上海，久未相见的校友们彼此寒暄与问候，同时为即将开始的比赛预热。在这特殊的日子里，各届校友齐聚这里，意气风发的校友们精神抖擞，内心又涌现出学生时代的热情，刹那间，仿佛时光回到了校园青葱岁月。合影仪式上校友们为母校齐声送出响亮的祝福：“中国地质大学上海、浙江、苏州、湖北、深圳校友会祝母校70周年生日快乐”。祝福声久久回荡在绿茵草地，为随后的比赛拉开了序幕。

▲ 校友合影

本次友谊赛以“七秩荣光，逐梦未来”为主题，分为单循环8人制足球赛和羽毛球团体赛。

羽毛球篇

参加本次羽毛球团体赛的有浙江队、苏州队、上海A队、上海B队4支参赛队。比赛项目及顺序为男子单打、男子双打1、混合双打、男子双打2、自由双打。比赛开始前，各校友会代表队队长都紧锣密鼓地布置战术，并组织大家进行充分的热身运动。各参赛队伍双打比赛分工明确、配合默契，一人守前，一人守后。队员之间的有条不紊的配合、高超的接发球技巧及对对手的观察分析都成为赛场上的制胜法宝。选手们使出浑身解数。随着比赛的推进，精彩绝伦的单打决赛也随之展开。女选手表现出了巾帼不让须眉的风采，灵活的转体以及富有技巧的精彩搏杀都充分展现了羽毛球运动的魅力。男选手同样也打出了异常精彩的比赛，各种势大力沉的挥拍和腾空扣杀让整场比赛高潮迭起，精彩不断。

伴随着羽毛球的来回飞舞与啦啦队的欢呼声，经过多轮的比拼与较量，决出了团体赛的最终名次：冠军最终花落阵容最齐整、准备最充分的——苏州队，亚军为上海B队，上海A队和浙江队共同获得优胜奖。

足球篇

参加本次邀请赛的有湖北队、浙江队、深圳队、上海队4支参赛队。为了加强各队之间的相互交流，赛制由抽签淘汰赛改为单循环赛制，缩短了比赛时间，增加了比赛场次。赛前的微雨，抵挡不住球员们高涨的热情。在宽阔的赛场上，随着裁判一声哨响，步伐矫健、英姿飒爽的队员们如离弦之箭般在绿茵场上进行激烈角逐，时而带球突破，时而抢断成功，进攻战术运用灵活，防守步伐沉着稳健。

▲ 参赛校友合影

首场比赛由浙江队对阵深圳队。作为本场比赛的两只热门夺冠队伍，两队在赛前的夺冠呼声都相当高。双方拼抢激烈、你来我往，十分精彩。深圳队最终凭借出色的发挥，战胜了浙江队，取得开门红。

第二场比赛由湖北队对阵上海队，湖北队靠着丰富的经验，牢牢地控制住了场上局面，前场多次在上海队门前造成威胁，上海队门将凭借着经验丰富在“高接低挡”中一次次化解危机。湖北队经过大半场的狂轰未果，下半场逐渐体能不支，补时阶段上海队读秒小胜。

第三场比赛由湖北队对阵浙江队，由于连续作战加上替补不足，湖北队本场比赛明显体能不足，上半场1∶0领先后未能将胜果保持，最终战成1∶1的平局。

第四场比赛由上海队对阵深圳队，经过调整后的两队开场后势均力敌。半场后深圳队队员年轻的优势逐渐体现，由9号队员接右路传中抢先打开局面。随后上海队开始反攻，但是因后防空虚而被深圳队抓住反越位的机会打空门，最终深圳队以2∶0取得两连胜。

第五场比赛由上海队对阵浙江队，上半场上海队进行了大面积轮换，由于经验不足上半场以1∶3落后于浙江队。下半场上海队作出调整，但由于比分落后，队员心态着急无法挽回败局，最终以2∶4告负。

第六场比赛由深圳队对阵湖北队，此时天空烟雨蒙蒙。双方拼抢和对抗激烈，深圳队凭借17号队员独中两元，最终以2∶1力克湖北队。经过激烈的比拼，深圳队最终不负众望，冲进决赛荣获冠军！其他队伍也取得可喜的成绩！比赛中各队间有张有弛，将默契的配合展现得淋漓尽致，将场面渲染得精彩纷呈。伴随着场上的精彩表现，观众们呐喊助威，掀起了一阵又一阵热潮，各队伍都拿出了最大的热情和最积极的态度庆祝这场“母校70周年”生日赛。

交流篇

晚会交流环节，一阵阵歌声在宴会厅中回荡，“是那山谷的风，吹动了我们的红旗；是那狂暴的雨，洗刷了我们的帐篷……”。拳拳学子心，殷殷校友情，再次唱起这首动人心弦的老校歌时，所有人依旧会双目闪烁，对那美妙的地大时光、求学的青春岁月，难舍难忘。未来的我们在逐梦的人生旅途中，即使踏遍山河万里，定不负母校情谊！因为，我们永远都是地大人，让我们来年再会！

（图文来源：中国地质大学校友总会微信公众号）

山东校友会举办“学习习近平总书记重要回信精神，喜迎党的二十大胜利召开，祝福母校70华诞”座谈会与攀登千佛山活动

2022年10月15日，在中国地质大学建校70周年之际，山东校友会举办“学习习近平总书记重要回信精神，喜迎党的二十大胜利召开，祝福母校70华诞”座谈会与攀登千佛山活动，传达学习习近平总书记给山东省地矿局第六地质大队全体地质工作者重要回信精神。山东校友会会长渠洪喜、秘书长高继雷等22名校友参加本次活动。

▲ 与会校友合影

与会校友就学习习近平总书记重要回信精神，结合思想和工作实际，谈了认识体会和下一步打算。校友代表、山东省泰山学者、山东省地矿局原总工程师、二级研究员宋明春结合个人在第六地质大队的工作经历，向大家深入讲解了第六地质大队提出的焦家式金矿成矿模式和深部找矿理论，塑造的全国黄金找矿新格局，以及这些研究成果在国际黄金勘查中产生的深远影响。截至2022年，第六地质大队共探明金资源量2810余吨，约占全国已探明金资源量的1/5，先后荣获省部级以上荣誉48项，涌现出全国劳动模范、全国五一劳动奖章获

▲ 座谈会现场

得者、全国技术能手等省部级先进模范人物80余人次。

校友代表、山东省国土空间生态修复中心生态修复部负责人、二级研究员姚春梅深情回顾了在学校期间的学习、工作和生活时光，勉励广大校友牢记习近平总书记的殷殷嘱托，向老一辈科学家学习，真正将地大人“艰苦朴素、求真务实”的精神融入齐鲁大地创新发展的大潮中。

校友代表、山东省地质调查院副院长、“中国青年地质科技奖－金锤奖”和山东省青年科技奖的获得者朱恒华代表青年地质工作者作了表态发言。他表示在党的二十大即将召开之际，收到习近平总书记的重要回信，深受鼓舞，倍感振奋。习近平总书记在重要回信中，充分肯定了山东省地矿局第六地质大队在矿产勘查中取得的丰硕成果，充分体现了对国家能源安全的高度重视，更充分体现了对广大地质工作者的真挚感情。作为青年地质工作者，在埋头科研的同时，更应注重科技成果转化，向“英雄地质队”学习，为矿产资源勘查开发贡献青春力量。

与会校友表示将弘扬“爱国奉献、开拓创新、艰苦奋斗”的优良传统，积极践行绿色发展理念，加强科技攻关，在新一轮找矿突破战略行动等工作中发挥更大作用，为保障国家能源资源安全贡献力量。

座谈会后，全体校友一起攀登济南市千佛山，齐唱《勘探队员之歌》，用洪亮的歌声为母校70华诞送祝福，祝福母校在未来取得更加辉煌的成就。

（图文来源：山东校友会）

各地校友共庆母校70华诞

七秩荣光创伟业，逐梦未来谱新篇。2022年11月7日上午，庆祝中国地质大学建校70周年大会在未来城校区体育馆隆重举行。各地校友会纷纷组织当地校友观看校庆大会的活动，共庆母校70华诞。

▲ 湖南校友合影留念

11月7日，湖南校友会在长沙举办了校庆文化节。早上8时半，校友们陆续签到打卡、就座。校友会组织校友观看了校庆大会直播。直播结束后，校友会秘书处对校友进行了采访。校友们纷纷发表在云端观看校庆大会的感受。校友们有感而发，说仿佛回到了学校的时光，同时也表达了自己对母校最真挚的祝福。晚上，校友齐唱校歌，举办了篝火晚会。精彩的才艺表演、激烈的校史知识竞答将现场气氛烘托到顶点。

为庆祝母校中国地质大学70华诞，11月7日上午，中国地质大学辽宁校友会集中组织观看庆祝中国地质大学建校70周年大会线上直播。辽宁校友会会长王淑艳、秘书长赵长宏等17名校友参加了本次活动。辽宁校友会会长王淑艳向参加本次活动的校友们表示热烈欢迎，并感谢校友们对辽宁校友会工作的支持。她表示，中国地质大学经过70年的艰苦奋斗，完成了从单科性质地质院校到多科性行业特色大学，再到学科特色型大学的转型升级。从北京地质学院到中国地质大学，母校为新中国的地质事业开疆拓土，为国家培育出无数的地质类人才。我们身为地大学子要时刻牢记地大“艰苦朴素、求真务实”的校训精神，真正将校训精神融入为祖国奉献石油的伟大事业中。

▲ 辽宁校友观看校庆70周年线上直播现场

▲ 川渝校友合影

中国地质大学川渝校友分别在成都、重庆两个会场集中组织观看庆祝中国地质大学建校70周年大会线上直播并组织开展了2022年迎新会。

珠海校友会在线下组织庆祝母校70华诞活动。

▲ 珠海校友合影

山东校友会组织多名当地校友集中观看校庆大会线上直播，共同庆祝母校70华诞。会长渠洪喜动情地说，祝福母校生日快乐。山东校友会此次邀请了两位非常优秀的湖北籍校友，还邀请了年轻校友代表，这些校友们都代表着未来。11月是山东校友会成立的月份，也是母校的生日月，因此11月是山东校友欢聚的嘉年华。渠会长还指出，大学是梦想起航的地方，希望全体校友牢记母校的校徽、校歌、校训、校史，走到哪里都不忘地大精神。

香港校友会于11月7日在葵芳龙宝酒店举行母校70周年校庆庆祝仪式，会长陈道德、副会长卢顺娣、副会长李国隆等多名校友参加了本次活动。

广西校友会组织多名当地校友集中观看校庆大会线上直播，共同庆祝母校70华诞，并通过录制视频为母校送上祝福。

▲ 山东校友合影

▲ 香港校友合影

▲ 校友展示中国地质大学历年校庆纪念章

▲ 广西校友合影

（图文来源：各地校友分会）

云南校友会召开第三届理事会第三次会议

2022年9月12日,中国地质大学云南校友会召开了第三届理事会第三次会议,会长费宣,常务副会长贾高鹏,副会长柯洪、赫念学,理事李昊熹,副秘书长任龙贞参会。

全体参会理事为母校70周年校庆共同录制祝福语视频。会长费宣回顾了云南校友会在2022年上半年所开展的工作。参会人员还就未完成的活动计划展开了讨论和展望,会长费宣就活动计划明确了分工并落实相关责任人。

▲ 云南校友合影

本年度开展的主要活动包括:费宣、柯洪受曲靖一中沾益清源学校邀请,到学校给高一新生作科普讲座;费宣、柯洪受昆明爱佑伟才国际幼儿园邀请,到园中为孩子们讲解科普知识,开展科普小游戏;费宣、贾高鹏参加昆明登山探险协会组织的某水电站徒步活动;等等。

本年度计划推进的后续活动包括:参加曲靖一中沾益清源学校授牌仪式;对经济条件较为落后的学校或家庭经济困难的学生开展帮扶活动;选派校友参加云南省外重点高校校友会羽毛球比赛;组织科技型青年校友参加技术研究成果分享活动;组织云南校友参加一次户外活动,如登梁王山。

(图文来源:中国地质大学校友总会微信公众号)

院系校友工作

资源学院与长庆油田第六采油厂线上联合举办主题团日活动

2022年5月15日,学校资源学院与中国石油天然气股份有限公司长庆油田分公司第六采油厂(简称第六采油厂)线上联合开展庆祝中国共产主义青年团成立

100周年主题团日活动。会上双方签署了产教研融合实践基地共建协议，举行“资源学子西部行”社会实践团出征仪式。

▲ 与会人员合影

与会人员集中学习习近平总书记在庆祝中国共产主义青年团成立100周年大会上的重要讲话精神。

“‘能源青年’要以此次主题团日为契机，大力弘扬地质精神、石油精神，肩负起资源能源强国事业，接续举好这面旗帜。”校团委书记朱荆萨希望第六采油厂青年、资源学子心手相连，闯“无人区”、破“天花板”、当“探路者”，成为祖国和人民殷切期盼的先锋。

▲ 主题团日活动现场

“我相信青春因梦想而不凡、因热爱而精彩、因执着而丰满。”2022中国诗词大会季军、资源学院2020届校友、第六采油厂青年员工王军发言。他说：“在地大，我看到一代代地大人的求索与奋进，萌发了‘石油报国梦’；在长庆，我读懂了一线石油人的守望和坚持，坚定了‘石油强国梦’。”

陕西省劳动模范、第六采油厂安五采油作业区胡一联中心站刘小强分享了13年间将青春与汗水抛洒在陕北革命热土，将爱恋油田的根扎进这茫茫戈壁、黄土高原的奋斗故事。他热忱欢迎资源学子走进西部、来到长庆油田，砥砺前行、成就梦想。

湖北省优秀共产党员、石油工程系党支部书记谢丛姣是王军在校时的班主任。她为王军在长庆油田找到施展抱负的广阔舞台，成长为一名专业基础扎实、具有政治素质和人文素养的石油人深感自豪。她表示，学校将面向国家战略、科技前沿、行业一线，培养更多石油领域创新人才。

学校“十大标兵学生”、石油工程专业2018级本科生徐华欣说：“在王军学长等长庆人身上，我深切感受到一线石油人的坚守与情怀、执着与担当，将继续脚踏实地、攀登石油领域科学高峰，不断强化能源报国使命担当。”

“李四光优秀学生奖”提名奖获得者、矿产普查与勘探专业2020级博士研究生苟启洋说，在与长庆油田“相识”的7年时光里，他深受“石油精神”“铁人精神”“长庆精神”激励，将矢志不移地进行页岩油气研究，为“祖国能源的饭碗端在自己手里”贡献力量。

资源学院党委书记高复阳、第六采油厂党委书记李硕代表双方签署产教研融合实践基地共建协议。

第六采油厂党委书记李硕表示，70年来，地大资源学院坚持为党育人、为国育才，为我国的资源能源事业和国家经济建设，贡献了青春、建立了功勋。他谈到，广大青年要始终胸怀“国之大者”，在为祖国奉献能源、加“油”争“气”的赛道上奋力奔跑，让青春之花在保障国家能源安全的最前线绚丽绽放。他希望双方持续深化在科学研究、技术攻关、人才培养等方面的合作，联合攻克“卡脖子”技术难题，共同培养出更多复合型、创新型技术人才，为保障国家能源安全作出新的贡献。

资源学院党委书记高复阳表示，一代代长庆人面对“三低”的世界级开发难题，为国家能源安全贡献了青春、智慧和力量。他期待，双方持续深化合作内容、拓展合作领域，以党建共创为引领，在协同创新人才培养模式、联合推动重大科研攻关、服务国家重大战略需求等方面发挥各自优势，共同促进校企深度合作和创新发展。他希望，广大资源学子要走进行业，向学长学习，夯实专业本领，攀登科学高峰，时刻牢记地质人的使命担当，以地质人的豪迈之情，将青春之我主动融入资源能源事业。

会上，第六采油厂纪委书记谢辉宣读了长庆油田团委贺信，第六采油厂常务副厂长梁冬介绍了第六采油厂概况，资源学院副院长朱红涛介绍了资源学院办学情况。

其间，第六采油厂总地质师、1997届石油及天然气地质勘查专业校友贾军红作关于油气地质前沿技术的报告，2020届石油工程专业校友、第六采油厂青年员工王军讲授《青春·成长·奋斗》主题团课。

（图文来源：地大要闻）

机电学院举办第一期“迎校庆，筑未来”优秀校友经验分享会

2022年10月23日，中国地质大学（武汉）机械与电子信息学院（简称机电学院）特色品牌活动“我的大学，我的成长季”系列讲座校庆专题——第一期“迎校庆，筑未来”优秀校友经验分享会在教二楼301报告厅举行，学院1994级校友、北京华成智信科技有限公司总经理朱玉锋作《在平凡的工作中创造价值》主题分享。学院党委书记瞿祥华和近150名同学参加分享会。分享会由团委书记杜育主持。

▲ 分享会现场

朱玉锋本科和硕士研究生均就读于学校机电学院机械专业。分享会上，他讲述了自己在地大求学的奋斗历程。大学阶段，朱玉锋学习成绩优异，课余积极参加学生工作，先后担任多个校级学生组织骨干职务，获得多项奖学金及综合荣誉。他谈到，学生们在校学习期间应注重专业学习与社会实践相平衡、理论积累和科技创新相结合、职业规划与个人理想相兼顾，做到目标明确、态度端正、基础扎实、融会贯通，不断提高自身综合素质能力。

朱玉锋详细分析了机电行业的现状与成就，阐述了行业发展的方向与前景。他结合自身丰富的工程项目经历和创业体会，讲述了机电人立足行业、融入行业、研究行业、奉献行业的方法与路径。他表示，在“中国制造2025”战略背景下，制造业正朝着规模化、自动化方向发展，产业结构不断升级，逐步构建低耗环保的绿色制造体系。他寄语同学们在进行职业生涯规划时，要敏锐洞察时代背景，关注市场需求，结合个人兴趣爱好、技能本领，作出正确的发展选择。

在交流和互动环节，同学们踊跃提问，朱玉锋结合自己的学习和工作经历，勉励全体同学一要认清生活的本质，保持客观和乐观；二要巩固和拓展能力圈，保持学习的习惯；三要重视信用，保持善良和正直。他号召同学们继续秉承地大人“艰苦朴素、求真务实”的校训精神，以时不我待、只争朝夕的劲头，努力开辟发展新领

域、新赛道，为国家科教兴国战略贡献青春力量。

学校党委书记瞿祥华总结讲话。他表示，朱玉锋校友以自己的榜样事迹激励着机电青年奋力拼搏、砥砺前行，学院学子应牢牢接过优秀的学长学姐们所传递的接力棒，坚定理想信念、勇担责任使命、锤炼过硬本领、团结拼搏奋进，为打赢关键核心技术攻坚战贡献我们机电人的智慧力量。

据了解，“迎校庆，筑未来”优秀校友经验分享会是学院庆祝建校70周年的重要活动之一，也是学院品牌活动“我的大学，我的成长季”系列讲座专设的校庆专题。后续学院将继续邀请优秀的校友代表们面向同学们讲述个人发展、创新创业、学术科技等奋斗故事，激励学院师生为实现“建成地球科学领域世界一流大学”的地大梦接续奋进。

（图文来源：机电学院）

机电学院举办第二期“迎校庆，筑未来”优秀校友经验分享会

2022年10月27日，机电学院特色品牌活动“我的大学，我的成长季”系列讲座校庆专题——第二期“迎校庆，筑未来”优秀校友经验分享会在教三楼406举行，学院2007级校友、海南乡伴民宿旅游服务有限公司执行董事、海南爱尚游品实业有限公司执行董事兼设计总监、“全国乡村振兴青年先锋”钟贤作《活成自己喜欢的样子》主题分享。分享会由学院团委书记杜育主持。

钟贤本科就读于学院工业设计专业，大学期间学习成绩优异，担任学院学生干部，同时热衷科技创新。毕业后，她将人生理想转化为实际行动，先在广州成立个人设计工作室，后回到家乡海南博鳌设立文创公司，开创了“报告船长”文创—民宿—文旅特色产业链，并不断探索全新的经营模式，更是与知名品牌商杭州娃哈哈集团有限公司签约合作。分享会上，钟贤用一张张生动的照片和一段段热血的故事将她砥砺拼搏、创业圆梦的奋斗历程向同学们徐徐展开，勉励大家要善于抓住机遇，发挥专业特长，锐意创新，与时俱进，突破创新。

钟贤十分热爱公益事业。在分享会上，她畅谈了自己创办博鳌公益学堂、服务乡村儿童的经验体会。她呼吁同学们要永葆爱党爱国的赤子之心，热衷公益、服务社会。

在互动环节，钟贤结合自身扎根基层、服务家乡、振兴乡村的创业经历，对同学们提出的职业发展规划等方面的问题进行了解答。她鼓励同学们要敢想、敢闯、敢创，传承地大校训精神，坚定目标、不断学习、乐于奉献、勇于创新。

“迎校庆，筑未来”优秀校友经验分享会是学院庆祝建校70周年的重要活动之一，也是学院品牌活动“我的大学，我的成长季”系列讲座专设的校庆专题。后续学院将继续邀请优秀的校友代表们面向同学们讲述个人发展、创新创业、学术科技等方面的奋斗故事，激励学院师生为实现“建成地球科学领域世界一流大学”的地大梦接续奋进。

（文字来源：机电学院）

机电学院举办第三期“迎校庆，筑未来”优秀校友经验分享会

2022年10月30日，机电学院特色品牌活动“我的大学，我的成长季”系列讲座校庆专题——第三期“迎校庆，筑未来”优秀校友经验分享会在教二楼301举行。学院2012级校友、陆军某舟桥旅政治指导员罗灵作《浅谈成长路上的“三级台阶”》主题分享。分享会由学院辅导员刘彪主持。

▲ 分享会现场

罗灵是学院2012级电子信息工程专业的国防生。在校学习期间，他曾担任学生干部及校院两级足球队队长。球场上，他能攻善守、敢打敢拼，带领足球队斩获多个赛事奖项。他从自身的校园经历出发，表示成长路上的第一个阶梯就是“阅己”，大学的成长路程就是一个不断“阅己”的过程，既要仰望星空，也要脚踏实地。他勉励同学们一要清晰自身定位，发挥特长，补齐短板；二要尽早定好目标，落实执行，保持自律。

参加工作后的罗灵分外珍惜军旅生活，工作中兢兢业业、一丝不苟。他结合自身的工作经验进行分享，表示成长路上的第二个阶梯就是“悦己”，在工作中要达到“悦己”的状态，对自己来说，要以良好的心态去面对工作和学习；对他人来

说，要学会换位思考，做到己所不欲、勿施于人。

2020年疫情下的武汉面临着物资运送的极大困难，将服务人民和强国兴军作为自己一生追求的罗灵主动请缨，参加了驻鄂部队抗击新冠疫情运力支援队，执行物资运输任务，此项任务受到中央电视台的专题报道。在执行任务期间，他勇于担当、不断超越自我，圆满完成了各项工作任务。他表示成长路上的第三个阶梯就是“越己”。他呼吁同学们一要有规划，合理规划自身发展路线并严格执行；二要肯吃苦，积累经验并转化为实践能力；三要肯担当，扛起重任并勇担善为，以忠诚之心跟党走，以赤子之心为人民，以奉献之心报祖国，在实际行动中践行“请党放心，强国有我”的青春誓言！

“迎校庆，筑未来”优秀校友经验分享会是学院庆祝建校70周年的重要活动之一，也是学院品牌活动“我的大学，我的成长季”系列讲座专设的校庆专题。后续学院将继续邀请优秀的校友代表们面向同学们讲述个人发展、创新创业、学术科技等方面的奋斗故事，激励学院师生为实现“建成地球科学领域世界一流大学”的地大梦接续奋进。

（图文来源：机电学院）

杨慧校友来院作珠宝行业就业交流分享

为了让珠宝学子更及时更深入地了解珠宝行业发展及社会对珠宝人才的要求，为就业蓄力，2022年4月12日，珠宝学院邀请优秀校友、周大福华中区人力资源总监杨慧来珠宝学院开展珠宝行业就业座谈会。珠宝学院党委副书记陈汉英主持会议。为满足广大同学的学习需求，座谈会采用线上线下相结合的形式开展，各个年级的同学都积极参与，热情高涨。

▲ 杨慧校友作报告

杨慧校友有着丰富的珠宝行业人力资源从业经验，长期担任企业授课讲师。她结合个人体会，无私地向学弟学妹们传授经验，娓娓道来的话语既有温度，也有深度。她通过介绍珠宝行业上、下游产业的差异，分析了珠宝行业的发展趋势，鼓励大家根据自身的兴趣爱好、技能与岗位匹配度等方面来选择未来就业方向。她还站在招聘者的角度对大公司、小公司的就业差异进行了分析，让同学们明白了大、小公司各有各的优势，希望同学们充分了解后再进行选择。她还对就业城市的选择、研究生是否具有就业优势等问题提出了自己的看法，耐心地告诉大家在就业时一定要有长远眼光，并且结合自己的实际情况，作出最适合自己的选择。杨慧还结合自己多年面试官的经验，向同学详细传授了面试技巧及经验，包括个人简历的制作以及面试环节的避坑技巧等。在随后的提问交流环节，杨慧耐心解答了同学们提出的问题。座谈会时间长达一个半小时，杨慧校友分享的丰富经验以及提出的良好建议使在场的同学都受益匪浅。

此次讲座为毕业生提供了有效的指引，增强了同学们的信心。本次活动是珠宝学院就业工作促进月系列活动之一，后续珠宝学院将开展企业系列讲座、创业沙龙等活动，进一步帮助学生充分了解就业形势、合理规划职业生涯、掌握相应求职技巧。

（图文来源：珠宝学院）

珠宝学院召开历届学生会（研究生会）主席线上交流会

为做好中国地质大学（武汉）建校70周年及珠宝学院建院30周年庆祝活动，搭建校友沟通交流的平台，凝聚校友智慧和力量，2022年6月1日晚上7时，珠宝学院召开历届学生会（研究生会）主席线上交流会。会议由学院党委副书记陈汉英主持。

▲ 线上会议

学院办公室熊妮老师从注册、填报信息、申领校友卡等方面对“地大人”微信小程序的使用方法及其功能权益进行了详细介绍。辅导员汤凡渺老师介绍了“寻找知名校友活动”，旨在实现学院与校友之间信息共享，动员校友通过多渠道、多线程完成校友注册工作。

历届学生会(研究生会)主席进行交流讨论。大家在交流过程中，深情回顾了在校学习的情况，指出学院多年来的办学经验与优势让毕业生受益匪浅，表达了对母校的感恩与怀念之情。校友们非常感谢有这个校友交流平台，一致认为这个平台能够加强校友与学校的沟通，促进新老校友交流。大家纷纷表示愿意贡献自己的一份力量，配合做好校友工作，助力珠宝学院建设和地球科学领域国际知名研究型大学建设!

学院党委书记薛保山从总结办学经验、开展学术活动、举行珠宝校友文化论坛、开展珠宝相关展览系列活动、邀请知名企业家经验分享等方面，就学校70周年校庆安排及学院具体安排进行了介绍。他指出，校友是学院的亲人，是学院成长、发展的宝贵财富。学生会(研究生会)主席是传承有序的学生骨干力量，是学院与校友沟通联络的重要纽带。他希望学生会主席们继续发扬在校求学时敢担当、勇奉献的精神，与学院一道经常性开展校友交流活动，在团结校友、帮助在校生实习实践就业、支持学院建设上多作贡献，助力珠宝学院发展。他代表学院诚挚邀请各届学生会(研究生会)主席、各届校友校庆期间回校团聚。

(图文来源:珠宝学院)

访企拓岗促就业 校企合作谋发展

为贯彻落实党中央、教育部和学校关于开展访企拓岗促就业的决策部署，结合庆祝中国地质大学建校70周年和珠宝学院建院30周年的活动安排，2022年8月18日至8月23日，珠宝学院党委书记薛保山带队前往深圳、广州开展“访企拓岗促就业”活动，并就人才培养方案修订开展调研。学院党委副书记陈汉英、宝石系主任陈涛、首饰系副主任任开参加走访调研。

其间，调研组一行先后走访了周大生珠宝股份有限公司、深圳市粤豪珠宝有限公司、广东因赛品牌营销集团股份有限公司等10余家珠宝相关企业，深圳技师学院珠宝学院、广州番禺职业技术学院珠宝学院两个学院，并与企业、学院负责人进行座谈交流，详细了解合作思路与做法，就人才培养、实习实践进行了深入交流。经深圳市金银珠宝创意产业协会、广州市番禺区珠宝厂商会牵头，调研组与会员企业深入开展交流，深化产教融合、校企合作。

8月19日，调研组来到周大生珠宝股份有限公司，受到公司总裁周宗文的接见。双方就校企合作培养珠宝人才进行了深入交流，确立积极推进在中国地质大学（武汉）珠宝学院探索建设珠宝创新人才实验班，开展项目制人才培养计划。

▲ 调研组调研周大生珠宝股份有限公司

8月20日，调研组来到深圳市粤豪珠宝有限公司。公司总裁周德奋表示将进一步推进产教融合、科教融合，探索项目制培养人才机制。双方就申报建设博士后创新实践基地，推动非遗文化研究与传承、共建现代珠宝产业学院、智能工程与创意设计等方面展开务实而有成效的交流。深圳市金银珠宝创意产业协会秘书长成宝林、中国地质大学深圳研究院院长王强等参加了座谈。

8月23日，调研组来到广东因赛品牌营销集团股份有限公司（简称因赛集团）。集团总裁（创始人）李明女士接见了调研组，双方开展深入的座谈交流。李明女士简要介绍了因赛集团的情况以及集团拓展珠宝产业的战略布局，对珠宝学院给予了高度评价，表示希望未来集团与学院在人才培养、技术创新等多方面可以深化合作，实现共赢。广州市番禺区珠宝厂商会会长、广州番禺区珠宝产业发展联合会执行会长吴威、秘书长简海琪参加调研并出席座谈会。吴会长指出，商会将积极协调各会员单位，加强与中国地质大学（武汉）珠宝学院交流合作，在人才培养与选聘、科研合作与成果转化方面建立新机制、产出新成果。

开展访企拓岗活动是学院强化校企合作的重要途径，也是学院提升人才培养质量、促进毕业生就业的有效举措。中国质大学（武汉）珠宝学院将充分发挥人才资源优势、科研优势与企业进行深度对接，丰富合作形式，拓宽合作领域，提高合作实效。

在深圳、广州期间，薛保山一行看望在深圳、广州的部分珠宝学院校友并进行座谈交流，邀请校友在学校70周年校庆之际，回校聚首畅谈、共庆盛典。

（图文来源：珠宝学院）

田雅丽校友说就业：选调生经验分享会

2022年12月18日，珠宝学院召开选调生经验分享线上会议，邀请2018级优秀毕业生田雅丽作选调生经验分享，旨在充分发挥朋辈榜样示范作用，帮助在读本科生和研究生们做好学业和职业规划。珠宝学院党委副书记陈汉英、团委书记汤凡渺，毕业年级本研学生及部分非毕业年级同学线上参加分享会。

校友田雅丽于2022年成功考取湖北省选调生，现任襄阳市襄州区双沟镇梁咀村村书记助理。在会议上，田雅丽分享了自己集中精力备考选调生的过程，就备考资料选择、面试准备等环节给出了个人建议，并鼓励有意向的学弟学妹早作规划，坚定信心，保持良好的心态。在互动环节中，同学们就学业、就业中遇到的疑问和困惑进行了充分交流，大家纷纷表示，此次经验交流会形式灵活、内容充实，具有很强的针对性，更加明确了自己未来的发展方向。

▲ 线上会议

陈汉英主持并总结。她首先对田雅丽校友结合自身经历和感悟所作的深入浅出的分享表示感谢，并寄语大家要树立正确的职业观和择业观，提醒所有同学应当“功在平时，重在积累”，鼓励更多的同学积极投身基层，在新时代书写壮丽的青春华章，贡献青春力量。

（图文来源：珠宝学院）

七秩荣光　逐梦未来
——李忠荣校友回院交流座谈

2022年11月7日，时值中国地质大学70华诞之际，1982届岩石与矿物分析专业李忠荣校友回材料与化学学院参观交流座谈。

李忠荣校友大学毕业后，曾任龙岩市地质八队工程师，现任福建龙岩中元大酒店董事长、中国地质大学福建校友会名誉会长。自2011年起，李忠荣校友先后捐赠1800余万元，用于修缮南望山校区东区大门、西区大门，新建北区大门、校史馆；他在学院设立了“忠荣科技创新基金”，支持师生创新创业；他还先后资助了70余名贫困学生、患病学生、困难校友以及因公殉职校友家属。

李忠荣校友首先参观了学院文化墙、教学实验中心，之后与学院师生共聚科教楼5号楼317会议室，畅叙情谊，追忆往昔，寄望未来。学院领导、教师代表及学生代表等参加了此次交流座谈会。

前学院党委书记黄菊对李忠荣校友的到来表示热烈欢迎，感谢他为母校和学院发展给予的关心与支持。随后，李国岗副院长为李忠荣校友介绍了学院的整体发展情况，李忠荣校友频频点头，对学院取得的发展表示肯定。接着，受“忠荣科技创新基金”资助的学生代表们就项目进展情况依次向李忠荣校友做了汇报。

李忠荣校友追忆往昔，回顾了在校求学时的一幕幕峥嵘岁月，对学院取得的成就给予了积极的肯定，表示愿为学院的产学研发展与推广和校企联动牵线搭桥，提供最大的帮助与支持。李忠荣校友对同学们的发展提出了宝贵建议和希望。

▲ 合影

随后，学院教师代表同李忠荣校友就学院发展和学生培养进行了广泛的讨论和交流。在座谈交流结束之际，李忠荣校友盛情邀请学院师生作客闽西红色革命圣地，并为学弟学妹们题词——“青出于蓝而胜于蓝”。

座谈会结束后，李忠荣校友与参与座谈的学院师生在科教楼5号楼门前合影留念。

（图文来源：材料与化学学院）

湖南校友再聚母校 畅叙情谊共谋发展

光阴荏苒风华在，校友情深返校园。2022年5月1日下午，湖南校友会会长王依洲、秘书长邓星平，湖南地大文化传媒有限公司董事长周红桥、总经理陈靓4位校友来中国地质大学艺术与传媒学院座谈交流，座谈会由学院党委书记郭秀蓉主持，学院领导班子成员及三级单位主任参加了会议。

会议伊始，学院党委书记对一直以来支持和关心学院发展的校友们表示热烈欢迎和衷心的感谢。湖南校友会会长介绍了校友会及湖南地大文化传媒有限公司的基本情况，对下一步开展校企合作方案做了全面介绍。领导班子成员及系主任们分别介绍了学院各学科专业的发展情况，交流了各学科主要的研究方向及关注领域，同时对未来与湖南地大文化传媒有限公司可能开展的合作提出了积极的意见与建议。

座谈会自由交流环节，学院参会人员与校友们一方面畅叙师生情，另一方面对未来的合作如何更好落地提出具体建议。大家纷纷表示，将充分发挥各自优势，切实推动学院与湖南地大文化传媒有限公司的战略合作，为学校和学院的发展聚心聚智、贡献力量。

（文字来源：艺术与传媒学院）

第三章

巍巍学府人才出

塞拉利昂校友桑迪：一国部长的地大情怀

不同于秋意正浓的武汉，位于非洲西部、濒临大西洋的塞拉利昂共和国持续高温多雨。担任塞拉利昂共和国贸易和工业部部长的桑迪（Sandy）正致力于提高国家投资者的信心，努力为国家企业的发展营造有利的发展环境，为工业和私营部门创造优良的发展条件。

时间回到10年前，桑迪满怀向往与憧憬，兴致高昂地走进中国地质大学（武汉）的校门，经历硕士研究生毕业后的短暂告别，这次，他以博士研究生身份重返校园。缓步走在熟悉的南望山校区东区，桑迪还记得他在申请地大博士学位资格时的心情，先是报名申请时的紧张焦虑，后是得知获选后的兴奋激动，再次与地大相遇，桑迪做好了迎接光明未来的准备。

在攻读硕士学位期间，桑迪就已在SCI期刊发表论文，并凭借自己出色的学术成绩、积极的治学态度斩获"湖北省优秀留学生"荣誉称号及奖学金。桑迪说，在研究生阶段，地大严谨求是的校风、勤恳好学的学风、安宁适宜的生活环境等都深深影响着他，促使他不断塑造、完善自身，向着更美好的未来前进。

桑迪在攻读地大环境学院环境科学与工程专业博士学位之前，曾作为交换生前往美国耶鲁大学进行为期1年的学习交流。"地大是一所特别致力于地球科学研究的大学，耶鲁大学在地质学领域非常著名的教授也经常提起中国地质大学的名号，并说它作为一所大学却能拥有一座专门的地质博物馆是件值得钦赞的事。"桑迪自豪地说道。

不论是在攻读硕士学位还是攻读博士学位阶段，遇到困境时，桑迪都喜欢在傍晚来临之际逛逛鲁磨路，或是伴着寂静或是伴着喧闹，夜色中的街道有着独一无二的治愈力，即使是现已成为一国部长的他依然十分怀念在鲁磨路上散心的时光。

当谈起对地大印象最深的地方时，桑迪毫不犹豫地说：“我想对教过我的中国老师们说，我永远感激你们，谢谢老师们对我的悉心指导！”

▲ 桑迪校友

读书时，不论何时，只要桑迪向专业领域的老师求助，他们都会不厌其烦、竭尽全力地帮助桑迪，这样的求学经历让他终身难忘。在地大的求学收获对桑迪的个人性格和专业发展有着巨大影响。在跨学科的背景下，他的创造力得到加强，研究能力得到提升。

谈起地大情，桑迪似有千言万语。他怀念地大的校园生活、运动盛会、校园文化，想念曾相伴多年的同学、曾无私给予他帮助和支持的国际教育学院办公室的老师。对他来说，在地大的一切都是令人印象深刻的。“我将永远感谢中国政府给我的学习机会，感谢地大给我提供的学习条件，在我心中，地大永远闪烁光芒！”

在采访中，桑迪认为，习近平主席提出的“一带一路”倡议和“中非命运共同体”意义重大，“一带一路”倡议为建构中非命运共同体提供了契机和支撑，中非合作丰富了“一带一路”的实践内容。中非“十大合作计划”和“八大行动”，是实现中国和非洲合作共赢的伟大举措。

（图文来源：地大要闻）

胡克：岁月峥嵘　家国同行

“是那山谷的风，吹动了我们的红旗；是那狂暴的雨，洗刷了我们的帐篷。我们有火焰般的热情，战胜了一切疲劳和寒冷……”

两年前的一个夜晚，北戴河老虎石公园被一阵酣畅的合唱点燃。这是一群来自武汉地质学院的“老学长”，他们热情地歌唱着青葱而壮丽的岁月。彼时，胡克就在其中，欢快坚定地歌唱着山河与志向。

青春不留遗憾

▲ 胡克校友

42年前，高中毕业的胡克在经历4年农村劳动生活后被武汉地质学院岩石矿物分析专业录取，煤油灯下的寒窗苦读没有白费，他终于迈入了大学校园。

“学习很艰苦、体育很活跃、思想有活力。”这是胡克对他的大学学习氛围的初印象。

刚刚恢复高考的年代，班上的同学来自完全不同的地域，年龄差异也比较大。胡克所在的班级共有38位同学，来自22个省、自治区、直辖市，有些同学甚至已经为人父母，其中年龄最大的是1948年出生的，在当时已经30岁，而年龄最小的只有15岁。虽说地域、年龄、经历或许各不相同，但面对来之不易的学习机会，他们刻苦上进的精神别无二致。那时的胡克给自己定下了一个小小的目标：成绩要保持在中上水平，至少良好。这个目标对胡克的影响也是持续一生的。多年后去美国深造，他的成绩总是优秀或者良好。

胡克的地质情结

胡克坦言，大学对自己影响最大的是同学们的友谊，那时候的大学的上课模式是固定教室、固定座位，与现在的大学很是不同。大学几年间，胡克用镜头捕捉了许多非常珍贵的瞬间，包括实习生活合影、朋友们在校园里的合影等。这些大学同学也成为胡克终身的朋友，毕业后他们也坚持通过写信、打电话等方式联络。直到现在，他们仍然偶尔聚在一起，重走当年的大学路，去秦皇岛、北戴河回忆实习岁月。

当时的武汉地质学院，吸纳了很多新鲜的事物。大学期间，胡克积极组织舞会、参与竞选学生会干部、担任班级体育委员等。这些活动起初遭遇了一定的阻力，但是学生们热情高涨，在学校领导的支持下，活动一点一点地组织起来了。他也喜欢体育运动，爱好打排球、打乒乓球、游泳。胡克的夫人既是当时学校体育队的队员，又是排球队的主力队员。后来，他们的孩子在田径运动方面很好地继承了两人的“体育基因”。

“大学生活，充满着乐趣，充满着快乐，充满着幸福，美好的青春不曾留下遗憾。”

他乡异域求索

1982年夏，胡克迎来了他的毕业季。毕业证、挚友、往后余生的爱情……人生大事仿若完成了大半。

7月，出生和成长在江西的胡克被分配到湖南402地质队工作，当时“祖国的未来是我们的志愿”是胡克和其他广大地质工作者们最朴素的想法。胡克毅然背起行囊，来到湖南浏阳永安。402地质队的周围都是农村，地质队员们和当地百姓打成一片，胡克闲暇时积极帮农民干农活，比如插插秧、割割稻。1985年，胡克离开402地质队。两年多的时间里，胡克做了很多有意义、有收获的工作。

广西大学化学系任教是胡克机缘巧合下的又一次人生转折。他在这里担任实验课教师，带学生写毕业论文，还兼任一个班级的班主任。学生们大多20岁左右，胡克作为教师也20多岁。他们亦师亦友，被同样的求索精神聚集在一起。

20世纪80年代出国潮背景下，对知识的巨大渴求让胡克将目光投向大洋彼岸，他也用汗水和执着把握了机会。美国的大学在华招生，胡克取得了美国爱荷华州立大学的入学资格，赴美攻读博士学位。之后，投入全球质谱界大师级人物——Robert Samuel Houk教授门下，开始了ICP-MS的研发之路。20世纪80年代的美国，在大部分国人心中是陌生的，对胡克来说也是如此。全额奖学金的派发时间为9月，赴美时间却是6月，这意味着胡克要忍受持续3个月的“无米之炊”的煎熬——胡克到美国的第一件事就是借钱。“受经济条件所限，当时学习和工作都异常艰苦。拿到第一笔奖学金后，一切慢慢回归正常。”回首这段时光，胡克笑着形容自己，“提着20多公斤的行李，揣着200美元，闯荡美国”。

情重再归桑梓

“我从小有个梦，建个工厂，建所学校。梦是一个逐渐实现的过程，把梦变成现实的历程总是很漫长。”胡克创建仪器分析公司的梦想在2002年启航，至今已有22载。

博士毕业后，胡克在美国一家跨国科学仪器公司工作。凭借扎实的专业知识和认真的工作态度，胡克从首席研究员、产品经理、国际经理升任到大中国区总经理。21世纪初，拥有国际视域的胡克开始为中国仪器面临的落后境遇忧心，他看到中国可能存在的市场机遇。此刻他决定，回国创建仪器分析公司。

2002年，在北京市顺义区政府的政策扶持下，莱伯泰科仪器股份有限公司（简称莱伯泰科）落户北京市顺义空港区。公司创立之初，主要从事电热板和水循环产品的研发、销售工作。这样的工作基础让莱伯泰科很好地“扎了根”，为日后的产品研发和品牌塑造奠定了基础。正是那时候，莱伯泰科发现了样品前处理广阔的市场前景，明晰了公司的发展定位。目前莱伯泰科已在科创板上市，成为北京市顺义区第二家在科创板上市的企业。公司在空港核心区自建场地面积超过20 000m²，是创业之初天竺空港工业区免费提供场地面积的100倍。产品销往全球90多个国家。

▲ 胡克校友参加新中国成立70周年庆典

胡克说：“我的经历是中国40多年改革开放发展的缩影。我赶上了祖国改革开放的好时代，时代交给我一个宝贵的机会。”国民对健康、环境、食品安全方面的需求越来越大，我们在检测方面的努力符合国家和人民的需要。只有与国家保持一致的步伐，胸怀家国情怀，才能把握机遇。

从知青到大学生，从赴湖南工作、去广西大学任教到赴美深造，在人生的各个阶段，胡克总是勇于挑战。而创业所需要的勇气不仅来源于个人，更来源于家庭。胡克感恩不管何时何地，家人都给予他坚定的支持。除了机会、勇气和资金，胡克说，创业目的是帮投资者创造财富、帮社会创造财富、帮国家创造财富，而绝不仅仅是个人利益的实现。所以，创业必须要做到对投资者负责、对员工负责、对社会负责。“实话实说、不讲虚事、懂得忍受艰难、多听团队的建议、培养决策能力，”这是胡克眼中一个优秀的创业者应该去追求的品质。

“在我们公司里，大到总经理，小到保洁员，只要能完成本职工作，都是人才。”胡克认为，社会是由各种各样的人才构成的，“优秀的社会不需要把人分成三六九等，但要培养优秀的品质”。他认为，社会最需要的是努力且有团队精神的人。对年轻人来讲，就业时不能把追求薪酬当作唯一目的，更要注重培养团队精神和吃苦耐劳的品质。“工作不是一帆风顺的，都要经受一些挫折。所以要含笑对待不成功，磨炼自己的心态。”乐观的心态和勤勉的态度是他50多年来求学、工作、创业经历留下的宝贵财富。

谈到子女，胡克言语中透露着身为父亲的自豪。尽管两个孩子在美国成长，但胡克和同为地大校友的夫人非常注重子女的中国传统文化的学习。他们要求孩子们在家里说中文、读中文、学中文。胡克肯定了“放养式教育”方式，认为父母该做好榜样，“我们努力工作，他们就努力学习”。在这样的理念引导下，他们的孩子也都很优秀，大儿子毕业于康纳尔大学，继承了父母热衷体育锻炼的爱好，除此之外音乐、数学等成绩也名列前茅。小儿子毕业于密歇根大学，喜欢探险。2020年小儿子为了找工作，在疫情期间电邮出420封求职信，终究获得了自己满意的职位。

作为老学长，胡克对地大学子的寄语朴素又务实——好好学习。“好好学习总不会错的，多交些朋友，尊重社会，帮助别人。”回首人生，胡克确实从未停止学习——无论是专业知识，还是新的领域的知识。与时俱进，与国同行，才能走得长远、走得稳健。

▲ 胡克校友（右三）参加莱伯泰科上市敲钟仪式

2020年9月，莱伯泰科成功上市，登陆科创板，被称为“实验仪器第一股”。胡克和莱伯泰科一同见证了中国仪器分析行业的历史。“有幸，我的经历是国家发展的缩影。”在人生这座高峰上，胡克从未停止求索和反思，来时路的坎坷都被他踏成欢歌。岁月峥嵘，初心不泯，他攀登的步伐依旧稳健。他将带领一批高素质的研发和销售团队，掀起新时代的发展浪潮。

（图文来源：中国地质大学校友会）

党的二十大代表周琦：他是勇毅前行的“追锰人”

“心情十分激动，深感责任重大、使命光荣。”当选党的二十大代表，周琦感觉肩上的担子更重了。

周琦是贵州省地质矿产勘查开发局（简称贵州省地矿局）首席科学家、贵州省地质调查院自然资源部基岩区矿产资源勘查工程技术创新中心主任。40年来，他不断开拓创新，在寻锰路上攻坚克难、勇毅前行。

17岁那年，周琦从原地质部昆明地质学校毕业，分配到贵州省地矿局103地质大队工作。当时，钻研锰矿的年轻人不多，工作踏实认真的周琦经常跟随锰矿科研组到野外考察。在艰苦的野外工作中，他感受到了老一辈科技工作者吃苦耐劳的品质，进一步坚定了克服困难、勇攀科技高峰的决心。

1999年，103地质大队承接了原国土资源部下达的关于铜仁－松桃地区锰矿资源调查评价的重大项目。当时，周琦已是103地质大队的总工程师。为确保项目顺利开展，他邀请了很多资深专家开展预探。经过综合研判，大家一致认为松桃苗族自治县笔架山—茶叶山一带可能有锰矿。

然而，103地质大队连续在笔架山打了2个钻孔，均未见矿。有人开始产生疑虑，难道贵州无锰可寻？

凭借着多年找矿经验和对贵州地质环境的了解，周琦坚信黔东武陵山还有锰矿。传统的锰矿成矿理论认为，锰矿一般赋存在盆地边缘或是在海边成矿，但周琦发现，黔东武陵山的锰矿特征很难用传统锰矿成矿理论解释。

于是，周琦再次带领团队到松桃西溪堡地区找矿。刚开始找矿过程并不顺利，周琦便以更加严格的标准测量地层剖面，用发现的锰、铬等微量元素的地球化学比值规律来预测锰矿可能存在的位置。2000年10月10日，西溪堡地区终于见矿。

为进一步提升自己的专业素养，2000年周琦考入中国地质大学（武汉），先后攻读了硕士学位和博士学位。在取得博士学位后，他建立了全新的锰矿内生外成气液喷溢沉积成矿理论，突破了国外传统的锰矿外生外成沉积成矿理论范畴。

艰难困苦，玉汝于成。他带领103地质大队的锰矿团队走遍贵州的山山水水，终于找到4个世界级超大型锰矿床和1个特大型富锰矿床，贵州锰矿资源储量跃居亚洲第一位，改变了世界超大型锰矿床主要分布在南半球的格局。

近几年，周琦与团队共同努力，又取得新突破——提交了我国第一个特大型富锰矿床大精查报告；通过大数据与锰矿勘查的融合，实现了锰矿勘查数字化，并成功应用于贵州实施的磷矿、铝土矿、金矿、重晶石矿和锂矿等矿产的大精查项目中。

这些年，周琦获得了李四光地质科学奖、周光召基金会科技奖、全国创新争先奖等殊荣。他率领的贵州省锰矿资源预测评价科技创新人才团队，被授予“全国专业技术人才先进集体”称号。“我倍加珍惜这些荣誉，今后将不负信任与重托，带好头、作示范，多找矿、找大矿、找富矿，做一个实实在在的‘追锰人’，努力为贵州经济高质量发展提供矿产资源保障。”周琦说。

（图文来源：贵州改革微信公众号）

冯锐：行远自迩　笃行不怠

1978年，中国恢复高考制度的第二年，15岁的冯锐考上了武汉地质学院（今中国地质大学）。他是中国高考制度恢复后第一批踏入大学校门的学生之一。本科毕业后，他经历读研、读博、创业，长年在地质找矿领域深耕细作。冯锐创立的希尔威金属矿业有限公司在2012年《财富》杂志公布的全球100家增长最快的公司排行榜中位列第48位，是中国改革开放一代中名副其实的“前浪”。人常戏言“长江后浪推前浪，前浪被拍在沙滩上”，但在时代开放、后浪勃发的今天，冯锐带领的希尔威金属矿业有限公司依然保持着无限生机与活力。只是，为什么是冯锐？

▲ 冯锐

我要自己决定到哪里去

“很多时候命运有很多突发事件，用我们地质学的话说有点像‘灾变’，就像恐龙灭绝一样。很多时候你的计划特别圆满，但是突然就发生了什么事情。这个事情也许是好事情，也许是坏事情……”冯锐的人生如他所说，处处变化、绝处逢生。因为一次次的意外突发状况，在冯锐求学创业之路的很多重要节点上，事情都没能按照他原本的计划进行。因为大学期间的一次意外举动，在与老师的一番谈话后，他在人人都想“捧铁饭碗”的年代选择了继续深造，攻读硕士学位；因为机缘巧合，他在中国地质科学院读博期间中途退学，转而前往加拿大深造，遇到了影响其一生的恩师；因为偶然在报纸上看到的地质创业的新闻，他改变了成为学者的人生规划，走上了地质找矿的创业之路……

初看这些变化莫测的经历，不免让人以为冯锐心无定性。然而他在叙述自己的每一段经历时，都用到了一个词语：“毅然决然”。与其说是命运捉弄了他，不如说是他在把握命运。冯锐说:“我不能让命运支配我,我要自己决定到哪里去。”对于自己的人生,冯锐一直胸有成竹、运筹帷幄。多年后,他接受媒体采访时,平静地讲述自己经历的大风大浪,仿佛只是一场风雨淋湿了裤脚。却唯有“毅然决然”一词,显露出他自求学以来从未消失的雄心。对于大多数人来说,做出其中的任何一项可能会改变其一生命运的决定想必都需要踌躇迟疑许久,下定巨大的决心也未必能立即付诸行动。辞去稳定优渥的工作奔向创业的那一刻,面对铺天盖地不可预知的风险和挑战,冯锐“毅然决然”涌入激流,他的内心始终坚定。

不要把人生的路越走越窄

海外读博期间,冯锐累计发表了14篇研究论文,但走“学霸路线”的他并非一开始就驾轻就熟。导师一边夸赞鼓励,一边用不同颜色的圆珠笔对其论文给出针对性的建议修改,看着经过批改的“面目全非”的文章,冯锐不禁心生落差。经历了两个星期、多达10版的校稿修订后,冯锐的文章最终在地质学领域权威杂志*Geology*发表,获得了极佳的口碑。除了导师认真负责的帮助,冯锐自身良好的学习习惯也助力他在读书期间不断取得进步。为了防止“边学边忘”,攻读博士学位期间,他每3个月就将这一阶段的工作内容和收获记录下来,定期梳理和调整。冯锐的学霸人生从不是“死读书”的模式,他多次强调学习需“有用”。在快节奏生活的当下,表达和写作能力在各行各业中都是至关重要的。

在第十五届全国矿床会议上,冯锐作为嘉宾代表向年轻的地质找矿工作者分享了个人的经验。他建议:一是要先成立一家公司;二是要购买矿权或根据“招拍挂”(土地招拍挂制度)获得矿权,在好的成矿带寻找合适的项目;三是要与中国在境外有矿权的公司合作;四是要推介项目、寻求投资者,做好项目PPT路演。关于初级找矿公司是否能增发股权吸引投资,冯锐还总结了“7P”准则:第一是People,即要有坚持到底的毅力;第二是Project,尽量聚焦金、银等贵金属和有色金属;第三是Financing,即要有持续融资的能力;第四是Paper,即管理层是否有很多股份;第五是Promotion,即管理层的推销能力;第六是Politics,即政治风险;第七是Price,即金属价格。这些凝练实用的准则是冯锐数十年的经验总结,也蕴含着他对地质找矿事业的关注和热情。

秉承“艰苦朴素、求真务实”的校训精神,“看到问题本质、解决实际问题”一直是冯锐最根本的着眼点。2004年，冯锐创造性地应用“矿化率”的概念，通过“矿化率”分析，决定以“用钻探找构造，用坑道圈矿体”的方法来布置勘探工程，终于将众多分散孤立的“鸡窝矿”透镜体同时探明，最终实现了规模化开采。冯锐在这一领域的开拓性创新，为中国矿业行业开采“鸡窝矿”提供了可行的路径。而针对在校的学弟学妹在专业学习中遇到的问题，比如时间有限、自身知识储备不足等导致的对于某些课程一知半解、比较迷茫等问题，冯锐认为最重要的是学会一种方法。除了使用专业知识解决实际问题，他认为综合分析能力、团队合作能力很重要，要学会相互帮助。人生有许多方向，不能只着眼于自己的研究、自己的成绩，那样会把路越走越窄。

身体力行报效社会

从地质专业排名位居全球前列的母校毕业，冯锐感到非常骄傲。冯锐感慨，人生有很多种未来的方向，有的立志成为院士科学家，有的立志成为政界精英，也有的考虑跨界转行……冯锐希望，学地质的学弟学妹能坚持关注地质找矿事业，报效祖国。他勉励学弟学妹未来为开创中国矿业新局面贡献智慧。

回馈社会、报效祖国不仅是冯锐对新生代的期盼，更是他一生从始至终践行的承诺。他创立的希尔威金属矿业有限公司秉持“源于社会，回报社会”的价值理念。对启迪他智慧的母校，他捐赠200万元设立“锐鸣校友奖学金”，鼓励人才培养；对滋养他成长的祖国，他积极为受困地区修路、办学、赈灾、捐款——他为公益慈善事业所作的贡献有目共睹。

▲ 锐鸣校友奖学金捐赠者（左：冯锐，右：程鸣）

2020年新冠疫情期间，他带领的希尔威矿业有限公司向祖国捐款人民币150万元。创业所在国的加拿大暴发疫情，公司又向温哥华综合医院和温哥华沿岸卫生局捐赠122箱医疗物资。冯锐悄无声息地为全球抗击疫情贡献了中国力量。

一代人有一代人的使命。大

江大河奔流向东，是任何暗礁都无法阻挡的。人生亦是如此。为什么是冯锐？因为他顺时代之势，把握时机，行远自迩，敢为人先。

（图文来源：澎湃新闻）

龚树毅：初心风雨不改　恩重报以琼瑶

“一九四七年的年底，李四光接到国际地质学会寄给他的通知，邀请他出席即将于一九四八年夏天，在英国伦敦举行的第十八届大会，照例要他在大会上宣读论文，发表他这些年的科学成果……”1977年，这篇由徐迟着墨发表在《人民文学》的报告文学《地质之光》将国内许多青年的目光引向地质界。地学泰斗李四光老前辈的生平事迹，震撼了高中在读的龚树毅。抱着对李四光前辈的敬佩之情，他选择了武汉地质学院，成了武汉地质学院金属物探专业的一名学生。

迈进地大：心无旁骛，珍惜韶华

刚入校，龚树毅就感受到了武汉地质学院的红色基因与钢铁般的精神。

他听朱见香老院长讲述了他在长征途中仍坚持学习文化知识的事迹。朱见香同志是党的好战士，他带领机枪连全程参加了红二方面军的长征，并亲历了红军三大主力的胜利会师，曾多次在战斗中受伤。老前辈的故事更坚定了年轻的龚树毅通过学习科学文化知识，提升自己、服务社会的信念。

为学如登万仞山，欲临胜景莫畏难。龚树毅的少儿时期正值文化大革命，10岁后才在好心人的帮助下上了学，这也使他更珍惜在校读书的时光。他珍惜韶华，认真学习，也注重综合素质的培养，课余时间经常踢球、在图书馆看书。除了学习本专业的知识，他也对其他学科的基础知识有着广泛的兴趣，经常阅读文史类的书籍，希望通过全面学习提高自己对是非问题的判断能力。

“如果说，我离开母校近40年还有那么点成绩的话，全靠母校培养。在这里，我养成了较好的生活、学习和工作习惯，学会了科学研究的基本方法，具备了一个自然科学工作者的基本素养。”谈到母校对自己的影响，龚树毅诚挚表达了对母校培育的感恩。在重要的本科阶段，他像海绵吸水一样汲取知识，惜时如金、孜孜不倦，下了一番心无旁骛、静谧自怡的功夫，努力做到又博又专、愈博愈专。脚踏实地的积累为他之后的人生路垫稳了基石。

走向社会:创业维艰,行稳致远

“不忘初心,始终如一”是对龚树毅人生之路最好的概括。毕业后的龚树毅尝试过许多工作,从过政、创过业,但始终坚持在自己专业领域内探索,并始终坚持走在前列。在野外队工作的毕业生里,龚树毅是较早一批在《地球科学》发表论文的学生。他于1992年晋升为高级工程师,也先于同期大多数学生。

“抓住机遇,果断抉择”则是龚树毅的另一个标签。2000年前后,我国环保事业步入快车道。龚树毅在深圳工作期间,接触到了一些环保类工程的管理工作,他敏锐意识到在设计单位和施工单位之间缺乏一些有机联结的机制。“施工单位不懂水处理工艺,不能很好地理解设计思想;而设计单位对现场施工又不太了解,在工作中容易出错。于是我开始思考如何在两者之间建立一个纽带。”龚树毅说。坐而论道不如起而行之,他于2003年开始落实自己的构想,原本只是想做一个咨询服务的工作室,不承想一开张就被业主当成了代建商,加上在工作中了解到当时全国的水污染普遍非常严重,污水处理大有可为。龚树毅作出了一个决定:辞去原有的稳定工作,在2005年成立深圳市佳霖源水务有限公司,专注水处理。而这条路一走就是近10年,龚树毅也用行动和成绩证明了他的决定没有错。目前,龚树毅的公司每年研发投入约300万元,主要用于降低特殊废水处理成本的试验研究和现有污水厂工艺优化与前馈控制模拟软件的研制。

▲ 龚树毅(前排左一)陪同县市领导在青吉污水厂指导工作

通往光明的道路必然充满曲折,龚树毅的创业之路也并非一片坦途,甚至是荆棘丛生。2008年,湖南怀化一个工业废水项目令他记忆深刻。项目承接时承诺的处理成本是根据化验室小试结果确定的,而项目承接后的中试试验结果却不理想。历时近一年，团队人员两次调整了工艺路线，中试结果都未达到预期目标。现实和心理的双重压力让他几欲放弃，但就在这紧要关头，原先设计的辅助工艺段取得了突破，柳暗花明又一村，现在项目运行成本低，处理效果好。

“无论做什么，一定要脚踏实地。”这是龚树毅对学弟学妹的忠告。踏实在他看来是一项十分重要的品质。龚树毅走向社会的每一步，皆踩在实地上。创业之路艰辛，虽时有大胆投资百万元进行实验，面临不成功的风险，但他认为：“既然是做试验，当然可能会出现不成功的情况，但不成功也是一种成果，说明现有的试验计划甚至试验方向出了偏差，这也为找到正确方案打下了基础。”大胆试错的目的是保障更稳定地发展，行稳方能致远。

回馈母校：赤子之心，璞玉浑金

自己淋过雨，所以想为别人撑把伞。龚树毅的求学之路可谓坎坷。文化大革命期间，他的原生家庭生活异常艰难。10岁以后，才有机会上学。一路走来他得到了不少来自母校和社会的帮助。“那种有学不能上的痛苦刻骨铭心。而我能够在社会立足，全靠母校培养，回馈母校，帮助需要帮助的人，是应该的。”龚树毅如是说。

“投我以木桃，报之以琼瑶”，秉持感恩回报之心，自2016年起，龚树毅领导的湖北公安佳源水务有限公司每年向中国地质大学（武汉）捐赠40万元，用于资助30名本科贫困生和8名从事基础研究的博士生，将连续捐赠25年，共计1000万元整，扶助950名有志青年学子。

龚树毅校友心怀母校，有大爱，担道义。李四光先生的光辉事迹引他迈进地大，本科阶段知识的熏陶和精神的培育让他与地大更紧密地相连。走向社会，他不忘初心，务实做事，将心比心。回到母校，他慷慨捐款资助贫困学生，推己及人，不让优秀学子在学习之路上被贫困绊倒。地大的精神特质早已熔铸在他学习、工作、生活的方方面面，永不割舍。

（图文来源：中国地质大学校友会）

李忠荣：智者化苦为甘　勇者处之泰然

千磨万击还坚劲，任尔东西南北风，在面对不利与艰难时百折不挠，这是勇者的气魄。胸怀天下事，铁肩有担当，在顺境和成功的坦途中心系社会，这是智者的美德。

▲ 李忠荣校友1982年毕业留影

"还记得那一年，班里同学来看我，给我带来了许多祝福，一张张小卡片，诉说着认识我、不认识我的人对我的鼓励，其中我看到了您的信。我读着您的信泪流不止，那时那地，您诉说着我正经历的事情，您告诉我要坚强，要勇敢，很抱歉时至今日我依然不能自已，很庆幸，真的很感激……"这是学校一名女同学12月4日写的一封感谢信，在信中她感激的正是学校1982届校友李忠荣。

患难困苦累财富

李忠荣1982年毕业于学校岩石与矿物分析专业。毕业后的10年，他在福建地质队努力执着地工作，成为福建地矿局第一批晋升工程师的佼佼者。但是，他并不满足于现状，1990年从澳大利亚留学归国后，他毅然放弃了龙岩市地质八队工程师的"铁饭碗"，选择了"下海"经商，创办了福建省龙岩市规模最大的装修公司——中侨实业有限公司。

李忠荣经历过特殊历史时期。回味过去，他坦言，即使是动荡苦难，也都是人生的巨大财富。"正是因为经历过上山下乡、到工厂当工人，我才能掌握木工、泥工、油漆工、车床、电焊的种种技能，这些对我以后开创装潢装修事业有极大的帮助。"

汗水不会白流。曾经的艰难，为人生积累了财富；曾经的磨砺，成为他一生勇往直前的动力。

与癌抗争铸意志

人生总是风云变幻。1998年11月18日，正值风华正茂、事业有成的李忠荣，确诊患上了扁桃体非霍奇金结晶淋巴癌，前往福建省肿瘤医院治疗。在那个谈癌色变的年代，患上癌症几乎就等于一只脚迈进了地狱。

在李忠荣与癌症抗争的15年里，最初是在扁桃体上发现淋巴癌，而后又在锁骨和胃里发现淋巴癌肿块。为了治疗，他的胃被全部切除，致使身体极度虚弱，还要持续进行化疗、放疗。患病后期，他的生活起居都在轮椅上，晚上经常需要服用安眠药才能入眠；疼痛难以忍受时，需要注射吗啡方能止住。这样的痛苦，既折磨着身体，也煅烧着意志。

在老同学、老朋友们的帮助下，历时3年，李忠荣成为福建省第一例利用自体干细胞成功进行移植的病人。首先进行全胃切除，全身接受放射性照射治疗，再采用大剂量化疗药物（剂量为普通化疗药物剂量的7倍）杀死所有细胞后，植入干细胞，重新再造健康细胞，起死回生。他目前已完全恢复健康。

2010年，以地质工程师为原型创作的电影《山楂树之恋》在全国热映，“老三”病魔缠身的经历让李忠荣唏嘘不已。他回忆起与病魔抗争的15年，母亲离世，身体痛苦，但“不管在任何时候，从没想过生与死的问题。在治疗期间，也包括日后的康复阶段我得到了妻子无微不至的照顾，得到了亲人、同学、朋友们的关心和帮助，在此向大家再次说一声：谢谢啦！”

千锤百炼再成钢

后来虽然可以走动了，但是每走几步都要歇上好几秒。为了恢复健康，实现自己的人生目标，李忠荣坚持锻炼身体。出院后两年多时间里，他去了海南岛、西双版纳、大理、丽江、泸沽湖、桂林、越南等地，还爬上了玉龙雪山海拔4680m的峰地，拍了一张赤膊的照片，以展示勇者必胜、勇者无畏的气概。

▲ 2021年李忠荣校友与同班同学在珠峰大本营合影

从1992年辞职“下海”到1998年确诊癌症之间的6年，李忠荣创办的中侨实业有限公司发展迅速，在当地具有很高的知名度，社会信誉良好。但这场不期而至的大病也让企业随之陷入低谷。出院后的李忠荣一边康复疗养，一边继续管理着企业，使企业重新步入正轨，自己的生活也日益充实。

经过3年休整，李忠荣身体逐渐恢复，恰逢福建省全运会要在龙岩举行，急需一个酒店以满足住宿需求。李忠荣认为这是企业转型升级的极好机会。于是，他邀请了两个朋友，投资超1.2亿元，仅用了两年半时间，就建成了当地首家四星级酒店，这家酒店也是当时龙岩的最高建筑。随后，他又投资成立了中元旅游出租车队、中澳洗涤有限公司。目前，这几家企业经营状况良好，享有较高的社会知名度。

薪火相传光不绝

生活需要一颗感恩的心来创造，一颗感恩的心需要生活来滋养。“尽力发展企业，为龙岩经济发展添砖加瓦，继而回报社会。”这些年来，李忠荣坚持慈善公益事业，尽己所能向各方伸出援手。

新竹高于旧竹枝，全凭老干为扶持。李忠荣校友一直心系母校发展、关爱校友、奉献社会。自1996 年开始，他先后资助了70多位贫困生完成学业。2010年4月，在他的倡导下，龙岩中元大酒店有限公司义工服务队成立。2015年，他捐资1000万元成立了以他的父母亲名字命名的“龙岩市永翠慈善基金会”，先后累计向社会公益事业捐款3000多万元。他还先后向学校捐赠300万元，用于修建学校北区新校门和修缮东、西区校门。此外，他先后捐助珠宝学院身患白血病的吴同学2万元、捐助身患白血病的广东代校友2万元、捐助因公殉职的李祥龙校友家属1万元。

下年再有新生者，十丈龙孙绕凤池。后来，李忠荣收到了一封回信，曾经受他资助的吴同学，走出了病痛的折磨，坚持完成了学业，她自豪地告诉“李师兄”，她已经补修完所有的学历课程并顺利通过了珠宝鉴定师的考核。她曾含泪读李忠荣寄给她的信，“李师兄”的故事激励着她坚强生活，并立志成为像“李师兄”一样能够回报社会的人。

回馈母校传精神

2011年新生开学典礼上，李忠荣向母校捐赠200万元，用于修建北区新大门和

▲ 地大“呵呵门”，笑脸迎接每一天

修缮东、西区两个大门，为母校60华诞献上了一份厚礼。2014年12月6日，他再次捐赠100万元用于母校北大门的建设。

2021年，李忠荣校友又一次向学校捐赠1500万元，用于支持校史馆建设。为了激发母院材料与化学学院学生科学研究工作的积极性，11月份李忠荣校友又捐赠50万元设立了“忠荣科技创新基金”，用于支持学生面向企业需求开展具有探索性、挑战性的创新研究活动，力图培养一批素质过硬、善于创新的高水平科研团队和科研生力军，做出有质量的能解决实际问题的研究成果。

李忠荣校友多次为母校捐赠，旨在表达对母校教育的感激之情，而他的善举也激励了一批又一批地大学子奋发上进，向李忠荣校友学习。他是一面旗帜，一面代表着地大人慷慨博爱精神的旗帜。

守望相助汇暖流

2020年初，新型冠状病毒感染疫情肆虐荆楚大地，牵动着身处海内外的地大校友们的心。在这场疫情防控的战役中，海内外校友慷慨解囊，捐款捐物，合众人之力，共克时艰，通过多种方式和途径，向武汉、向母校提供支援。李忠荣校友作为福建校友会荣誉会长再次与地大并肩作战，捐款20万元用于疫情防控。李忠荣校友用实际行动证明着地大人一定会秉承“艰苦朴素、求真务实”的校训精神，以火焰般的热情，战胜一切困难和寒冷！

（图文来源：中国地质大学校友会）

周宗文:从勘探工到珠宝大王

水贝村有“珠宝界华强北”之称,业内流传着这样一句话:中国珠宝看深圳,深圳珠宝看水贝。

▲ 周宗文校友

1999年,福州人周宗文在深圳成立了自己的珠宝品牌“周大生”(全称周大生珠宝股份有限公司,简称周大生),公司总部就设在水贝。

周宗文是福建人,原本是当地地质队的勘探队员,之后进入珠宝行业, 经过30多年的努力,他亲手缔造了“周大生”这个珠宝帝国。

高考后周宗文成了地质人

1957年,周宗文出生于福建省福州市福清县(后改为福清市)的一个村庄。他自小就对母亲感情极深,因为在他8个月大时身患重病,是瘦弱的母亲连续18天给他输入母体鲜血,给了他第二次生命。

周宗文是印尼华侨,整个家族里大部分人都在海外工作和生活。1975年高中毕业时,他所有能走的路几乎都被堵死了:不能当兵,不能去工厂,不能推荐上大学。无奈之中,周宗文只能选择回老家当农民。

回乡后,周宗文被安排去做拉板车的苦力活儿——运甘蔗。一车甘蔗足有1吨重,只有两个人拉车,其辛苦可想而知。这份工作一干就是两年多。

1977年,原以为会送一辈子甘蔗、当一辈子农民的周宗文迎来了人生的第一个转机,恢复高考的消息打破了他宁静而艰苦的乡村生活。因为在农村,消息极其闭塞,接到消息时离考试只有两个月时间了。他回到母校华侨中学上课,两年多的劳动使他变得又壮又黑,老师们几乎都没认出他来。他抓住一切时间,玩了命地复习。当时每到晚上9时半,村里都会定时熄灯,周宗文就自己点两盏煤油灯看书,每天睡觉前,鼻子上都有黑色的烟灰。

高考结束后,周宗文回到农村继续干活儿,仿佛高考只是一场梦。直到武汉地质学院(后更名为中国地质大学)的一纸录取通知书彻底改变了他的命运,他成为该校1977级煤田地质学专业学生。

4年后周宗文大学毕业时，命运和他开了个玩笑。1981年，他拿着毕业证书高高兴兴地回到福建省地质局报到，可板凳还没坐热乎，就被告知要到闽西地质二队报到。就这样一级一级分下去，周宗文最后被分到了野竹林矿区。

从勘探工到珠宝大王

这在外人看来是个巨大的打击，同去的很多人都为艰苦的野外工作而感到沮丧，周宗文却表现得平静而豁达："我就是从农村出去的，再回农村也没什么，主要是我想得很清楚，寻矿嘛，当然要到野外了，城市里哪儿有矿产？"

野竹林矿区条件艰苦，连路都很少。当地有不少小煤窑，找矿需要钻进去，观察内部情况并画图。等画完出来，工作服、鞋、帽上都是煤灰。"一次，我太太带着孩子来探望，孩子当时还小，看到全身黑的我直接吓哭了。"但周宗文坦言，那时累却充满希望，和拉甘蔗的心情已完全不同。此后，他踏踏实实地在地质队待了7年。

乐观的心态、精湛的专业技能、逐渐表现出来的领导力，让周宗文很快脱颖而出，成为矿区的管理者，几年后就被调离了基层的勘探队。

虽然他当时的工作跟珠宝无直接关系，但地质队有个宝石分队，这让他对珠宝有了一些了解。

如果说，周宗文端上"铁饭碗"主要靠个人努力，那之后"下海"经商成为时代弄潮者，则是抓住了时代机遇。

1988年，周宗文的命运再次发生重大转折。20世纪80年代末期，"下海"热潮开始在全国风行，刚过而立之年的周宗文表现出天性中"不安分"的一面，跃跃欲试地想投身到这个时代的浪潮中去。离开的那天，下着大雨，所有当地的老乡都来送他，有老人也有小孩，同事们更是舍不得他。周宗文在伤感中离开了家乡福建。

离开福建后的周宗文没有盲目创业，而是在大学校友、时任深圳金阳珠宝公司（简称金阳珠宝）高层张林霞和大学同班同学苏南茂的推荐下，来到金阳珠宝下属的一家珠宝工厂担任厂长，以积累行业经验。担任珠宝厂厂长后，周宗文从学徒工学起，经过3年的历练，他对珠宝的产、供、销各个环节已经成竹在胸，于是萌生了要创建一个属于自己的珠宝品牌的想法。

珠宝制造属于劳动密集型产业，第二次世界大战后，世界珠宝制造工业逐渐向香港转移。到20世纪80年代，香港已经成为全世界第三大贵金属珠宝出口地。

由于劳动力、土地等资源价格低，深圳也开始承接香港珠宝公司的生产业务。其中，邻近香港的盐田区沙头角和罗湖区水贝村渐渐成为珠宝产业聚集地，这里的珠宝生产工厂开始为港资品牌周大福、谢瑞麟代工。

在珠宝厂任厂长的周宗文，就这样赶上了深圳珠宝制造行业发展的好时候。

周宗文的老家福清，邻近莆田。在我国珠宝行业里，莆田人赫赫有名。据周宗文说，他的家族中就有不少人在国外从事珠宝行业。

1999年，周宗文在水贝创办了"周大生"品牌，还在北京王府井开了第一家直营店。当时港资品牌已经很有名气，要做自己的品牌，必须要有响亮的名字，于是深谙《周易》的周宗文从"天地之大德曰生"的领悟中，创建了自己品牌的名字——周大生。

2017年，周大生珠宝股份有限公司在深圳证券交易所上市，周宗文发表演讲，开场白便是"周大生这艘航母，顺着深圳甚至全国发展的东风，今天启航了"。

赶上深圳珠宝行业腾飞的周大生，如今已是水贝走出来的最知名珠宝品牌，目前在我国珠宝行业的占有率中排名前三。

在周宗文的悉心经营下，周大生在中国迅速发展，以领先战略布局，采取轻资产、整合运营型经营策略，专注于品牌运营、渠道管理、产品研发和供应链整合，不断提升品牌形象和影响力，把握住珠宝业爆发式增长的历史机遇，实现公司快速发展，截至2022年，公司门店总数为4502家，形成了强大的连锁渠道网络，带来了非凡的集群效应和资源整合优势，成为全国中高端市场钻石珠宝主流品牌。

智者风范　兼济天下

取得辉煌成就的周宗文，忘不了曾经培养教育自己的母校和老师。从2000年开始，周宗文在母校中国地质大学捐资设立了"周大生校友助学金""金象校友奖学金"，上百名品学兼优的学生得到资助。无论是校友有困难或母校有重要活动，周宗文总是热心帮助，慷慨解囊。

2006年下半年，22岁的中国地质大学贫困大学生王同学不幸罹患白血病。周宗文获知此事后，毫不犹豫地伸出了援助之手，一次性捐赠18万元，用于王同学的骨髓移植手术，并亲手将支票送到王同学病床前，鼓励他勇敢抗争、战胜病魔。之后，周宗文向母校捐赠100万元设立"'钻石有情　生命无价'学生重大疾病救助基金"，救助患病学生。

2006年开始，周大生投入千万元巨资开展"千万钻石换光明"的慈善工程，在全国30所大中城市资助白内障患者进行复明治疗。该年年底，首批得到周大生赞助的河南白内障患者重见光明，康复出院。

2007年，面对全国不断增加的高校就业大军，周大生开始启动校园精英招募计划，给在校大学生提供实习锻炼的机会，减轻社会就业的压力，帮助这些年轻的学子顺利走向社会。

2015—2019年，周大生共捐建30余所团圆屋，在河南省留守儿童聚集的乡村小学配备视频、语音聊天设备，为在外打工父母和留守儿童之间搭建了面对面交流的平台。从2008年为灾区孩子捐建"周大生春蕾小学"到2020年设立"抗疫情，献爱心——周大生520爱心专项基金"，周大生始终走在公益事业的前沿。

一系列的爱心行动背后，蕴含着周宗文炽热的爱心，体现出他作为时代企业家的责任感，更展现出他"达则兼济天下"的智者风范。

（图文来源：搜狐号矿材君）

吕文正：参与大陆架划界20多年

吕文正，1944年出生，1966届原北京地质学院物探系校友。1997—2018年担任联合国大陆架界限委员会委员，曾任自然资源部第二海洋研究所研究员。

在激烈竞选中脱颖而出

或许吕文正自己都没料到，他能成为联合国大陆架界限委员会委员，而且一干就是20多年。

联合国大陆架界限委员会是根据《联合国海洋法公约》（简称《公约》）设立的国际机构，由21名委员组成。这些委员都是地质学、地球物理学或水道测量学方面的专家，均以个人身份担任委员会委员。为确保选举公平公正，委员会采用地区代表制，在每一地理区域（即亚太组、非洲组、拉丁美洲和加勒比组、西欧组、东欧组）至少选出3名委员，任期5年。

1996年的一天，刚刚结束大洋科考出海归来的吕文正，接到原国家海洋局通知，推荐他参加联合国大陆架界限委员会委员竞选。凭借出色的专业能力和年龄优势，吕文正在第一轮竞选中脱颖而出，成为委员会亚太组的中国籍候选人。

1997年3月13日，《联合国海洋法公约》缔约国大会上，大陆架界限委员会宣告成立。经过激烈竞选，吕文正最终当选委员会委员。

联合国大陆架界限委员会成立之初，全球海上领土争端暗流涌动，海洋权益问题日渐受到各国重视。委员会的成立，为各国解决200n mile(1n mile=1852m)外大陆架划界问题提供了重要途径。按规定，委员会的职责分别为审议沿海国200n mile以外大陆架外部界限划界案，并提出相应建议，以及为相关国家200n mile外大陆架划界提供科学和技术咨询意见。

这种科学建议的作用非常重要。“《公约》中的附件2规定，各国在确定其200n mile外大陆架界限时，只有在提交联合国大陆架界限委员会申请并获得相关建议的基础上，其所确定的边界才是固定、有效的。”吕文正说。这也意味着，自联合国大陆架界限委员会成立之后，如果一个尚未划定其200n mile外联合国大陆架界限的国家，想要获得国际社会的广泛承认，就必须向联合国大陆架界限委员会提交划界申请，否则边界制定方案被视为无效。

在国际舞台上发出正确主张

联合国大陆架界限委员会的作用日渐凸显。然而，作为此前从未有过的国际机构，其成立之初完全是“摸着石头过河”。据吕文正介绍，当时最为紧要的工作就是“制定规则”，具体说就是制定支撑委员会运转的三大制度，即：议事规则、科技准则和工作程序。

来自全球各个地区的委员对基本规则的制定展开了激烈争论。其中，仅制定议事规则就历时两年。之所以旷日持久，在吕文正来看，主要是这些规则均涉及各个国家的海洋权益。

比如，对存在争端的大陆架划界申请到底审不审议？起初，委员会内部意见不一。据吕文正回忆，当时部分西方国家委员提出：“如果仅依靠争端国家自己协商处理，那么永远也划不出来海洋边界。因此，对于有争端的外大陆架划界方案，应交由委员会审议。”对此，吕文正坚决反对。他指出：“我们认为，只要存在争端，就应让争端国家协商解决，以便这些国家可以更好地维护自身海洋权益。委员会对此应保持公正性和独立性。”

最终，同意吕文正意见的委员占据了大多数。至此，凡涉及争端的划界案申请一律不审议或推迟审议，这成为委员会的一项重要议事规则。

“这条规则现在成了委员会的‘铁律’，有的国家曾经想推翻，但没有实现。”吕文正说，这条规则为海洋争端国家维护自身权益筑就了一道“防火墙”，同时为我国解决周边海域争端创造了有利的国际环境。后来，有两个国家相继提交了外大陆架划界申请，但都被委员会以涉及争端为由推迟审议。

在耗时持久的审议中坚守原则

2001年，俄罗斯提交了委员会成立以来的首个外大陆架划界案申请。此后，各国提交的划界案申请越来越多。截至目前，各国已提交了78个划界案申请，委员会完成审议24个。

与各国提交划界案数量激增相对应的，是委员会审议案件进度的“缓慢”。对此，吕文正解释说，这主要源于大陆架划界本身的复杂性。

首先，每个划界案涉及巨大数据量。审议划界案申请时，委员们需要查看大量的数据和资料，数量之大，一般人难以想象。2004年，澳大利亚提交了外大陆架划界申请，随着申请一起递交的是装满了8个航空集装箱的文本资料。2008年，日本提交了外大陆架划界申请，其电子资料数据总容量高达1000G。如此巨大的数据信息，仅仅看一遍就耗时持久。何况，委员们还要对这些数据展开分析和判断。

其次，对情况复杂、需要甄别的划界案，根据当事国的态度，委员会本着谨慎、负责的原则，需要在审议海量数据的基础之上，作出审议、部分审议、不审议或推迟审议的决定。根据议事规则，要先由7人小组委员会开会并起草建议草案，再交由委员会全体大会审议，最终作出决定，这就自然耗费了时间。

最后，大陆架划界在科学上的复杂性，也延长了委员会的审议时间。吕文正说，各国所提及的大陆架划界申请，往往会存在很多科学研究上的新问题，甚至有一些提交的数据，连委员会制定的科技准则都无法覆盖，因而只能延后审议。

“我们每个委员手头平均都有3个案子，”吕文正说，“以目前委员会的审理进度，至少还需要20年，才能审议完各国现已提交的划界案。”他说，目前审议完成的

24个划界案申请，已是委员们所能做到的极限。

在国际规则下维护国家权益

从1997年开始，吕文正已连任5届委员会委员，每次换届都是高票当选。在他看来，各国提交大陆架划界申请，既是在履行国际义务、维护属于全人类共同财富的国际海底利益，也是在维护其国家权益。通俗点说，就是利用科学数据划分海洋权益。

吕文正告诉记者，到联合国大陆架界限委员会工作不久，他发现我国还没有开展以大陆架划界为目的的专门调查，而一些国家已在紧锣密鼓地准备划界案。于是，他向国内有关部门建议立即开展大陆架专项调查。2000年，国务院批准了大陆架划界专项，吕文正担任该专项的技术指导和顾问。

此后，历经十余年，我国科研人员在中国海开展了大规模、全覆盖的海洋地质地球物理系统调查和海底探测，突破了中国海复杂地质条件下划界的理论与技术瓶颈，构建了我国大陆架划界技术体系。2012年，中国常驻联合国代表团代表中国政府向联合国提交东海部分海域200n mile以外大陆架外部界限划界案。

“这既是我们国家的权利，也是在按委员会规则办事，同时符合《公约》的科学技术准则规定。”对于东海外大陆架划界案，吕文正这样评价。

作为委员会中唯一的中国籍委员，吕文正说一旦涉及国家海洋权益，就必须站出来据理力争。“首先是要敢讲，关键时候不能沉默。其次是要讲到点子上，讲出道理说服别人，最终得到多数人支持。”

这种“有理有利有节”的博弈，既维护了国家利益，又维护了国际组织的公正、公平运作机制，这是吕文正20多年来在国际海洋舞台积累的宝贵经验。

在接力奋斗中寄望后人

20多年来，吕文正四处奔波，常常是国内国外两头跑、两头忙。尤其是前10年间，他既是大洋科考首席科学家，又是国家“863”项目专家组成员，参与了国际海底勘探矿区申请、蛟龙号载人潜水器研制等我国海洋领域重大项目，发挥了重要作用。

成为委员会委员，吕文正更忙了。起初，委员会每年的工作时间为4周，后来随着审理案件的增多，每年的工作时间增加到21周。这就意味着，吕文正每年要在国外工作近半年。

“很多时候都是马不停蹄。有一次回国，我刚下飞机，就接到通知去了青岛，紧接着背着行李出了海。”吕文正回忆道。

岁数不饶人，2018年，74岁的吕文正，难以再长途奔波去国外长期工作。对于大陆架界限委员会委员一职，按他的说法，这是一块维护国家海洋权益的“阵地”，不能因为他个人的原因受到影响，是遴选新人的时候了。

“这些年，我通过自己的专业知识和政治判断，发挥了应有的作用，希望能让国家满意。”谈及如何评价自己这20多年的委员会经历，吕文正如是说。

（文字来源：中国海洋发展研究中心微信公众号）

优秀青年校友

“女船长”的担当：校友钟贤在乡村振兴中的奋斗与情怀

2021年12月31日，由共青团中央、农业农村部联合举办的首届“全国乡村振兴青年先锋”评选结果揭晓。学校校友、“女船长”钟贤获此殊荣。钟贤是机械与电子信息学院（简称机电学院）工业设计专业2011届毕业生，现在是海南乡伴民宿旅游服务有限公司执行董事，中国人民政治协商会议第十四届琼海市委员会委员。

建“报告船长”民宿　浓厚文化氛围

钟贤1988年出生于海南省琼海市博鳌镇朝烈村委会玉堂村。2007年，钟贤考上中国地质大学（武汉），整个朝烈村委会的乡亲们都自发地捐助她上大学，博鳌镇政府的领导们亲自到家给予资金鼓励，这些事一直让钟贤铭记在心。

来到地大，钟贤勤奋学习，成绩优异，是国家励志奖学金获得者、校级“优秀学生标兵”；她积极参加科技创新，勇于承担社会工作，担任了机电学院院报主编，荣获“个人操行优秀奖”；她性格开朗，篮球场上时常活跃着她运动的身影，曾获“女子一分钟投篮”冠军，是机电学院女子篮球队队长。

大学毕业后，钟贤不忘乡亲们的期望，一步一个脚印朝着服务家乡、建设新农村的目标前行。2012年，她在广州成立个人设计工作室，这为她回岛扎根积累了起步资金。2014年底，她回到海南成立了文创公司——海南爱尚游品实业有限公司。2015年，她开办公益学堂，每周义务给孩子们上一次课。2016年，她回家乡博鳌镇，投资海南乡伴民宿旅游服务有限公司。该公司主营民宿、乡村文化旅游等项目，开创了“报告船长”文创—民宿—文旅产业链。

在运营“报告船长”民宿的同时，钟贤积极投身乡村文化建设，不定期举办传统文化沙龙、民宿运营分享会等，分享乡村民宿共享理念和落地经验，提升民众的生活品质和文化修养，既增加了民宿人气、传播了经营新理念，又丰富了博鳌镇的文化艺术气息。

建博鳌公益学堂　服务乡村儿童

2017年，钟贤正式创办以素质教育为主题内容的博鳌公益学堂。她在周末空闲时间，为十里八乡6～16周岁的儿童义务讲课，开设了手工文创、手工贝壳画、海边写生、手绘明信片、趣味阅读等课程，平时孩子们也可以来此自行阅读、绘画、做手工或下棋，学堂免费提供所有的活动材料和场地。

博鳌公益学堂持续至今近5年，举办了64期主题活动，受益学生约1000人次。2018年学堂得到政府的高度认可与大力支持，并被正式授牌“青年之家”“博鳌公益学堂”“博鳌文化艺术交流中心”。

2019年，在共青团琼海市委的大力支持下，钟贤打造了“报告船长”的“七彩小屋”项目。这是一个汇集琴棋书画茶的共享文化艺术空间，面向当地民众和游客免费开放。“七彩小屋”建在“报告船长”民宿顶层的海景阁楼，总面积约120m²，可容纳40人左右。“七彩小屋”得到了海南省图书馆分站点“途图”项目支持，加上广大朋友的赠书，现有藏书约1500册，其中，三分之一是青少年、儿童读物。

发挥特长　引领创业追梦之路

为让更多年轻人参与创业，2018年，钟贤开创了一种全新的乡村民宿共享创业新模式——以单个房间为单位，面向一些想创业但条件又不充足的年轻人招募共享民宿主。这种经营模式不仅打破了同行之间只有竞争无合作的局面，大大提高了营业额，而且带动了更多的年轻人共同创业致富，受益人数超600人。目前，她仍在不断地实践和探索这种运营模式。

钟贤发挥自己的设计特长，服务乡村经济振兴。她负责开发设计的槟榔叶系列文创产品，获得海南省旅游商品大赛铜奖、中国旅游商品大赛入围奖、海南环保袋创意设计大赛优秀奖等。

获奖之后，钟贤针对这些设计作品直接与农户对接。她计划在村里开办槟榔叶产品工坊，免费培训农户手工制作槟榔叶产品，农户完成半成品加工，她负责收购、销售，以此带动农民就业，提高农户收入。

目前，所有产品已在民宿和淘宝、抖音等自媒体平台试销，颇受消费者喜爱与赞赏。未来，她将不断完善产品的设计和开发方案，将产品全面上线，面向全球销售，让海南的文化特色走向世界。

2020年上半年，抗击新冠疫情期间，“报告船长”民宿在停业前免费为客人发放口罩。2021年7月，河南发生暴雨洪灾，钟贤积极捐款救灾。

创业圆梦　乡村振兴中的担当

“女船长”钟贤服务家乡、振兴乡村的事迹在海南传开。2018年春节，“报告船长”民宿入选海南电视台“找个民宿过春节”栏目，海南电视台、旅游卫视等媒体均对她的创业事迹进行报道。

2019年，钟贤被评为“中国民宿时尚人物”，2020年在海南乡村民宿等级评定中，“报告船长”民宿被评为铜宿。

2020年1月，钟贤作为琼海市农村青年代表，参加海南共青团省委组织的“打造民宿品牌，助力乡村振兴”主题论坛，并发表演讲。2020年4月，钟贤入选海南省“南海系列”“南海乡土人才”，接

▲ 2021年7月，钟贤参加海南自贸港创业大赛荣获琼海赛区二等奖

受琼海电视台和海南电视台的采访。

2021年，钟贤参加2021自贸港创业大赛，荣获琼海赛区二等奖。同年12月，钟贤入选首届“全国乡村振兴青年先锋”。

目前，钟贤受聘为琼海市旅游标准化民宿专家。一个个荣誉背后，蕴含着钟贤对祖国、对家乡的热爱。在海南乡村振兴的路上，留下了她坚实的足印。她说，希望更多的大学毕业生，扎根基层，奉献青春和智慧，在乡村振兴的征程上实现人生价值。

（图文来源：地大新闻网）

黄勇：匠心筑川藏　精品献高原

黄勇，中共党员，1983年出生于湖北孝感，2006年毕业于工程学院岩土工程专业，现任中铁第一勘察设计院集团有限公司川藏铁路指挥部副指挥长、地质路基勘察设计院副院长、地质科研队副队长、中国科学院武汉岩土力学研究所兼职导师，正高级工程师、国家注册土木工程师、国家铁路局专家、中国铁建川藏铁路专家组成员。

作为川藏铁路指挥部副指挥长、地质专业负责人，他率领团队创造了多个国际国内行业纪录，为工程设计提供全方位基础技术支撑，保证了全线可研的批复和开工建设。在项目可行性研究阶段，他长期驻守现场，全面分析研究沿线地质条件，带领年轻技术团队深入研究控制性段落的重大地质问题，最大限度地优化线路方案，高质量完成近百次技术论证与专业汇报，为方案稳定、可研批复奠定了基础。在勘察设计阶段，面对极为复杂多样的世界级地质难题，他率队持续奋战1200个日夜，带领年轻技术团队翻山越岭，从极端环境中获取宝贵的第一手基础数据，多角度分析、全方位论证，为工程设计提供基础技

▲ 黄勇在中国铁建智慧建造学术会议上作专题报告

术支撑；在开工建设阶段，他依然长期驻扎施工现场第一线，克服高寒缺氧、啃下技术“硬骨头”，在重大地质风险点现场“蹲点”，为安全施工保驾护航，用实际行动助力川藏铁路建设，努力实现安全工程、绿色工程、创新工程、精品工程。

自2006年工作以来，黄勇先后主持或负责川藏铁路、银西高铁、西安地铁、成都地铁、西安机场城际、吴忠中卫城际、中巴铁路、黄大铁路等10余项国家重大工程的勘察及科研攻关工作；负责、参研国家和省部级科研课题10项，编写规范3部，发表论文15篇，获“全国优秀勘察一等奖”“西藏自治区科技一等奖”等省部级以上科技、技术类奖励19项，获中华全国铁路系统火车头奖奖章，先后获评西藏自治区“西藏工匠”、陕西省和中国铁建“优秀青年岗位能手”、川藏铁路“三保之星”、成都地铁设计“先进个人”、中铁第一勘察设计研究院集团有限公司“优秀青年工程师”等荣誉称号。

着眼“天空地” 攻克勘察难题

川藏铁路作为世界级工程、国家战略工程，复杂度之高、挑战性之大、关注度之高空前绝后，对最基础、最重要的地质工作提出了前所未有的挑战。川藏铁路被院士、专家称为“世界上最难修建的铁路”，其“难”首先体现在地质勘察之难，高原勘察自然条件恶劣、地质环境复杂、基础资料匮乏，采用传统勘察手段难度大、效率差、精度低、深度浅且盲区多。

面对显著的地形高差、极端气候、强烈的板块运动以及极其发育的地质灾害

▲ 黄勇汇报“天空地”一体化勘察技术

等极端地质环境，黄勇率领团队创新构建了极复杂高原艰险山区“天空地”一体化综合勘察技术体系，其中包括构建了适用于极复杂高原艰险山区线状工程“天空地”综合勘察技术体系，首创了极复杂高原艰险山区“天空地”多源勘察技术融合方案，实现了藏东南面线点一体化交通安全廊道构建、地表地质灾害精确判识、长大深埋地下工程立体化勘察；创建了广区域、高效率、高精度的地质灾害判识技术，实现了极复杂高原艰险山区地质灾害的大范围精准判识，形成了高植被覆盖区隐蔽性地质灾害识别技术，实现了高位崩塌地质灾害隐患快速判识，联合长时序干涉雷达（interferometri synthetic aperture radar，InSAR）与高精度全球定位系统（global positioning system，GPS）进行了区域重大活动断裂变形监测。

“天空地”一体化综合勘察技术体系首次在铁路勘察中得到全面应用，助力川藏铁路的勘察技术水平跃升至国际尖端水平，在宏大的“全景式”勘探、立体化“建模”的背后，凝聚了黄勇及其团队集体的智慧。他们驻守高原28个月，沿途累计往返高差达80km，每个精确数据、每项技术突破，都源自他们的艰辛探索。

黄勇及其团队成功解决了川藏铁路勘察所面临的世界性难题，并首创了极复杂高原艰险地区“天空地”多源勘察技术融合方案等多项国际领先的创新成果，将青藏高原线状工程勘察效率提高300%，实现了川藏铁路勘察100%覆盖，为川藏铁路规划建设提供了技术保障。

苦研“构造结” 成就川藏之美

喜马拉雅东构造结的区域稳定性一直是困扰川藏铁路选线的重大科学难题。自2018年川藏铁路勘察设计工作启动以来，黄勇便带领团队进行实地调查分析，开展并完成了“川藏铁路喜马拉雅（南迦巴瓦）东构造结稳定性及地质选线研究专题”“喜马拉雅东构造结与嘉黎断裂带对易贡隧道工程建设运营的影响评价报告”“川藏铁路拉月隧道高温热害特征与地质选线”等10余项专项研究；带领团队开展了强烈板块挤压复杂构造区活动断裂、地应力、地热、山地灾害等地质风险的分布特征、危害程度、工程效应等方面的研究；根据工程类比、模拟分析、风险预测，对地壳稳定性、山地灾害、地热、岩性岩组等主控地质因素进行分级，构建了交通廊道安全稳定性的评估方法和分区标准，制定了基于工程安全稳定性的地质综合选线原则；开创性破解了昌林段地质选线世界级科学难题，累计优化线路长度

▲ 黄勇向调研团队讲解川藏铁路规划建设

达300km，节约工程投资数十亿元，最终确定了全线地质最复杂段落——波密—通麦段线路方案，被国家发展和改革委员会批复采纳。

该技术方法成功运用于川藏铁路的线路方案研究，解决了极复杂构造山区地质选线难题，在保证工程风险可控、工程方案可行的同时，使得线路合理，途径通麦、鲁朗等世界级景观区，成就了川藏之美。

把脉"长隧道" 创造"中国之最"

川藏铁路全段新建的特长隧道多，其中包括中国第一长隧道易贡隧道、中国铁路埋深最大的拉月隧道。面临深埋长大隧道建设的各项难题，黄勇带领团队开展深埋隧道岩爆与软岩大变形、高地温等深部地质灾害风险评估研究，依托川藏铁路、引汉济渭工程、兰渝铁路、西成高铁等重大工程中总结出的勘察设计与施工经验，优化了复杂构造背景下（缝合带、活动构造与地震发育区等）山区铁路的隧道高地应力岩爆与软岩大变形、高地温等深部地质灾害的评估方法与防治对策，并牵头完成易贡隧道（世界第一高原交通长隧道）、色季拉山隧道（亚洲第一TBM铁路长隧道），以及拉月隧道（国内埋深最大的铁路隧道）等超长深埋隧道的勘察、方案论证、优化等工作。

该技术方法成功运用于国内埋深最大的铁路隧道——拉月隧道设计方案研究中，通过将隧道最高温降低超20℃，大大降低了隧道高温热害风险及工程影响，确保工程施工的可实施性的同时，节省投资额约5000万元，助力川藏铁路隧道工程创造多项“中国之最”。

“跨界”攻关　勇做地质先锋

黄勇除了将自己的知识才干挥洒在川藏铁路上，还先后负责成都地铁、西安地铁、银西高铁、西安机场城际、吴忠中卫城际、中巴铁路、黄大铁路等10余项国家重大工程勘察和科研攻关工作，是铁路领域的青年地质专家。

其中，他针对银西高铁湿陷性极强的深厚黄土、多期多次的巨型滑坡及连线连片大面积采空区，系统查明沿线不良地质区域分布特征及规律，开展大面积减灾选线工作，提出陇西黄土高原沟壑梁峁区综合地质选线原则，助力破解银西高铁通过“天下黄土第一塬”的技术难题，为前期方案的稳定实施和开工建设奠定了基础；针对成都地铁国内首穿冰水沉积层难题，首次开展地下水和地表水水力联系的定量评价、冰水沉积物特性研究，成功解决了长大段落穿越冰水沉积层、河流、湖泊等的重大地质问题，推动攻克成都地铁首穿冰水沉积层等技术难题，为成都地铁5号线的顺利开通运营提供了技术支撑。

黄勇校友作为川藏铁路地质青年人的领军者，充分发扬工匠人带徒传技的精神，先后培养出全国青年岗位能手标兵1名、全国五一劳动奖章获得者1名，院优秀青年工程师2名、院青年岗位能手1名。

他相信，聚是一团火，散是满天星，他将坚持在青藏高原上继续散发地大人的光和热。

（图文来源：《拉萨日报》）

齐怀远：志愿服务三届冬奥会　把微笑带给全世界

齐怀远，学校经济管理学院工程管理专业2013届毕业生，现任上汽通用汽车有限公司武汉分公司设施运行经理、基地团委委员。

齐怀远在大学时期便热衷于志愿服务。2010年，他首次在广州亚运会担任大型综合性赛会的志愿者。这次经历使他意识到，志愿服务对大学生而言是一个非常有益的经历，可以结识朋友、提升能力、开阔眼界。

志愿服务12年

▲ 齐怀远（左二）

毕业之后，齐怀远对志愿服务的热情丝毫不减。他的每一个假期，都在志愿服务中度过。12年间，齐怀远曾参与服务在广州举办的亚洲运会、在深圳举办的第26届世界大学生运动会、俄罗斯索契冬季奥运会（简称索契冬奥会）、日本札幌亚洲冬季运动会、韩国平昌冬季奥运会（简称平昌冬奥会）、俄罗斯世界杯以及北京冬季奥运会（简称北京冬奥会）张家口赛区等大型赛事。此外，还承担了支教等其他志愿服务工作，总志愿服务时长超过5000小时。

从志愿者到服务专家

凭借在志愿服务中的突出表现，齐怀远曾获评2010年“湖北省优秀志愿者”，2011年“湖北省大学生年度提名人物”、2011年度“中国大学生自强之星奖学金”、2019年“武汉市青年五四奖章”等荣誉，并被共青团中央、全国文明办评为“第九届全国优秀志愿者”。

2019年开始，有着丰富志愿服务经历的齐怀远从一名志愿者转型为志愿者培训讲师，先后参与全国冬季运动会、全国运动会等大型赛事的志愿者培训工作，目前已经培训了4.5万多名志愿者，多次受邀担任大型赛事的志愿服务面试官。他还参与武汉世界军人运动会志愿者岗位方案策划，参与编写《武汉世界军运会赛会志愿者通用培训手册》。

北京冬奥会期间，他带领一支由8人组成的资深志愿者服务团，在张家口媒体接待站开展志愿服务活动。

为北京冬奥会贡献力量

与索契冬奥会服务越野滑雪项目、平昌冬奥会服务冰球项目不同，齐怀远这次服务的对象是张家口非注册记者。

“我服务的站点叫北京冬奥会张家口媒体接待站，它是一个向世界展示张家口的窗口。我的主要工作是帮助来自全国各地以及常驻中国的外国媒体记者协调采访需求，以便更好地展示张家口这座美丽的城市。”齐怀远说，希望他穿上这身制服，能把张家口的宣传做得更好。

▲ 齐怀远（左一）

这个春节，很多志愿者不能在家过年，齐怀远也是其中之一。1月31日，齐怀远就到张家口媒体接待站报到了。“我们团队的8个人都是在这里过的除夕，我们和其他来自不同团队的志愿者一起举办了新年联欢会，包饺子、演节目、送祝福……度过了一个非常不一样的春节。”据齐怀远介绍，他们团队的8名志愿者来自各行各业，有大学老师、媒体工作者、基金会员工等。“我们是通过参加各种大型赛会结缘的，希望一起来为我们国家举办的冬奥会贡献自己的一份力量！”

把中国微笑带给全世界

谈起12年来印象最深的一次志愿服务，齐怀远认为是他第一次的出国志愿服务经历——2014年俄罗斯索契冬奥会志愿服务。“那时候感觉身边的一切都是崭新的，你所代表的已经不再是个人和地大，而是国家，是中国微笑。”

对于志愿服务，齐怀远有两种情怀。他说：“一种是在国内服务时，发扬‘奉献、友爱、互助、进步’的志愿者精神，通过志愿服务来帮助别人，实现‘服务他人，成就自我’的宗旨，这也是雷锋精神的一种体现；另一种是在国外服务时，我们传递的是来自中国的微笑，希望把中国微笑带给全世界，让全世界都知道，中国是一个礼仪之邦，中华民族是友好善良的民族，我们可以做好志愿者工作，帮助全世界的人们。”

（图文来源：中国地质大学（武汉）经济管理学院官网）

陈晨:铿锵玫瑰顶峰绽放　奋进书写绚丽篇章

2012年5月19日,一个名字被定格在喜马拉雅的山巅,世界第一高峰的登山名册上,从此多了一位身份是在校女大学生的登山者的名字。她叫陈晨,我国首位登顶珠穆朗玛峰的在校女大学生。

陈晨于2007年考入中国地质大学(武汉)户外运动专业,2011年攻读体育教育专业户外运动方向硕士研究生,2014年攻读马克思主义学院思想政治教育专业博士研究生。凭借对登山的热爱和出众的素养,陈晨在世界各地高寒、缺氧、陡峭的山路上都留下了自己的身影,以坚韧不拔的品格和敢为人先的精神展示了当代大学生的风采,如一朵坚强的玫瑰在峰顶铿锵绽放。

珠峰顶上　坚强玫瑰娇然绽放

2012年5月19日上午8时16分,作为唯一的女性,陈晨与其他3名队友共同登上世界第一高峰——珠穆朗玛峰(简称珠峰),成为我国首位问鼎珠峰的在校女大学生。中央电视台等各大媒体纷纷播报这一历史性的消息,湖北沸腾了,母校沸腾了。

时年25岁的她,克服了夜以继日的体能训练困难,无数次地历险、化险,坚强的玫瑰终于开始迎接属于她的荣誉。登山归来,学校师生和媒体记者在机场迎接她。此后,她开始辗转在中共武汉市委宣传部和各大高校中,与同学们分享自己的登山体验。2012年末,她获评“长江日报2012年度封面人物”和“楚天年度勇敢人物”。

梳着娃娃头的年轻女孩儿陈晨,身材娇小,说起话来总是不经意地流露出孩子气的笑容。人们惊叹于她娇小身体里潜藏的坚强和勇敢,她笑着用一段排比句总结自己的登山经历和感悟:“这一路遭遇天气异常,我们学会了等待;这一路听从组织安排,我们学会了服从;这一路历经风吹雨打,我们懂得了放弃;这一路忍受很多痛苦,我们学会了坚强;这一路面临众多挑战,我们学会了团结;这一路途经诸多危险,我们学会了勇敢;这一路我们用身先士卒、不畏艰险的激情,完成追求世界之巅的卓越壮举!”

2012年,大家见证了陈晨登顶珠峰,她让我们自豪,为我们坚定了战胜困难的信心;她让我们相信,创造奇迹的可能并不因你平凡而退避。作为一名户外运动专业学生,陈晨或许从没想过用生命去交换一个奇迹,而当这个需要用生命去冒险的任务选择了她时，她用乐观的心态与坚韧的毅力完成了它。

登山训练 乐天玫瑰尽展天赋

2007年9月，陈晨进入中国地质大学（武汉）学习户外运动专业。在老师和同学们来看，她是"天生干登山的料儿"。出众的高山适应能力与很强的服务、配合意识，令她逐渐成为地大登山队的重点培养对象。

▲ 2008年攀登卓奥友峰

2008年，她第一次接触登山，攀登世界第六高峰——卓奥友峰。尽管当时的登山物资有限，她并不在登顶之列，但作为一个初学者，她成功到达海拔为7600m的地方。第一次攀登，虽然她只能带着遗憾、抹掉眼泪转身下撤，但这次尝试让她体会到登山的魅力，从此爱上了登山。下山后，她听说，2012年是母校校庆60周年，学校将组织人员攀登珠穆朗玛峰，便在心中默默种下了一个攀登珠峰的梦想。

"她是个乐天派，喜欢傻乐。"同样在地大读户外运动专业的韩蕾说。在珠峰队训练期间，陈晨每天早上都要比所有室友早起，出去做体能训练，周末强度更大，以至于每次回到宿舍就会找同学诉苦、求安慰，但第二天又斗志昂扬地早早出去训练。

2011年8月，她成功登上海拔为6178m的玉珠峰，完成了人生中的第一次雪山登顶，也正式成为珠峰队队员。

"她的适应能力相当强。一般男队员到山上都要经过两天才能缓过劲来，而她上山当天就活蹦乱跳的，忙着生火做饭。"队友曹志凯评价。在他眼中，陈晨是个大大咧咧，为人大度不计较的女孩儿。

在玉珠峰冲顶的时候，陈晨正值生理期，身体的疼痛和心理的压力都在考验着她的毅力。最终，她凭借着极强的耐力和乐观的精神到达了顶峰。下山后，她的状态好得出奇。

敢为人先　铿锵玫瑰梦圆屋脊

2012年5月，各个媒体不约而同地登载了陈晨作为首位女大学生成功登顶珠峰的新闻，铿锵玫瑰终于圆梦。然而，在荣誉背后，陈晨也潜藏着不为人知的艰辛。

3月，刚一入藏，陈晨便拉起了肚子，最多的时候一天拉了26次，只好打起了吊瓶。但只要体力稍稍恢复，她就抓紧训练。在她心里，登顶珠峰不只是她的梦想，也是父亲一生的梦想。最终，克服种种困难，她成为"冲顶四人组"成员。即使一天上20多次厕所，依然能吃能睡；即便一路披荆斩棘，还会看着满天星星激动不已。这个女孩，以最温馨、质朴甚至有些傻气的方式，践行着本应是波澜壮阔的冒险之举。

登顶之路并不平坦，陈晨分别遭遇了睡觉时氧气用完和峭壁失足两次险情，所幸都安全度过了。陈晨说："到大本营，才知道今年所有登山人员中有10多个人遇难。现在回想当时，心里还是会后怕。"

对待珠峰，陈晨在回忆中从不用"征服"一词，这是因为她对山峰保持着敬畏，视这段过程为神圣的记忆。她把登顶当作一场修炼。"进山前就想象过各种困难，原本以为自己会很害怕，但身临其境，心里很淡定，只有敬畏。"

最终，她一步步向世界之巅前行，克服寒冷、呼吸困难、雪崩等重重困难，超越身体和心理的极限，成功傲立于世界之巅，停留了15分钟。

载誉归来　追梦玫瑰迎春盛开

2012年登顶珠峰的经历已成为历史，对于陈晨来说，登山之路还在继续。

2008年攀登世界第六高峰奥友峰至海拔7600m，2011年登顶青海玉珠峰，2012年登顶世界最高峰珠穆朗玛峰，2013年1月组建地大女子登山队登顶云南哈巴雪山，2013年7月登顶欧洲最高峰厄尔布鲁士峰，2013年8月登顶日本富士山，2016年加入学校"7+2"登山科考队并徒步至北极点，2019年当选第七届世界军人运动会地方志愿者形象大使，走进高校、社区、企业做志愿宣讲……她在梦想的道路上砥砺前行，希望通过自己的努力激发大学生参与户外运动的积极性，发扬登山精神。

梦想还有距离，她正在路上。她如铿锵玫瑰一样在山顶绽放，像展翅雄鹰一样在山顶翱翔。自强不息、坚韧不拔、敦亲仁厚在她身上有着突出的体现。大学生陈晨在坚持中汇集最大的力量，在登顶中释放最美的青春，深刻阐释了“敢为人先，追求卓越”的人文内涵，聚集了人生的正能量，用青春的誓言书写了当代大学生大力践行社会主义核心价值观和不懈追求“我的中国梦”的绚丽篇章。

▲ 2016年陈晨所在团队在北极点合影

▲ 陈晨担任军运会志愿者

（图文来源：中国地质大学（武汉）校友与社会合作处）

吕乔森：在神州大地盛放梦想之花

吕乔森，男，汉族，中共党员，1986年3月生，籍贯河南省新郑市，出生于福建省古田县。2004年9月，他考入中国地质大学（武汉）工程学院土木工程系（地下建筑方向）。2008年，被保送工程学院地质工程专业研究生，师从教授、博士生导师陈建平。2011年毕业后，吕乔森通过“西部人才计划”赴新疆参加工作，先后任职于新疆维吾尔自治区地质矿产勘查开发局（简称新疆地矿局）第一水文工程地质大队、新疆维吾尔自治区自然资源厅国土空间生态修复处。

远赴新疆　8年汗水浇灌青春之花

2011年7月，吕乔森搭上从武汉飞往乌鲁木齐的航班，正式离开了那座生活了7年的城市，来到了神州最广袤的省份——新疆。他始终无法忘却导师在临行前的嘱咐：“好好发挥你在学校学会的知识和技能，不要辜负我们对你的期望。”

他凝视着窗外飘过的云朵，思绪万千。18岁那年，他离开了家乡福建，来到武汉开始了求学生涯。7年后，他选择了新疆，朋友们笑称他从“鸡肚子”一路奔波到了“鸡尾巴”，划出了一条4000多千米的轨迹。吕乔森却答道：“我一直梦想着背着地质包、揣上地质锤和罗盘，在中国最广阔的天地里奔跑。或许那块陌生的土地上没有茂林修竹、莺歌燕语，但是那横亘东西的沙漠和山峦、异彩纷呈的民俗和风情，不是更值得怀揣梦想的年轻人去追逐吗？

作为“西部人才计划”的一员，进入新疆地矿局第一水文工程地质大队后，吕乔森凭借他在研究生学习期间参与大广南高速公路长乐山、东方山隧道，谷竹高速公路第一合同段隧道建设的经历，很快成为单位的技术骨干。从呼图壁县雀尔沟镇危险边坡工程地质勘察到阿勒泰市骆驼峰景区崩塌灾害防治，从和静县查岗诺尔铁矿尾矿库工程地质勘察到塔什库尔干塔吉克自治县库科西鲁格乡瓦窑本村泥石流灾害专项勘查，他用8年时间，将足迹踏遍新疆的78个县（区、市），作为项目负责人承担完成大型地质灾害专项勘查2项，大型地质灾害防治工程设计5项、施工管理3项，工程地质勘察5项，其中阿勒泰市骆驼峰景区崩塌灾害防治工程是迄今为止新疆投资最大、施工难度最高的地质灾害防治项目。以此项目为依托撰写的《阿勒泰骆驼峰景区崩塌灾害特征与防治措施研究》在《水利学报》上发表。工作之余他还不忘分享自己在工作上的心得体会，《克兰河东侧不稳定斜坡地质灾害发育特征及防治措施设计研究》《阿图什市稀性泥石流成灾特性研究》《高原永冻层水文地质特征及露天采场涌水量预测研究》等论文也相继见刊。

▲ 吕乔森进行塔县泥石流沟道调查

▲ 地灾专勘——阿图什泥石流堆积体调查

作为为数不多参与过地质灾害危险性评估，地质灾害专项勘查、工程设计、施工管理全流程的技术人员，他在2017年被评为水文地质工程地质环境地质专业高级工程师，时年31岁，成为新疆维吾尔自治区在该领域最年轻的高级工程师之一，并入选新疆国土资源厅地质环境专家库。

南疆支教 春风化雨滋养希望之花

2019年8月，吕乔森通过新疆维吾尔自治区公务员考试入职新疆维吾尔自治区自然资源厅，成为人民公仆团队的一员。同年9月，他作为自然资源厅支教工作队副队长、临时党支部组织委员，被选派至喀什地区莎车县白什坎特镇从事南疆学前教育支教工作。在支教工作中，吕乔森坚持为党育人的初心、为国育才的立场，用习近平新时代中国特色社会主义思想武装头脑，坚定完整准确贯彻新时代党的治疆方略的决心，认真学习党的十九大和历次全会精神，用心领会第三次中央新疆工作座谈会精神尤其是习近平总书记关于“文化润疆”的重要指示，用实际行动展现其孜孜不倦的工作态度、率先垂范的责任担当。

在担任白什坎特镇铁热克阿恰勒（18村）幼儿园中三班班主任（2019—2020学年）和大三班副主任（2020—2021学年）期间，吕乔森以铸牢中华民族共同体意识为主线，用心做好环境创设工作，上课前总会提前准备教案教具，认真合理安排语言、健康、科学、艺术、社会五大领域教学工作。

在日常教学中，吕乔森注重引导幼儿掌握正确的汉语发音，侧重教育幼儿养成勤洗手、爱锻炼、按时吃饭的良好习惯，着重培植幼儿“五个认同”等中华民族共同体意识，努力营造出团结友爱、互帮互助、认真学习、强健体魄的良好保教氛围。在月末和期末测评中，他所带的班级均取得了不错的成绩，幼儿的汉语水平显著提高。除完成日常教学工作外，吕乔森积极协助村级幼儿园园长做好每周一国旗下讲话稿撰写审核、幼儿学籍信息核对录入、幼儿教学音视频资料搜集整理制作等园务工作。此外，通过给小朋友过生日、开家长会、建立家长微信群等方式，吕乔森积极开展“三进两联一交友”和“小手拉大手”活动，不断促进家园共育。他还利用周末等空余时间，积极参与铁热克阿恰勒村脱贫攻坚有关工作，协助村两委整理“一户一策”资料、核对户籍台账、统计村民收入等，为该村脱贫攻坚工作贡献了一份力量。

吕乔森以“为幼儿园办实事做好事”活动和“六一儿童节”等为契机，通过自筹资金，积极组织支教干部为18村幼儿园捐赠了洗衣机2台、办公桌椅5套、园服130套、口罩200只、毛绒玩具200只，以及棉帽、拼音数字描红本、教学挂图等一批急需物资；为所在中三班、大三班贫困幼儿购买了保险、鞋子、衣物等，尽自己所能为贫困幼儿纾困解难。此外，通过联系爱心企业和爱心人士等方式，吕乔森向镇中心幼儿园捐赠了一批文体用品，包括儿童足球120个、篮球120个、踩踏平衡车15辆、风火轮200个等，助力提升白什坎特镇幼儿园的教育教学环境，得到了镇中心幼儿园师生和家长的充分肯定。

在做好教学工作的同时，他还积极组织支教干部撰写并审核反映支教工作的各类宣传稿件，展现支教干部爱岗敬业、以身作则、为人师表的风采。支教工作开展以来，吕乔森共发表稿件1篇、审核工作队其他支教干部撰写的稿件16篇。其中，庆祝中国共产党成立99周年活动通讯稿被“莎车零距离”微信公众号采纳，并刊登在“党旗映天山——莎车主题党日活动”专题报道中，在白什坎特镇幼儿园老师中引起强烈反响；反映捐赠活动的《大手牵小手，携手向前走》被“新疆自然资源”微信公众号采纳，得到了自然资源系统相关单位的高度关注，为镇中心幼儿园争取到了更多援助。

2021年1月，吕乔森光荣地完成了为期一年半的支教任务。同年4月，吕乔森被评为“2020年度自治区优秀支教干部”。

行远自迩　踔厉奋发盛放梦想之花

从地质工作者转变为公务员，吕乔森同志开启了人生新的征程。他所在的国土空间生态修复处，是机构改革后新成立的部门，也是践行“统一行使全民所有自然资源资产所有者职责，统一行使所有国土空间用途管制和生态保护修复职责”的重要部门。

作为业务骨干，2021年吕乔森积极参与《新疆维吾尔自治区国土空间生态修复“十四五”规划》和《新疆重要生态系统保护和修复重大工程总体规划（2021—2035年）》的编制工作，完成历史遗留废弃工矿土地整治“一三五”项目库组建工作，逐步搭建新疆生态保护修复的“四梁八柱”；牵头起草《新疆维吾尔自治区历史遗留废弃工矿土地整治项目管理办法（试行）》，推动关口前移、责任下沉，为规范项目管理保驾护航；积极组织申报山水林田湖草沙项目，“新疆塔里木河重要源流区（阿克苏河流域）山水林田湖草沙一体化保护和修复工程项目”通过国家层面竞争性评选，成为“十四五”期间首批获批的10个项目之一，得到中央奖补资金20亿元。

作为共产党员，他积极参加厅机关党委组织的“党史青年说”活动，讲好“长征精神”的故事，并深入莎车县白什坎特镇、疏附县塔什米里克乡进行宣讲；代表矿政处室参加自然资源厅庆祝建党100周年“学党史、感党恩、跟党走”党史知识竞赛，荣获三等奖。

作为丈夫，他和毕业于华中科技大学城市规划专业、矢志服务新疆的妻子相濡以沫，在工作上相互支持，在生活上相互关心，将“行远自迩，踔厉奋发”之精神书写在新疆广袤的土地上。

（图文来源：中国地质大学校友总会微信公众号）

陆顺富：支援大西南　在基层的广阔天地中擦亮青春底色

陆顺富，中共党员，1989年生于浙江桐乡，2008年9月考入中国地质大学（武汉）资源学院资源勘查工程（基地班）专业，2014年12月获矿产普查与勘探专业硕士学位。2019年6月获中国科学院地球化学研究所地球化学专业博士学位，同年9月，作为云南省曲靖市“珠源百人计划”引进人才，任职于曲靖市土地储备中心。2019年11月—2022年1月挂职曲靖市麒麟区寥廓街道办事处副主任，2022年2月调任曲靖市政协经济和农业农村委员会办公室主任。

▲ 陆顺富

只争朝夕干好每一天

学生时代的陆顺富对《矿床学》中提到的找到大矿、富矿，助力祖国发展的地质事业心生向往，而在扎根基层的工作中，陆顺富逐渐认识到作为新时代青年，只争朝夕干好每一天，尽心尽力做好每件事也能创造别样的价值。

陆顺富一心以街道为家。刚到街道挂职时，为了尽快熟悉各项工作，他研读了街道近3年来的各类工作总结，认识到挂点社区存在的短板以及与其他社区之间的差距，积极与班子成员沟通交流，顺利适应了基层繁杂的工作。工作初期，他的想法是，工作要么不干，干就要干到位、干出成效、干成精品。

为了林业草原工作不出纰漏，他认真核查乱占耕地的每一块疑似图斑，主动排查森林病虫害，实地复查林地复耕情况；科学调整街道森林防火指挥所组成人员，建立应急扑火队伍，定期开展扑火技能与安全知识培训，协调保障扑火装备和救援物资储备，多次组织扑火应急演练，曾两次协助其他街道扑救森林火灾。

为了更好地做好民族宗教事务，他组建曲靖市创建民族团结进步示范市领导小组办公室，牵头制订系列文件，培训民宗助理员，宣传党的民族政策，整理创民材料，筹备文艺演出，指导辖区内成员单位申报省级、市级示范单位。通过半年的努力，他负责的辖区新增1个“省级民族团结进步示范社区”，新增2个市级民族团结进步示范单位。他成功打造“进宗教活动场所”和“进连队”观摩点，还优化了街道已有的2个“省级民族团结进步示范社区”。

为了让挂点社区工作再创新辉煌，他顶着压力，推进社区党群服务中心建设，指导多个小区完成业主委员会换届，监督新小区成立红色业主委员会，最终使社区成功摘掉了“软弱涣散社区党组织”的帽子。社区还获得了“省级民族团结进步示范社区”“省级科普示范社区”等荣誉称号。

真诚对待每一位群众

基层干部工作量大，非常辛苦。陆顺富每每回想起“艰苦朴素、求真务实”的地大校训，总有一番感慨。地质工作是艰苦的，常常在荒无人烟的地区填图、勘查；地质人是朴素的，没有豪言壮语，只有为了寻找富饶的矿藏而默默无闻的奋斗。他觉得，基层工作更多的是体现了“求真”和“务实”，没有调查就没有发言权，只有访民情、知民意，才能解民忧；只有实事求是地了解群众的所思所盼，才能及时有效地解决群众的急难愁盼。他一步一个脚印，推动创建全国文明城市工作，清理校外不合规培训机构，

▲ 陆顺富（左一）在《问政麒麟》演播室

打造特色风貌街；参与棚户区改造，配合街道第七次全国人口普查工作，统计各社区资源资产资金家底；带队考察社区干部，参与社区干部换届选举工作；完成街道工作人员招聘工作；沟通闲置土地开发利用；等等。

珍惜每一次合作机会

参加工作以来，陆顺富始终以工作和学习为重，与同事之间做到分工不分家、补台不拆台。基层工作干的越多越久，就越能深刻体会习近平总书记说的“功成不必在我、功成必定有我”的精神境界和历史担当。

他曾协助班子成员筹建曲靖市地方党史馆、曲靖老城民俗文化展览馆，参与党史资料完善、展厅布置、老物件收集等工作。“当时我一门心思用在党史馆、展览馆里，现在每次经过那里，都会怀念那段时光。”他负责新型冠状病毒疫苗接种工作时也同样如此，那时候一直忙于督促各社区完成完善台账资料、播放小喇叭、张贴温馨提示、营造接种氛围、电话通知未接种人员等工作，现在看到疫苗接种点心里就莫名地感慨。

除此之外，陆顺富还承担了街道固定资产投资项目入库、出数，协调项目立项、环境影响评价等工作，动态跟踪项目进展及对接、服务工作，以及汽修厂改造为花鸟市场的招商洽谈、确定摊位设计方案、宣传优惠政策、对接新业主等工作。

开启另一段人生旅途

2022年2月，陆顺富结束了两年的挂职工作后，调到中国人民政治协商会议云南省曲靖市委员会工作。他认为，不论在哪个岗位，只要能为人民群众谋利益、谋幸福，就是在践行共产党人的初心和使命。

▲ 陆顺富（右）在民俗馆负责筹备工作

两个多月来，他在理解了“政治协商、民主监督、参政议政”的三大职能后，体会到人民政协的重要性。通过调研、视察和协商，形成的报告能通过政协专门渠道，快捷畅通地送达党委政府，迅速进入决策层视野。特别是对一些人数不多但需要引起关注的特殊群体的合理诉求，以及一般渠道不易掌握的社会情况和群众意见，都可能借助政协来落实。尽管政协不是直接帮助方，却是发现者、推动者和监督者。

虽然他离开了地质行业，但始终没有忘记“艰苦朴素、求真务实”的校训精神，老一辈的地质工作者可以找矿报国，他作为新时代的青年，可以扎根基层，支援边疆建设，在祖国的大西南实现自己的人生价值。

他明白，自己与在地质、勘查、施工等行业默默奉献的其他优秀校友相比，还有一定的差距，但他会继续在基层平凡的岗位上发光发热，为实现中国梦贡献自己的智慧和力量，擦亮青春奋斗的底色。

（图文来源：中国地质大学校友总会微信公众号）

宋小庆：踏遍青山 “求证”大地

宋小庆，2008年6月本科毕业于中国地质大学（武汉）水文与水资源工程专业，2016年3月硕士毕业于中国地质大学（武汉）地质工程专业，2021年9月进入中国地质大学（武汉）进行环境科学与工程博士专业学习；2008年7月进入贵州省地质矿产勘查开发局（简称贵州省地矿局）111地质大队工作，历任技术员、主任工程师、总工办主任、副总工程师、贵州地质工程勘察设计研究院有限公司院长；2012年12月、2016年12月、2019年12月分别破格评为水工环中级工程师、副高级工程师、正高级工程师；现为贵州省地矿局科技创新领军人才、贵州省生态环境厅环评专家、贵州省能源局新能源行业专家、贵州省地质灾害防治专家，兼任贵州省温泉地热行业协会秘书长和贵州省岩石力学与工程学会理事、学术委员会委员。

“生命的意义不在于长度，而在于厚度；人生的价值不在于索取，而在于奋斗。我的人生就是一个明确的向量，当我选好奋斗的方向，就会全力奔跑、不惧风雨，追逐心中的梦想！”在“85后”青年地质专家宋小庆眼中，地质人就像星辰注视着宇宙，砂砾亲吻着大地，尽管渺小如沧海一粟，但也会拼尽全力筑梦、逐梦、圆梦。而他正是用自己的实际行动演绎了不凡的追梦之旅。

筑梦：桃李出深井，花艳惊上春

“璀璨的梦想往往源于现实的渴望。”在追溯自己为什么选择水文与水资源工程专业时，宋小庆如是说。他的家乡龙里县是岩溶分布区，小的时候那里非常缺水，全村人都靠着两口井生活。干旱季节井水匮乏，村民争相抢水的场面给幼小的宋小庆留下了深刻的印象。研究水，用好水，让乡亲们吃上水，宋小庆用这份质朴的选择，表达了自己对土地的深厚感情。

地质与水的研究是分不开的。宋小庆记得，自己进入大学后的第一堂课就是地史学。自此之后，这颗星球的风云变幻、沧海桑田都让他魂牵梦绕，而“山的形成”“水的流向”也成为他眼中最美的景色。尽管很多人认为学习地质专业就意味着走上了一条无比辛苦的路，在学习和工作中伴随着长期野外考察、风餐露宿，但这颗梦想的种子在宋小庆的心中逐渐生根发芽。在中国地质大学，他辛勤耕耘，努力浇灌，最终这颗种子成长为枝繁叶茂的参天大树，时光也见证了这个青年的惊艳蜕变。

启程：新火试新茶，诗酒趁年华

有梦的人生，才有砥砺前行的力量。2008年，宋小庆被分配到贵州省地矿局111地质队，踏上区域水文、地热地质调查的征程。这是公认的最艰苦、技术难度最大的地质工作，但对宋小庆来说，艰辛的逐梦之旅也有着别样的收获。面对崇山峻岭、严寒酷暑以及复杂地质问题的重重考验，他爬山涉水，风餐露宿，长期坚守地质调查第一线。10余年间，他历任技术员、主任工程师、总工办主任、副总工程师，从一名莘莘学子成长为技术和学术领头人。多年来，他主持或参与完成各类生产项目100余项，合格率100%；完成地热资源找矿项目50余项，实施地热井20眼，成功钻井19眼，成井率达95%，提交地热水年可采资源量524.7万m^3，热能28.5亿kJ；发表学术论文30余篇，其中11篇发表在中文核心期刊上，6篇被美国《工程索引》（The Engineering Index，EI）收

▲ 宋小庆在野外开展水文地质调查工作

录。只争朝夕，不负韶华，他在青春年华挥洒汗水，在奋进的路上精益求精，始终用脚步丈量着内心的责任，用行动追逐着最初的信念。

▲ 宋小庆在项目现场讲解工作内容

他主持完成中国地质调查局下达的“贵阳市浅层地温能调查评价”项目，填补了贵州省浅层地热能区域性评价工作的空白；他组织完成中国地质调查局下达的“贵州省主要城市浅层地温能开发区1:5万水文地质调查”项目，成果报告获优秀级别；他主持完成“贵州省地质勘查基金项目——贵州省织金县县城应急供水水源地勘查”和“贵州省开阳县龙岗地热水预查”，其中织金县应急水源地勘查项目提交地下水可开采资源量为3 060.3万m^3/年，为织金县城10余万人提供了安全、可靠的供水源地。十四年逐梦征程，十四载沐风栉雨。每一次攻坚克难，他都愈发坚定；每一次废寝忘食，都让他遇强则强。宋小庆就像一块璞玉，经过时间的打磨，焕发出更加夺目的光芒。

在科研方面，2014年，贵州“喀斯特地区水资源安全利用与保障关键技术研究与示范”获国家科技支撑计划立项。作为该项目子课题的技术负责人，宋小庆走遍了贵州省大部分地区，潜心钻研，投入了大量时间和精力，为解决贵州喀斯特地区水资源安全问题贡献了力量。贵州地质工程勘察设计研究院有限公司是国家重大科学工程——500米口径球面射电望远镜（five-hundred-meter aperture spherical radio telescope，FAST）工程选址、勘察及安全运行的参与单位。宋小庆作为主要成员，参与了“FAST保护区环境监测技术集成研究”“以FAST为中心的大型射电望远镜阵列选址研究”等国家自然科学基金及中央引导资金项目的实施，为中国天眼的高效运转和安全运行提供了技术保障和科学依据。

思源：落实者思树，饮流者怀源

走遍千山万水，不忘来时路。和万千校友一样，宋小庆也有着地大人一以贯之的品格。贵州省科技创新领军人才、贵州省生态环境厅环评专家、贵州省能源局新能源行业专家、贵州省地质灾害防治专家、贵州省“最美劳动者”荣誉称号……每一个头衔都记录着他坚实的行进步伐，更承载着厚重的社会责任。相比这些头衔，宋小庆更愿意将自己形容为面对大山的人，专注、严谨、质朴，这些鲜明的标签，不仅是多年奋进历程的沉淀，更是对地质大学精神文化的传承。从大山的“把脉者”到地质科学研究者，宋小庆一步一个脚印，用辛勤的汗水将论文写在了他曾行走过的大地上。

▲ 宋小庆荣获2021年贵州省“最美劳动者”荣誉称号

展望未来，宋小庆有着更多期许。中国地质大学教给他精湛过硬的专业技能，更赋予他地质报国的情怀担当。在以后的道路上，宋小庆将继续恪守“艰苦朴素、求真务实”的校训精神，坚定“天生我材必有用”的信心，秉持“吹尽黄沙始到金”的毅力，拿出“直挂云帆济沧海”的勇气，用脚步丈量更大责任，用实干诠释报国担当！

（图文来源：中国地质大学（武汉）校友与社会合作处）

毛烨峰：扎根地环终不悔　誓做地灾诊断人

毛烨峰，2008年本科毕业于中国地质大学（武汉）环境学院水文与水资源工程专业，毕业后一直在浙江省第七地质大队从事地质灾害勘查、设计、评估、地质灾害风险调查等方面的工作。

“乍一看觉得你不像搞地质的，没想到你爬山还挺快的！”这是毛烨峰刚进入浙江省第七地质大队，在遂昌县柘岱口乡一处萤石矿区进行岗前培训时，新同事们对毛烨峰的第一印象。

从各项工作中积累经验、学习技能，争做知识型技术员，是毛烨峰一直以来坚持的工作态度。通过多年工作经验积累，不断将理论基础与项目实践相结合，刻苦钻研，奋勇创新，毛烨峰迅速成长为一名政治素质过硬、工作能力突出的地质工作者。他多次获得第七地质大队“优秀共产党员”“先进生产（工作）者”等荣誉称号，2015年成为第七地质大队“百人团队”成员。

扎根地环，不畏辛劳，出色完成工作任务

2010年，毛烨峰加入第七地质大队四川5·12地震灾区援建团队，两次赴四川省青川县、旺苍县开展地震灾区地质灾害勘查、设计等援建工作。在四川地震灾区，他克服了工区山高路阻、饮食习惯差异的困难，坚持白天在野外勘查施工，晚上在驻地编制技术报告，最终按时完成了上级下达的援建工作任务。面对随时可能袭来的余震，他并没有畏惧和退缩。置身满目疮痍的山川大地，面对质朴的灾区人民，他第一次体会到了作为一名地环人的职责和重任。

2017年，毛烨峰负责一处大型滑坡的勘查工作。由于这处滑坡的地质环境条件极为特殊，整个滑坡体几乎全部位于山顶，土体厚度更是达到了50多米。勘查时正值汛期，降雨导致这处滑坡处于不断变形滑动的状态。面对不断向后发展延伸的滑坡后缘，为查明整个滑坡的范围，毛烨峰几乎踏遍了山体的每个角落，寻找地表变形迹象、钻入密林追索裂缝、现场定点布设孔位，几乎成了他的工作日常。为了查明滑坡深度和斜坡结构，他和项目组成员定期扛着几十千克重的钻孔测斜仪和孔内电视设备穿梭于数十个钻孔之间。最终在半年后，他们实施钻探1200余米，物探7000余米，累计完成地下水位、地表位移、钻孔位移等监测900余次，开展钻孔注水、动力触探、大型重度试验等多种手段的原位试验，最终查明这是一处大型深层推移式土质滑坡，为下一步工程治理设计消除地质灾害隐患提供了翔实的地质依据。

工作14年来，毛烨峰累计完成了多项大中型地质灾害治理工程勘查、地质灾害应急调查、地质灾害危险性评估等工作任务。无论是作为项目组成员，还是作为项目负责人，他都把每一次工作当作一次磨炼自己、提高能力的机会。他凭着不怕吃苦、刻苦钻研的工作精神，以求真务实、坚韧不拔的工作理念，按时保质保量地完成工作任务。

锐意进取，不惧挑战，积极适应工作新需求

2019年，毛烨峰和团队成员一道，踏上浙西南“千八线”，在“江浙第一高峰”——龙泉山黄茅尖、百山祖原始密林留下科考足迹，作为《百山祖国家公园科学考察及国家公园符合性认定报告》协作成员，编制了“地质地貌”章节，系统梳理

了百山祖国家公园园区地质特征、地貌成因和各类地质遗迹景观，阐述了百山祖国家公园独特的地学文化和地学故事。与其他团队合著的《论中国国家公园地质考察与评价——以浙江丽水百山祖国家公园为例》一文在《地质评论》发表。

▲ 毛烨峰（右一）在桐庐野外研讨地质灾害防治调查方案

在2020年浙江省地质灾害“整体智治”3年行动拉开帷幕，全省地质灾害防治工作由隐患管理向风险隐患双控转变之际，毛烨峰积极参与到丽水市莲都区老竹镇1:2000地质灾害风险调查评价”项目中。他以高度的责任心和扎实的专业技能，和同事们一起完成了项目野外调查工作，通过野外实践和经验总结来不断提升对地质灾害风险调查评价这项工作的认知。2021年，毛烨峰参与了全省地质灾害防治与地质勘查管理工作培训班授课工作，主讲“地质灾害风险调查评价与风险防范区划定”，并参与《浙江省乡镇（街道）地质灾害风险调查评价技术要求（试行）》《浙江省农村山区切坡建房排查技术要求》等一系列地质灾害防治工作技术要求的编写工作，先后参与了“浙江省级地质灾害风险评价”国家级试点项目、“浙江省地质灾害风险普查”项目等的报告编写工作。

积极备战，勇摘桂冠，不忘初心扬帆起航

在2021年浙江省职工地质灾害风险调查评价技能竞赛的赛场上，经过3天紧张比拼，毛烨峰从14支参赛队伍、56名参赛选手中脱颖而出，最终以总分第一的成绩获得团体一等奖，个人第一名。

机会总是留给有准备的人。当毛烨峰得知全省即将举办职工地质灾害风险调查评价技能竞赛后，就积极利用业余时间研读规范、梳理流程、分析模型，准备选拔比赛，最终以优异成绩通过省第七地质大队实操选拔，入选参赛代表队。在随队参加野外封闭集训期间，毛烨峰几乎每天和队友们一起“刷题”到凌晨，而白天则继续开展分组野外实操训练。回想起集训的这段时间，毛烨峰总是会说：“当年备战高考恐怕也就这个强度了。”

毛烨峰因获评2021年省级职工职业技能竞赛优胜选手而被浙江省总工会命名为“浙江金蓝领”。从一名普通的技术员到一名“浙江金蓝领”,他深知这不仅是对自己专业技术水平的肯定,更是一个起点,是一声催促自己扬帆起航的号角。地质灾害防治是一项直接关系群众生命财产安全的工作,毛烨峰用自己的实际行动践行着一名党员的初心使命,在平凡的岗位上做好一名地质灾害诊断人的工作。

(图文来源:中国地质大学校友总会微信公众号)

德庆欧珠:多次登顶珠峰　巅峰科考使者

▲ 德庆欧珠

德庆欧珠,1988年出生于西藏日喀则,学校2012届行政管理专业本科生、2016届体育教育训练学专业硕士,现任西藏自治区登山队培训科科长,是登顶七大洲最高峰和徒步到达南北两极极点的第一位在校大学生。

2022年5月4日,德庆欧珠作为国家第二次青藏高原重要科考任务“巅峰使命”珠峰科考登顶科考小组组长,时隔10年再次登顶珠峰。在登顶时,德庆欧珠举起中国地质大学校旗,祝贺母校70华诞。

▲ 德庆欧珠在珠峰与中国地质大学校旗合影

因为山在那里

关于“你为什么要登山”这个问题,英国探险家乔治·马里洛回答:“因为山在那里”,这句话激励着无数登山爱好者一次次挑战极限,登上巅峰。作为中国登山向导,德庆欧珠从小就对登山产生了极大的兴趣,仰望珠峰,是他的生活,也是习惯。2004年德庆欧珠进入西藏登山学校,2006年,18岁的他第一次登顶珠峰。2012年5月19日,德庆欧珠作为中国地质大学登山队一员,曾与董范、陈晨和次仁旦达成功登顶珠峰，这是国内高校独立组织的在校大学生登山队首次登顶珠峰，他们在世界最高峰，向中国地质大学（武汉）60周年校庆献上了深情的祝福。2012—2016年，德庆欧珠随中国地质大学登山队，参加了“7+2”登山科考活动，历时4年零7个月，成功完成攀登世界七大洲最高峰以及徒步到达南北极点的极限探险活动和科考任务，中国地质大学登山队也是世界上首个独立组队完成“7+2”登山科考项目的大学登山队。

德庆欧珠表示，因为从小就在珠峰脚下的一个乡镇里生活，所以那时候经常看到路过的登山爱好者，一看到他们要去攀登珠峰，内心就特别羡慕向往。对他来说，登顶珠峰是一个非常大的梦想。

将奥运火炬送上珠峰

2008年，德庆欧珠入选北京奥运会火炬接力珠峰传递登山队，成为登顶的19名火炬手之一，并且成为北京奥运会火炬接力珠峰传递登山队队长王勇峰和尼玛次仁校长的随身摄像员，这是他登山以来最辉煌的一笔，但也就是在这一次，他差点再也没法登山。

那次，他为了方便活动脱下了防冻手套，换上了一副轻巧的手套，导致承载摄像机绝大部分重量的右手中指冻僵了。冻僵的指头已毫无知觉，他有点后悔自己鲁莽的决定，怎么办？难道放弃？当然不能！为了保持中指血流通畅，他使劲地用冻僵的中指去敲岩壁，直到皮肤磨破流出血来。旁边的队友也时不时回过身来用热水温暖他的手，希望能够保持手的温度。这是德庆欧珠2008年5月攀登珠峰时的惊险一幕。他说在登山和攀岩中受伤很正常。那年他刚被中国地质大学录取，如果被迫截肢怎么办？中指是使力的关键手指，如果因坏死而被截除，那他的登山之路将就此断送。“事后我也有非常害怕，如果因为这一次的疏忽让我这辈子都不能再从事自己喜欢的登山运动，我会遗憾一辈子的。这次事件也让我在以后的登山过程中学会保护自己，算是一次血的教训吧。”德庆欧珠说。

攻坚克难　投身科研

2022年4月28日，“巅峰使命”珠峰科考全面启动，共有5支科考分队16个科考小组270多名科考队员参加，这是2017年第二次青藏科考以来学科覆盖面最广、参加科考队员数量最多、采用的仪器设备最先进的综合性科考，是人类在珠峰地区开展极高海拔综合科学考察研究的一次壮举。

▲德庆欧珠在珠峰6300米处

在这次“巅峰使命”珠峰科考中，德庆欧珠作为高海拔科考队队长，将带着13名科考登山队员，参与完成气象站搭建等科考任务，在峰顶完成测量冰厚、架设自动气象站等系列科考活动，这是“巅峰使命”中最具挑战性的科考项目，如果成功，将创造多项世界纪录，这对于德庆欧珠来说既是全新的使命也是全新的挑战。在珠峰大本营，参与“巅峰使命”珠峰科考的14名登顶科考队员，再次演练，距离5月4日—6日的登顶窗口期，不到10天。峰顶的每一秒都意味着生与死的考验，尽管14名队员都有登顶珠峰的经历，但从今年3月9日起，他们就日复一日地开始训练。即便是不断练习，挑战依然存在：练习了一个月，在拉萨搭建同样一个自动气象站需要27分钟，到达珠峰大本营用时变化不大，但是到达海拔7790m处的用时就变成了42分钟，到达8300m处的用时变成了70多分钟，而在登山的过程中，所有的登山运动员都需要背上10kg的科学仪器和个人补给去登顶，且需要在1小时内完成所有的科考任务。这些困难都对登山运动员们的体力带来了巨大的挑战，但是为了完成科研任务，他们不但没有丝毫畏惧，更是以此为荣。德庆欧珠说：“今年是国家第二次执行青藏科考的重大科考任务，能够投入国家的重大科考项目中，这对于我们登山队员来说是一件无比自豪和骄傲的事情。”

99%的人都不会选择攀登，因为人类对极高处有天生的恐惧，但是在最好的年纪，德庆欧珠选择了攀登，选择站在世界之巅，为了让世人在世界屋脊看见中国人的身影；而今，为了发展中国科研事业，探索科学的未来，德庆欧珠也不曾选择退缩，一步一步顶着刺骨寒风，将中国的科研希望带上珠峰。

（图文来源：中国地质大学（武汉）公共管理学院官网）

陈秋菊：星光不问赶路人

高挑的身材，齐肩的短发，干练的言行中又带着江南女子的婉约。若不是看到她身穿冲锋衣、手拿野外记录本在矿山现场、山间丛林工作时的照片，你一定很难想象面前的小姑娘，是个常年开展野外调查、采集样品、探讨地质技术问题的地质工作者。

陈秋菊，2019年届水利工程专业校友。毕业后，凭借着对专业的一腔热爱，她毅然选择了男多女少的地质行业，进入浙江省有色金属地质勘查局（简称有色局）环境院，成为一名光荣的地质队员，主要从事地质灾害治理设计、评估和详细调查等方面的工作。

▲ 陈秋菊被评为浙江省有色金属地质勘查局工会“2020年度先进女职工”

作为一名“90后”技术人员，陈秋菊秉承“艰苦朴素、求真务实”的校训精神，长期奋战在野外一线，在一线实践工作中茁壮成长，迅速成长为一名专业技术能手。工作两年多来，陈秋菊先后获得浙江省有色局“2022年度先进女职工”“先进工作者”和浙江有色地质环境研究院“优秀员工”等称号。

星光不问赶路人　勤学苦练增技术

陈秋菊于2019年进入有色局，从事地质灾害治理设计和危险性评估工作。由于实践经验的缺乏，她在刚进入单位时，深感自己肩上责任重大，也更加懂得了地灾防治工作的重要性和艰巨性。地质灾害防治工作直接关系到人民生命财产的安全。工作之初，陈秋菊将相关专业书籍、技术规范和往期报告视若珍宝，把经验丰富的领导和同事当作智慧锦囊，孜孜学习、虚心请教。三年如一日，她将学习融入工作，以工作促进学习，在夯实专业基础同时积累工作经验。

巾帼不让须眉　地灾防治显身手

地质行业本就重实践，具备一定的理论知识之后，陈秋菊主动请缨，要求到野外一线工作。谦逊朴素的态度正是陈秋菊日常工作的真实写照。她从小项目入手，边学边干，短短半年时间，陈秋菊完成了从协助同事完成报告，到独立完成一级评估报告的编写的蜕变，快速的成长获得了单位领导和同事的肯定。

2021年，陈秋菊便担任了“新昌县儒岙镇地质灾害区域风险调查与评价”项目负责人，她努力克服野外工作生活中的各种不便，与同事们一起冒着酷暑开展野外调查。

▲ 陈秋菊校友野外调查

项目野外调查时正值酷暑，七八月的骄阳和高温让同事们出现了中暑症状。为保证项目高质量地如期完成，陈秋菊果断调整野外调查时间，凌晨4时全体人员起床，迎着朝霞开始一天的野外调查工作，赶在正午太阳最毒前完成各小组的野外任务，下午和晚上开始整理资料，完成内业工作。其间，陈秋菊脚踝扭伤红肿，医生嘱咐要少走动多休息，她却未休息片刻。经过2个月的不懈努力，在大家的共同努力下，项目组如期完成了野外调查工作。

“新昌县儒岙镇地质灾害区域风险调查与评价”项目野外调查时间正值浙江台汛期，陈秋菊作为“驻县进乡”地质队中的一员，积极响应，时刻做好地质灾害应急准备。6月10日，诸暨市马剑镇遭受了百年一遇特大暴雨，多地发生高位滑坡、泥石流等地质灾害，正值端午假期，陈秋菊主动放弃休假，坚守岗位，做好地灾应急保障工作，并全力配合单位总体调度，在短短2个星期的时间内，完成诸暨市马剑镇2个坡面泥石流勘查设计、1个崩塌应急排险设计，做到应群众之需，解群众之难。2021年“8·15”强降雨导致新昌县发生多处地质灾害险情，此时也正值“新昌县儒岙镇地质灾害区域风险调查与评价”项目野外调查的攻坚阶段，陈秋菊按照“平时服务、急时应急、战时应战”的要求，火速调整工作安排，第一时间赶赴地质灾害现场开展应急调查，冒着大雨认真核查摸排地质灾害点。在灾害现场，陈秋菊总是沉着冷静地开展调查工作，为保障老百姓的生命财产安全作出应有贡献。

积极备考不落跑　比武路上追梦人

11月8日，2021年浙江省职工地质灾害风险调查评价技能竞赛的现场，在清一色男人的赛场上，有一个十分引人注目的女孩，在经过3天理论加实践的紧张比试后，陈秋菊在56名参赛选中作为唯一的女选手成功突围，获得个人第三名（一等奖）、团体二等奖的好成绩。

技能比武平台是所有地质灾害防治技术能手心神向往的竞技场，参与全省地质灾害风险调查技能竞赛，与高手对决一直以来都是陈秋菊的梦想。一方面，负责的“新昌县儒岙镇地质灾害区域风险调查与评价”项目野外调查到了收尾阶段，作为项目负责人的陈秋菊要开始统筹编写野外总结报告；另一方面，地质灾害调查技能比武选拔赛即将开始。为了不耽误工作的进度，陈秋菊利用周末的零星时间开始积极备战选拔，做到工作、备战两不误。功夫不负有心人，在浙江省有色金属地质勘查局组织的选拔赛中，陈秋菊以个人第一的成绩脱颖而出，入选有色局省赛集训队。在查漏补缺强化集训过程中，秋菊不断完善自己的知识结构，提高技能水平。在历经一波又一波的考试、筛选后，这个有点倔强、不服输的女孩坚持到了最后一轮，以过人的技能水平和良好的竞技状态，光荣地成为代表有色局参加比武的4名选手之一。整个技能比武中，陈秋菊不骄不躁、沉着冷静，以极高的专业技能赢得了一致的赞许和肯定。经过3天的比试，陈秋菊凭借扎实的功底，不负众望，以优秀的理论成绩和出色的团队协作能力最终取得优异成绩。

不忘初心使命　怀揣理想恒前行

2021年，浙江省总工会下发了《关于命名2021年省级职工职业技能竞赛优胜选手为“浙江金蓝领”的决定》，公布了2021年“浙江金蓝领”名单，陈秋菊榜上有名，被命名为“浙江金蓝领”。

从一名普通员工到“浙江金蓝领”，陈秋菊深知自己肩上的责任更重了。2022年初，中央环保督察中提出的待整改矿山的设计工作工期紧、任务重，各方压力巨大。她和同事积极与建设方沟通，在日益精进个人业务技能、日益丰富实践经验的同时，认真学习新规范，在按时完成工作的基础上提高报告质量。从地质灾害到矿山治理，从避险救灾到生态环境治理，陈秋菊以极强的责任心和敬业精神，用实际行动践行着自己“做一个有用的人”的初心，并不断前行。

由来巾帼甘心受，何必将军是丈夫。陈秋菊用责任和使命在平凡的岗位上书写着地质人的“中国梦”。

（图文来源：中国地质大学校友会）

莫双瑗:不断向上的攀登者

莫双瑗,中国地质大学(武汉)2010届社会体育专业毕业生,博士,广西科技大学副教授、硕士生导师,现任广西科技大学体育学院副院长、广西攀岩队主教练、广西壮族自治区青年联合会委员、国家级社会体育指导员、国家职业资格攀岩培训师、中国红十字总会应急救护培训师。

他,从临时聘用教师做起,一步一个脚印成长为广西本科高校青年教师教学能手。他,潜心钻研教学,关爱学生成长和发展,专业技能突出,曾获得全国高校青年教师教学竞赛文科组二等奖、广西高校青年教师教学竞赛文科组一等奖(第一名)、广西高校哲学社会科学优秀教师特色示范课堂一等奖,连续3届获得广西高校教育教学信息化大赛一等奖。作为教练,他带领广西科技大学攀岩队获得多届全国大学生攀岩锦标赛冠军,共获得70多枚金牌,既是"广西五一劳动奖章"、事业单位工作人员"记功奖励"和"嘉奖奖励"获得者,又是广西一流本科课程主持人。

自手起家克难关

2010年从地大本科毕业后,莫双瑗入职广西工学院体育系(后更名广西科技大学体育学院)。大学期间多次摘得全国大学生攀岩锦标赛桂冠的他,自然也就担任起攀岩课程教师一职。

然而,一个尴尬的现实摆在面前——学校里没有攀岩馆。"攀岩课绝大部分的训练都必须在岩壁上进行,没有攀岩馆等于老师没有了课本。"对于莫双瑗而言,这意味着一切得从零开始。

"没关系!"莫双瑗暗自打气。他边规划未来的职业生涯,边牵头组建学校的攀岩队。

在他的感召下,8名体育专业的学生对攀岩这项运动产生浓厚兴趣,随即组建起广西科技大学攀岩队。

当时由于校内设施有限,除了基础训练,攀岩专业课只能在野外岩壁进行。为强化基本攀岩技术训练,队伍时常需要四处借用场地:某小区一个车库内建设的简易攀岩墙、某消防特勤大队的训练墙、某公园附近的天然岩壁……用队员们的话来说,莫老师带我们到处"蹭"场地。

经过一番刻苦训练，第一份回报悄然而至。

2011年7月，作为全国大学生攀岩锦标赛史上首支广西高校攀岩队，广西科技大学攀岩队在比赛中斩获3金2银2铜，成为赛场最大的“黑马”。碰巧的是，该场比赛被CCTV5转播，他所在单位也就多次出现在中央电视台的镜头中。

凯旋之后，学校专门为攀岩课划分了一块训练场地，但因为招标采购程序繁琐一时解决不了岩壁建造的问题。

空空荡荡的场地里，看着日益壮大的队伍，莫双瑗犯难了。

“要不，我们自己先建造一个小型人工岩壁？”队伍里的一个声音传开，他道出了莫双瑗一直以来的想法。

“好！”莫双瑗决定自己筹资，建造一个小型人工岩壁。得知此事，学校健美操队、舞龙队教练以及院领导、师生们纷纷慷慨解囊、注资帮衬。

不久，作为攀岩馆总设计师的莫双瑗，拿出了第一张人工岩壁的设计图纸，队员们立即开始行动。

由于经费有限，一切都得从俭。除了钢架焊接没法自己完成外，其他工序全是队员们自己完成的。而安置在木板上的人工支点，大多是莫双瑗参加国际国内重大攀岩赛事担任定线员工作后所“捡”回来的。

几番艰辛，攀岩馆里的岩壁逐渐从无到有、从少到多。

参与所有岩壁建造工作的女队员黎月星说：“那段日子，汗水和笑声交织在一起，累却充满了意义！”

勇攀高峰不停歇

“对，踩准脚点！ 注意动作序列！”攀岩馆内，在巨大的攀岩墙下，身着专业运动服的莫双瑗，在给攀岩队员们指导着动作，话语中无不蕴藏着催人奋发的力量。

这些年来，尽管队员不断地新老交替，但广西科技大学攀岩队始终保持在全国大学生攀岩赛事第一军团的位置上，其中先后有5人次入选中国大学生攀岩队，代表国家参加第一届和第二届世界大学生攀岩锦标赛。他们的成绩也引来了广西壮族自治区体育局的高度关注，广西壮族自治区体育局与广西科技大学于2018年签约共建广西攀岩队，每年拨付100万元建设经费，并聘任莫双瑗为主教练，广西科技大学攀岩队很多队员也都升入“省队”，目前有国家级运动健将1人、一级运动员5人。

对于这些队员而言，短短几年时间，从不懂攀岩到成长为中国大学生攀岩队伍中一匹闪亮的“黑马”，这些成绩，与莫老师有着密不可分的联系。

队员们说：“莫老师时常会鼓励我们要成为强者！”学生们深知，这种所谓的强者，正是指将自信化作一种优秀气质、一种不断进取的精神力量。

在攀岩队里，莫双瑗总在“严父”和“慈母”的角色中来回切换。

训练中，他是“严父”：储备训练必须要达到一定的时间；每晚带领队员们至少训练到10时；对队员的每一次失误和不足，都会不厌其烦地反复纠正，直到达到完美的效果。

临近比赛前，他是“慈母”：每天都给学生带鸡蛋和运动饮料；关心学生心理健康，给予学生最大的鼓励，确保他们在比赛中保持最佳状态。

在莫双瑗看来，攀岩是一项综合性运动，从速度攀岩到难度攀岩再到攀石，每一项都考验人的毅力与能力，要想爬得更好、更快，只能不断地思考和训练。

“我喜欢和学生共同进步，喜欢这种互动的过程，喜欢从中收获的阅历与见识，带学生训练和参加比赛其实都是一种自我价值的体现。”这就是真性情的莫双瑗。

立志要站稳讲台

为了站好讲台，莫双瑗曾自费前往清华大学、北京大学、南开大学和中国政法大学等高校旁听名师课程。在教学竞赛备赛阶段，也不忘向母校老师请教，其中就有现任体育学院院长、地大青年教师教学竞赛一等奖获得者李元教授。多年的积累和努力终于在2016年结成丰硕的果实，就是在这一年莫双瑗从广西科技大学脱颖而出，以文科组第一名的成绩获得参加省级比赛的机会，随后莫双瑗更是开了挂一般，摘得广西高校青年教师教学竞赛文科组一等奖（第一名），随后代表广西的文科组参加有全国31个省（区、市）的选手参与的全国高校青年教师教学竞赛，最终获得第八名（二等奖），这个成绩时至今日还是历届广西选手在该赛事中的最好成绩。随后，莫双瑗先后被授予“本科高校青

▲ 莫双瑗获得第三届全国高校青年教师教学竞赛决赛二等奖

年教学能手”称号，以及“广西五一劳动奖章”、事业单位工作人员“记功奖励”“嘉奖奖励”等荣誉。

除了教学之外，莫双瑗深知在高校发展总是绕不开科研和教研。在母校地大体育学院刘华荣、李元、游茂林、黄静等专家的鼓励和指导下，他先后主持教育部人文社科青年基金项目、国家体育总局登山运动管理中心委托项目、广西壮族自治区教育厅中青年基础能力提升项目等多项科研课题。还主持结题3项广西高等教育教学改革工程A类项目、广西首批在线开放课程建设与应用支持计划项目等。他主讲的课程被广西壮族自治区教育厅认定为“广西一流本科课程”，被学校认定为“课程思政示范课程”。从教12年来，他不断奋斗，从未停歇。功夫不负有心人，他也顺利取得博士学位，并被广西科技大学评为副教授、硕士生导师，现任体育学院副院长。

“只有进行了激情奋斗的青春，只有进行了顽强拼搏的青春，只有为人民作出了奉献的青春，才会留下充实、温暖、持久、无悔的青春回忆。”莫双瑗把习近平总书记对青年的寄语作为座右铭，用实际行动诠释着自己最美丽的青春，不断攀登着生命里新的高峰。

（图文来源：根据《广西日报》刊登的文章《不断向上的攀登者——记广西科技大学优秀青年教师莫双瑗》整理）

马超：千锤百炼铸匠心　争做地勘追梦人

在茂密的树林穿梭、在陡峭的岩壁攀爬、在崎岖的山路前行……多年来，丽水地质人马超一步一个脚印，扎根在地质灾害防治一线，从一名地质“新兵”成长为地质“尖兵”。

▲ 马超实地踏勘监测预警点

“在我们地质人的心里，再高的山，高不过鞋底，再深的谷，深不过足迹。”在马超来看，他对地质灾害防治和岩土工程勘察设计事业的求索更像是对“以献身地质事业为荣、以艰苦奋斗为荣、以找矿立功为荣”的地质“三光荣”精神的坚守。

匠心锤炼　以“钻”劲筑基

马超出生于1989年，2014年从中国地质大学（北京）地质工程专业毕业后，凭借着对专业的一腔热爱进入地质行业，现任浙江省浙南综合工程勘察测绘院有限公司丽水分公司副主任工程师，主要从事地质灾害防治和岩土工程勘察设计等相关工作。

兴趣是最好的老师。马超喜欢研究探讨山体形态、构造、植被差异、地灾迹象等。他常说，人类对地质的认识过程就是判断、推理和野外实践检验这样一个反复的过程，具有很多可能性。而这，也让他更加热爱地质事业。

同事们都说，马超这个年轻人有“钻”劲。“地质学是一门综合性很强的学科，地质工作者面临的问题错综复杂，单一的知识结构会导致解决实际问题时思路存在片面性。“逆水行舟，不进则退，为了更好地完成工作，唯有不断进步。”马超认真说道。

8年工作生涯，马超买了80余本规范，上面的注释满满当当。为了拓展知识面，全方位提升知识水平与业务技术，他还考取了注册岩土工程师证书。2018年，获浙江省工程勘察和岩土工程设计技能大赛个人一等奖；2019年，获浙江省地质勘察局工程勘察技术大赛个人三等奖；2020年，获全国地质勘查行业首届地质调查员（地质灾害方向）职业技能竞赛浙江省第六名；2021年，获浙江省职工地质灾害风险调查评价技能竞赛第二名，荣获“浙江金蓝领”称号……平时雄厚的积累，铸就了马超在各大赛场上的荣光。

勇于创新　以“拼”劲攻坚

没有金刚钻，不揽瓷器活。马超的“金刚钻”，在于不仅业务能力强、技术过硬，还善于学习总结，富有创新意识。工作中，马超善于攻坚克难，充分运用所学理论知识，密切结合实际，努力钻研和探索，解决了许多项目难题。

2015年，初出茅庐的他为了做好项目，白天深入野外一线调查测绘，晚上挑灯夜战、整理资料。最终，他负责的缙云县农村山区地质灾害调查评价项目得到业主的充分肯定，在评审中获评优秀。在负责该项目的同时，他还成立了“地灾调查QC小组”，并申报了浙江省工程建设勘察设计优秀QC小组，获二等奖。

凭借着一股“拼”劲和出色的专业技能，多年来，马超一次次出色完成各项任务。他不断拓展自己的专业领域，踏入岩土设计领域；学习水文地质知识，高质量完成龙泉青瓷小镇地下找水项目；先后解决大型边坡的支护设计优化、高压旋喷桩在含黏土碎石基坑的运用等难题，为项目节约了成本、缩短了工期；2020年，承担国家试点项目——遂昌县地质灾害风险普查，进一步摸清了遂昌县地质灾害风险底数，科学评价重点地区地质灾害综合风险水平，编制地质灾害风险评价图，为政府开展地质灾害风险防控工作提供了依据，成果得到专家和业主的一致认可。

▲ 技能竞赛颁奖现场（左一为马超）

工作期间，马超还发表了3篇论文，并成功申请2个实用新型专利，目前正参与《浙西南地质灾害特征及防治措施》的编写工作。

爱岗敬业　以“韧”劲克难

作为丽水市地灾应急防治专家组成员，每年台汛、梅汛期间，马超都奔波在辖区内地质灾害应急第一线，参与重大地质灾害应急抢险。凭借过硬的专业技术，他对各类地质灾害的灾情、险情和发展趋势作出精准判断，为抢险救灾工作提供科学的决策依据。特别是在“除险安居”3年行动中，他在保障山区人民的生命财产安全方面发挥了重要作用，被山区群众称为“最美逆行者”。

2016年，台风“莫兰蒂”带来的强降雨使丽水缙云、青田出现群发地质灾害，情况危急。恰逢中秋，马超连夜赶到现场开展应急调查。为了掌握灾害现场第一手资料，他冒着大雨爬上山坡调查，下山时已是满身泥水。而后，他又一刻不停地投入危险区范围的划定及群众避险路线规划工作。等到他可以稍微喘口气时，已是第二天凌晨2时。

参加工作以来，马超还参与了台风“灿鸿”、“9·28”遂昌苏村山体滑坡、松阳新兴镇矿山塌方、台风“黑格比”、云和庄前坡面泥石流等地质灾害的防治应急工作。他总是兢兢业业，始终坚守在岗位一线，为地质灾害防治工作和守护人民群众生命财产安全默默贡献着自己的力量。

业余时间，马超坚持参加公益活动。他已连续5年参加“地灾科普进校园、进社区、进乡村”活动，宣讲地质灾害防灾减灾知识，参与群众达2000余人。新冠疫情来袭，他自愿参加小区抗疫志愿服务，并加入市高铁站抗击疫情志愿服务队，为疫情防控阻击战贡献自己的力量。

▲ 马超在云和县崇头镇中心小学宣讲地灾知识

地质人的耳边是呼呼的山风，心中升腾着“三光荣”精神的坚定信念。用精诚叩大地，以匠心驻青山，8年地质生涯，马超用他对地质事业的热爱谱写了一曲美妙的奋斗乐章，成为年轻一代地质人的楷模。

张涵：千针万线总关情

张涵，32岁，湖北武汉人，2013年本科毕业于中国地质大学音乐表演与传播专业，2016年到黄石创业，2019年成立湖北小红绣文化发展有限公司，现任湖北小红绣文化发展有限公司（简称“小红绣”）执行董事。

“花随玉指添春色，鸟逐金针长羽毛。十指春风绕一指，一诉江山万里长。”这便是刺绣的魅力。出生于武汉的张涵，少年时期曾因亲人的关系多次来到黄石，对这座城市印象深刻。自从大学结识了现在的妻子后，他便与刘小红刺绣结缘，并在黄石收获爱情，也成就了一番事业。

▲ 张涵

因爱结缘　被刺绣文化深深吸引

是怎样的缘分，能让我们在同一座城，遇一个人，守一生情？如今回想起跟妻子的相遇相知，张涵脸上还会浮现出腼腆的笑容。

勤奋好学又才华横溢的张涵，是家长所说的“别人家的孩子”，从小学到高中都一帆风顺，并顺利考上了中国地质大学（武汉）。在这里，张涵遇见了活泼开朗的女孩彭肖肖。两个年轻人在美丽的校园里，畅谈所爱的音乐，憧憬未来的梦想，两颗年轻的心越来越近。两人正式确定恋爱关系后，张涵随女友来到了黄石大冶。张涵第一次来到女友家，就被满屋精美绝伦的刺绣吸引住了。“在此之前，我从不了解刺绣，也不知道这些艺术品这么令人震撼！”

大冶刺绣是鄂东南农村的传统技艺，传承了千百年。彭肖肖的母亲刘小红自幼跟着奶奶学手工刺绣，后因技法精湛被评为湖北省高技能人才、湖北省民间工艺技能传承大师、省级非遗传承人，2022年还获得了“全国三八红旗手”荣誉称号。她在自身刺绣技艺的基础上，融入古典和现代的元素，创造“双面打籽绣”“巢针绣”“双面盘金绣”和“双面异色异形打籽绣”4种独有绣法，2016年为庆祝中国航天事业创建60周年，由刘老师设计绣制的作品《星云之梦》被国家选中，随天宫二号遨游太空。

“我后来上网看，又看了报纸，得知刘老师的经历和许多做法后，对她感到非常钦佩。”张涵说。质朴平实的家风、善良真诚的一家人，对传统文化的坚持与传承，这些都让张涵感动不已。

责任在肩 将非遗文化传承下去

大学毕业后，彭肖肖回到家乡，看到已经不再年轻的母亲刘小红还坚持带徒培训、传承刺绣文化后，也想为母亲分担肩上的责任。为了不让这门技艺失传，她放弃了当歌唱家的梦想，开始追随母亲学习技艺，成为大冶刺绣的第6代传承人。

此时，毕业后已在武汉某重点中学就职的张涵也面临着艰难抉择：维持目前稳定的工作，但是要和女友分隔两地。思虑再三，张涵决定为爱奔走。2016年，他辞去工作来到大冶，全身心地支持女友的事业。

“无论是开设传统的刺绣培训班还是采用师徒一对一的授课方式，带出一个优秀的绣娘往往需要两三年的时间。能不能借助互联网的力量，让传承的对象更广，更受年轻人接受和喜爱呢？”张涵告诉记者，正是在这样的想法支撑下，他们于2019年创办了湖北小红绣文化发展有限公司。

在公司里，妻子彭肖肖主要负责刺绣衍生文创产品的研究与开发以及互联网市场的传播，张涵则主要负责内部公司管理等。夫妻俩一个主内一个主外，“小红绣”品牌很快闯出了名堂。2019年，“小红绣私人订制传统文化传承模式创新”项目获“建行杯”中国妇女手工创业创新大赛创意组金奖，湖北省“楚风巧手”创新创业大赛创意创新类二等奖。小红绣非遗技艺传承人还受邀参加CCTV2《创业英雄汇》栏目的录制。2022年，“小红绣”品牌还荣获了第五届“中国创翼”创业创新大赛湖北省选拔赛暨2022年度“才聚荆楚·创立方”劳务品牌专项赛第二名，有望参加全国比赛。

传递情感　让非遗文化走入人们生活

在淘宝店铺“小红绣”官方首页上展示的“重要的时刻？给重要的你”，也成为“小红绣”刺绣产品的主要理念。张涵说，手工技艺最大的特色是给人一种亲切、温暖的感觉，它能唤起人们对传统文化的美好记忆，同时也是传递美好祝愿的一种形式。“刺绣展现了传承古今的生命力，也蕴藏着中国人祈福纳祥的美好寓意。”张涵和妻子达成一致，希望“小红绣”作为传承载体，在秉承传统、不失其本的基础上，让非遗文化走进现代生活。

经过几年的打磨，“小红绣”的业务范围从为消费者提供个性化、专业化的刺绣产品、刺绣全套服务拓展到利用刺绣原材料自己动手制作材料包、线上刺绣体验培训课及互联网广告营销等。同时，彭肖肖还致力于以互联网信息技术为沟通桥梁，通过简单易懂的教学小视频，让更多的人了解中国传统刺绣。

记者搜寻网上店铺，发现婚嫁刺绣系列、宝宝刺绣系列、好礼刺绣系列等产品都深受网友喜爱。“比如说结婚的时候，大家亲自动手绣一幅属于两个人的婚书，在幸福的期待中迎接人生的重要时刻，我相信那一刻流露的情感是最美好和真挚的，值得一生回忆和珍藏！”张涵笑着说。

目前“小红绣”在抖音、微信、微博、淘宝等互联网平台拥有粉丝数量近30万人，全网相关视频播放量破亿。粉丝们通过文创材料包和免费教学视频，在家就可以掌握技术，并且独立完成手工艺品。其中，有不少粉丝通过自学也开始自己的创业之路。

几年下来，越来越多的网友通过“小红绣”了解和体验刺绣并喜欢上这项技艺，还有不少家境贫困的妇女、大学生等群体通过兼职当“绣娘”创业就业、增收致富。

“作为年轻一代，我们希望传统刺绣不仅是继承，更能够创新，为大众创造美的生活方式。”张涵信心满满地表示，他相信刺绣这项中国传统非遗文化会越来越有生命力。

（图文来源：《东楚晚报》）

刘攀飞：以责任担当投身海南自贸港建设大潮

刘攀飞，男，1989年生，陕西兴平人，学校2011届材料科学与工程专业校友，现任海南省儋州市人民政府三都办事处经济事务管理科党支部书记，以责任担当投身海南自贸港建设大潮，获评2021年全国最美基层高校毕业生、全省打赢脱贫攻坚战先进个人、开发区脱贫攻坚突出贡献奖（三等功）等荣誉奖项。

▲ 刘攀飞获评2021年最美基层高校毕业生

敢闯敢试，青春书写脱贫事业

刘攀飞2007年进入学校材料与化学学院材料科学与工程专业学习。刘攀飞的学务指导老师李珍教授回忆，刘攀飞是一个十分有上进心的同学，勤恳努力，踏实好学，对学习、生活有明确的规划并且具有较强的自我管理能力，他所在的班级033071班曾获得2009年度“全国先进班集体”称号。

青春是人生中最珍贵的一段时光，是肆意挥洒汗水、不断挑战自我的时光，是最值得奋斗、开创辉煌的时光。硕士毕业后，刘攀飞这位西北青年来到椰子树下，将青春奉献给海南，奉献给脱贫攻坚事业，奉献给广袤的基层大地。从到西照村任第一书记的那一刻起，刘攀飞同志始终不停歇地奋战在脱贫攻坚的第一线。他以习近平总书记关于扶贫工作的重要论述精神为指引，扎根基层，努力工作，高效完成各项工作任务，在脱贫攻坚和乡村振兴工作中勇当先锋，起到了青年高校毕业生模范带头作用。

驻村的3年时间里，他以勤劳刻苦、敢闯敢试的作风，用脚步丈量村内的每一寸土地，用真心、真情带动贫困户脱贫致富，带领西照村驻村工作队、村两委干部一步一个脚印地创造一个又一个西照典范，为开发区脱贫攻坚工作作出了突出贡献。

扶贫扶志，摘掉“空壳村”帽子

扶贫先扶志。面对村民思想上的积极性不足、脱贫主动性不足、工作机会少、工作不稳定等一系列问题，刘攀飞认真琢磨，蹚出一条适合西照村的脱贫致富之路。他从思想脱贫开始，给村民讲政策、讲发展、讲重要性，还定期组织村民观看全省各地贫困户的致富故事视频，激发村民内在发展动力，让村民有了脱贫摘帽的志气。

扶了志气，刘攀飞又开始琢磨如何摘掉村集体收入为零的“空壳村”帽子。他调查了西照村的实际情况之后，利用现有的资源，结合村民已有的技术，带领村民们发展产业。在刘攀飞的带领下，2019年1月，洋浦经济开发区第一家村集体经济实体——洋浦熙照建设工程有限公司正式挂牌成立，为村民提供了离家近、有保障的就业机会。

2019年，西照村集体收入达20万元，2021年突破100万元，西照村摇身一变，成了洋浦经济开发区农村集体经济带头村。村民们的日子也越过越红火，2019年底，全村建档立卡贫困户29户154人全部脱贫，2020年，贫困人口人均年收入超15 000元。刘攀飞带领贫困村“一年摘帽，两年提质”，西照村成为当地农村集体经济带头村，村民的生活水平得到了有效提升。

多管齐下，建设美丽新农村

驻村伊始，刘攀飞便下定决心，要多管齐下，提升村民幸福指数。污水处理、硬化村巷、危房改造、厕所“革命”……他啃下了一块又一块“硬骨头”。

自着力建设美丽新农村以来，刘攀飞配合党工委管委会、办事处先后投入2000多万元强化农村基础设施建设，打造盘龙、山村2个美丽乡村和东方、咸井、花冲3个生态文明村，完成8个村级污水处理站场及管网建设，实现了村村通。他还开展农村环境卫生整治，超额完成农村厕所“革命”，完成新建厕所175户、改渗漏82户，维修维护村内基础设施，新安装水表142户，通过举办调声活动丰富群众文化生活。2020年西照村荣获省级卫生村、省级文明村称号。

村民的生活环境改善了,精神文明建设也得跟上。刘攀飞注意到,村头巷尾、小卖部门口,似乎总能看到村民们聚在一起打牌的身影。于是他根据儋州人爱唱歌的民风特点,征求村民意见,成立一支儋州传统民歌调声队,丰富村民业余生活。刘攀飞主动联系洋浦经济开发区中小学,邀请专业音乐老师进村指导、编写扶贫山歌及歌颂美好生活调声,一句一句教村民唱。随后,他又带领大家外出参加节目录制和调声比赛,第一次参赛就拿了二等奖。

2021年6月,刘攀飞结束驻村工作,回到了原来的工作岗位。同年7月,刘攀飞被调任至洋浦经济开发区三都区办事处,负责集体经济和乡村振兴相关工作。但他心中,仍然挂念着西照村的点点滴滴。“驻村不仅能锻炼自己为民服务的本领,更给村民带去了希望。大学生哪怕只是到村里走走,都会成为村民们教育孩子的榜样。”

(图文来源:中国地质大学校友会)

张号:志不求易者成　事不避难者进

张号,1989年生,湖北武汉人,学校2011届资源勘查工程专业校友,现任湖北煤炭地质勘查院副总工程师、环保中心主任,曾获第四届“野外青年地质贡献奖——金罗盘奖”,以及中国煤炭地质总局“青年岗位能手”等荣誉称号。

十年磨一剑,张号秉承地质报国的初心,在实践中奋勇直前,从一名青葱少年成长为理论功底扎实、野外经验丰富、项目成果丰硕、管理能力卓越的青年标兵。

唯干唯实唯先　矢志地质报国

满怀对自然科学的热爱和憧憬,张号来到中国地质大学(武汉)进行资源勘查工程专业学习。在校期间,他受到毛主席“开发矿业”的响亮号召和李四光先生献身地质、报效国家的精神鼓舞,毕业后毅然投身地质行业,扎根生产一线。

从大漠孤烟直的西部边塞到两岸猿声啼不住的长江三峡,从传统的煤炭勘查到新型的页岩气评价,从服务自然资源保障到助力生态文明建设,不同的地域、不同的领域、不同的岗位,无不闪现着他匆忙的背影、坚毅的步伐。

入职之初,张号远赴新疆实施传统的煤田地质勘查项目。“新疆的草原、雪山远看很美，但是我们地质工作人员所做的是要一步一步翻过雪山去定点、去采样，陪伴我们更多的是荒凉的沙漠和一望无际的茫茫戈壁。这样的条件下，交通和通信都不是很便捷，更多的是靠地质小伙伴们用双脚去丈量大地，用专业智慧去寻找矿产资源。”

离家千里的乡思、戈壁滩上的烈日、高山厚积的白雪……面对艰难的工作环境，张号从未动摇地质报国的初心。认真观察每一个地质点、采集每一个样品、描述每一个地质现场、记录每一个勘查成果，秉承唯干唯实的工作作风，张号坚守在祖国边疆。这一守，就是3年。

3年间，张号先后主持或参与过7个准噶尔盆地周边的煤田地质勘查项目（4个大型煤矿）。其中，二道沟井田煤炭勘探项目，新发现各类资源总量（331+332+333）12 109万t（大型煤矿）；玛纳斯天安井田扩大延深勘探项目，新发现各类资源量（121b+122b+331+332+333）15 347.67万t（大型煤矿）；新疆阿克苏石灰岩矿勘探项目，新发现各类资源量（331+332+333）20 188万t（大型石灰矿），并荣获中国煤炭工业协会一等奖1项、二等奖1项。

善谋善作善成　助力科研创新

回到武汉后，张号积极投身于湖北的页岩气勘查这个全新的领域。在省内新能源页岩气勘查的起步阶段，勘查经验缺乏吓不退他，知识储备不足难不倒他，项目实施遇难题也打不垮他。“页岩气”3个字无时无刻不萦绕在他的头脑里。他广泛查阅文献、请教业内专家，挑灯夜战是常态。经过3个多月的磨炼，张号逐步摸清了页岩气勘查的“门道”。

越是新领域、新挑战，越要迎难而上。2017年，张号负责江西丰城某项目，带领项目组制作了详细工作计划及工程预案，连续1个月通宵做试验。2018年他负责鹤峰走马矿产调查项目，山高路滑、地势险要，又恰逢一年最热的季节，“戴着安全帽出工汗如雨下，流进眼睛里扎得痛”，张号在这样的环境里连轴转了40多天。2018年，张号负责湖北咸丰尖山页岩气区块项目，在鄂西地区取得重大突破，开创了近年鄂西页岩气勘探开发的新局面，相关成果被国务院国有资产委员会报道。2019年，张号团队负责安徽望江区块项目，尝试用新方法对项目地层的厘定作大量的论证及分析，成效显著，充分展现了项目组的学习精神和创新精神。

功夫不负有心人，通过长期一线工作的历练，张号大大提升了野外工作技能和项目实施能力。他第一次主持的“荆门－京山页岩气资源远景调查”项目顺利完成验收，并受到省部级专家一致好评。2017—2018年，他作为负责人主持的“湖北咸丰尖山－高乐山页岩气区块有利区评价优选”项目取得重大突破，该项目重大成果被国务院国有资产委员会办公厅33199期、湖北省自然资源厅专题报道。2019年他主持的中国地质调查局下扬子页岩气科技攻坚项目“安徽南陵地区页岩气皖望地1井钻测录工程”荣获中国地质调查局2019年度项目成果优秀奖。与此同时，张号完成中国煤炭地质总局Ⅱ类科研项目1项、湖北煤炭地质局Ⅲ类科研项目7项，参与自然资源部“全省自然资源图集编制”工作，负责完成中南五省特种煤图集编制工作。

自律自省自信　争当先锋模范

在日常生活中，张号践行“诚实做人，踏实做事”的行为准则，恪尽职守，以身作则。在实际工作中，他时刻以一名优秀共产党员的标准来严格要求自己，勤学善思、刻苦钻研，2018年、2019年连续两年获得“湖北煤炭地质局优秀技术人才”称号；言之不尽，倾囊相授，发挥“传帮带”的光荣传统，带领年轻同事建立起一支“想干事、能干事、干成事”的技术团队。张号负责的工程技术部荣获中国煤炭地质总局2018年“科技创新团队”、2019年“中国煤炭地质总局青年文明号”称号；在近10年间野外一线的不懈努力和科研历练的沉淀下，2020年8月，张号荣获国家级奖项中国地质学会第四届“野外青年地质贡献奖——金罗盘奖”，是湖北煤炭地质局获取此奖项第一人，填补了湖北煤炭地质局在地质科学界高等级地质勘查奖项中的空白。

▲ 张号2020年10月荣获中国地质学会第四届“野外青年地质贡献奖——金罗盘奖”

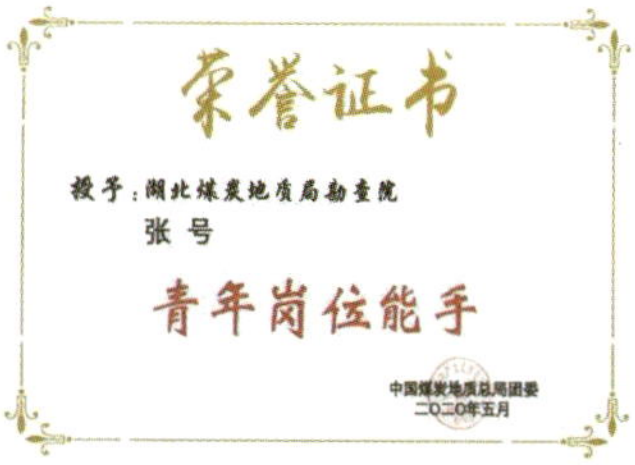

▲ 张号2020年5月荣获中国煤炭地质总局“青年岗位能手”称号

一代人有一代人的长征，一代人有一代人的使命。何谓地大人？在张号眼里，“艰苦朴素、求真务实”意味着责任与担当，意味着要从国家、民族和人民的立场去实现价值，意味着要以地大的精气神改造世界、创造未来。他也正是这样做的，志不求易、事不避难，在地质工作的大舞台上演奏绚丽的人生乐章。

▲ 张号校友

（图文来源：中国地质大学校友总会微信公众号）

方俊：一心“钻”研　做煤矿地质保障的安全员

方俊，1985年生，湖北谷城人，博士，副研究员，2004年9月考入中国地质大学（武汉）工程学院地质工程实验班，2008年保送工程学院地质工程专业研究生，师从鄢泰宁教授、石智军研究员。2011年毕业后，方俊进入中国煤炭科工集团有限公司（简称中国煤炭科工集团）西安研究院从事煤矿区钻探技术装备研发工作，现任钻探技术与装备研发中心钻探工艺研发部副主任，曾获第十届陕西省地质学会中青年探矿科技奖，获评中国煤炭科工集团西安研究院“科技创新先进个人”“先进工作者”“优秀党员”等荣誉称号，先后获得省部级奖项一等奖4项、二等奖4项、三等4项，中国煤炭科工集团奖项一等奖2项、二等奖2项，中国专利奖优秀奖1项。

初入煤矿　领悟责任与担当

第一次在煤矿下井对方俊来说非常突然。2010年5月，方俊在西安接受联合培养面试时，正赶上西安研究院在铜川开展定向钻现场试验。为尽早了解煤矿一线的工作环境，在钻探技术与装备研发中心领导安排下，当天下午方俊一行就来到了位于大山深处的陈家山煤矿，在完成简短的入井安全教育，更换专用工作服，领取矿灯、自救器、定位卡等一系列繁琐流程后，坐上一列小火车钻进了大山内部，沿着漆黑的平硐行驶半小时后，又沿着纵横起伏的巷道步行了近半小时，终于到达了试验钻场，厚厚的煤层、狭窄的空间、质朴的工人……方俊对这一切既感到新奇，又感到紧张和压抑。带他们下井的张博士一边介绍各设备情况，一边告诉他们这次试验的意义。“煤炭是我国的主体能源，但其开采却面临着种种灾害风险。我们从事的钻探工作，就是要提前利用钻孔查明和消除各种致灾地质隐患，保障煤炭安全高效开采。这次试验的目的就是利用西安研究院最新开发的定向钻进技术装备对煤层中的爆炸性气体进行精准预抽，从根本上避免瓦斯事故的发生。”第一次短暂接触，煤矿钻探工作便在方俊脑海中留下了深深烙印。

没过多久，与煤矿深入接触的机会就来了。2010年正值“十一五”国家科技重大专项的收官年，研发中心定于8月开始在山西晋城寺河矿开展一次定向钻进试验，力争实现千米钻孔突破。刚到西安研究院学习的方俊主动请缨，从跟班学习到单独带班，经连续3个多月奋战，成功创造了煤矿井下定向钻孔1059m的国内深度纪录。但令他更为印象深刻的是终孔前发生的严重孔内卡钻事故，虽然最终成功处理，但是定向钻进只适用于中硬完整煤层的现实情况却让他一直耿耿于怀。

自此，方俊真正了解了自己所要从事的工作及其对煤矿安全的重要意义，并将研究方向对准了煤矿井下定向钻进技术。

勇于创新　全域联动抽瓦斯

“瓦斯”是煤矿安全的“第一杀手”。“十一五”期间，西安研究院成功将中国煤矿井下定向钻孔施工深度提升至千米以上。但随着我国煤炭资源开发向西部和深部转移，大型现代化矿井越来越多，其工作面走向长度往往大于2000m，对瓦斯抽采钻孔的成孔深度提出了更高要求。刚正式入职的方俊被委以重任，作为“十二五”国家科技重大专项课题“中硬煤层大功率定向钻进技术与装备”的下设任务长，参与研制了我国首台套煤矿井下大功率定向钻进装备，研发了双动力驱动复合定向钻进技术。2014年该套设备在山西晋城寺河矿创造了当时煤矿井下定向钻孔深度1881m的世界纪录，性能全面超越国外产品，让方俊深刻体会到了科技创新的价值。

以往的定向钻孔主要用于瓦斯预抽，但矿井生产现状表明，高瓦斯矿井在预抽合格后，会被定级为低瓦斯矿井，在煤层开采时，受采动卸压影响仍会涌出巨量瓦斯，带来上隅角瓦斯超限的巨大隐患，严重制约矿井采煤速度。为此，西安研究院提出利用顶板高位大直径定向钻孔采动瓦斯抽采技术。作为国家科技重大专项“晋城矿区井下高位钻孔及区域递进式顺煤层钻孔工艺技术研究”任务长、中国煤炭科工集团重点项目“工作面采动瓦斯抽采顶板定向钻孔钻进技术与配套装备”技术骨干，方俊参与研发了正向多级扩孔、多动力一次扩孔等顶板岩层大直径定向成孔技术，研制了专用的定向钻具和扩孔钻具，建设了晋城寺河矿顶板高位定向钻孔施工示范工程，创造了当时顶板高位定向钻孔深度1026m的纪录，为“以孔代巷”采动卸压瓦斯抽采治理提供了技术保障，相关成果在山西、安徽、河南、贵州等地区实现了规模化推广应用。

经鉴定，“煤矿井下大功率定向钻进技术与装备”“复杂顶板岩层大直径高位定向钻孔成孔技术与配套机具”“煤矿区煤层气四区联动全域协调开发关键技术与装备”等项目成果均达到国际领先水平。

主动开拓　超前区域防水患

水害是我国煤矿5种主要自然灾害之一，地质异常体是各类矿井灾害事故的重要隐蔽致灾因素。既然定向钻进可以用来治理瓦斯，那么是否可以用来防治水害和探查地质异常体呢？

面对煤矿水害和地质异常体超前区域防治、精准防治的矿井需要，西安研究院率先将定向钻进技术应用于煤矿井下水害防治领域，作为河南焦煤能源有限公司项目“工作面煤层底板超前注浆加固定向钻进技术研究”、陕西省科技统筹创新工程计划项目“煤矿井下隐蔽致灾地质因素探查定向钻进技术”和国家重点研发计划任务“井下硬岩层高水压顶水定向钻进装备研发”等的技术骨干，方俊参与研发了煤矿井下防治水定向孔设计、施工、注浆、效果检验成套工艺技术，建立了煤矿井下水平定向钻孔注浆加固/改造、含水层水体疏放、老空水精确中靶探放等超前区域水害防治体系和断层、陷落柱、老空区等隐蔽致灾因素精确探查体系，并在赵固一矿完成了中国首个煤矿井下定向钻孔超前区域水害防治工程实践，取得了定向钻进技术在水害防治和隐蔽致灾因素探查领域应用的突破，推进矿井防治水工作由局部治理向区域治理的转变，相关成果在陕西、内蒙古、宁夏等地区实现了规模化推广应用。经鉴定，“煤矿井下防治水定向钻进及配套注浆技术开发”“煤矿井下水害防治与地质异常体探查定向钻进技术研究”等项目成果达到国际领先水平。

迎难而上　勇啃软煤硬骨头

高瓦斯矿井、煤与瓦斯突出矿井在我国分布广泛，其中约60%的开采煤层属于碎软、低渗煤层。碎软煤层具有地质构造发育、煤体结构破碎、强度低、瓦斯含量高、压力大等特点，其顺层瓦斯抽采钻孔施工一直是困扰我国坑道钻探技术发展的瓶颈。

大量实践表明，碎软煤层钻进时不宜采用清水，气体钻进成孔效果好，但轨迹不可控；液动随钻测量定向钻进可精确测控钻孔轨迹，但在碎软煤层中无法成孔。面对碎软煤层瓦斯高效精准抽采治理的矿井需求，作为西安研究院重点项目“井下碎软煤层电磁波随钻测量空气复合定向技术研究”项目组长、陕西省重点研发计划项目“煤矿井下软硬复合煤层无线随钻测量定向钻进技术与装备”和中国煤炭科工集团重点项目“碎软煤层空气螺杆马达定向钻进技术与配套机具研究”副项目组长，方俊参与研发了小直径长寿命空气螺杆马达、压风监控系统、耐高温抗强振动随钻测量系统、孔口除尘器等装备。他还研发了气动定向钻进技术，并于2018年在贵州青龙煤矿创造了当时406m的孔深纪录，300m以上定向孔成孔率达到75%，突破了定向钻进技术在碎软煤层中的应用瓶颈，推动碎软煤层区域递进式抽采模式从梦想走进现实。

经鉴定，“煤矿井下碎软煤层气动定向钻进技术与装备”“贵州突出矿井瓦斯区域高效精准治理关键技术与工程示范”等项目成果整体达到国际先进水平，气动定向钻进技术达到国际领先水平。

砥砺奋进　地质保障谱新篇

12年来，面向国家能源安全稳定供给的重大需求，方俊始终坚守在矿井生产第一线，足迹几乎遍布了我国主要产煤矿区，将定向钻进从中硬完整煤层拓展到复杂破碎煤岩层，从瓦斯抽采拓展到水害防治，见证了“西安钻”从优秀走向卓

▲ 方俊获得的部分科技奖励证书

越，也更坚定他致力于以科技进步保障煤矿安全的决心。

“且看梅花吐寒蕊，定知功成不畏难”，面对未来的困难和挑战，方俊坚信只要以科技创新为核心，定能实现煤炭的安全、高效、绿色、智能开采。

徐钦华：用“智”造力量创不“锈”科技

徐钦华，中共党员，正高级工程师，1977年12月生，2000届材料科学与工程专业本科生，2003届矿物学、岩石学、矿床学专业硕士研究生。2003年硕士研究生毕业后，徐钦华进入江苏法尔胜泓昇集团有限公司（简称法尔胜集团），历任江阴法尔胜住电新材料有限公司生产部经理，江阴法尔胜泓昇不锈钢制品有限公司总工程师、总经理。他还是江苏省第四期、第六期“333高层次人才培养工程”第三层次培养对象，无锡市太湖人才计划创新领军人才团队核心成员，无锡市青年科技工作者协会副秘书长，武汉科技大学研究生院硕士研究生兼职导师。

徐钦华致力于冶金金属制品行业新技术和新产品的研发应用，主持制定《不锈钢丝绳》（ISO—3444：2023），起草编制《冷顶锻用不锈钢丝》等多项国家标准；主持江苏省科技成果转化专项资金项目1项；发表SCI论文2篇、中文核心期刊论文8篇；获批国家授权发明专利7件、实用新型专利10件；在国内首次实现“华龙一号”和“国和一号”机组入堆用特种不锈钢材料国产化研制，曾获中国专利优秀奖、中国标准创新贡献奖二等奖、冶金科技进步奖一等奖。

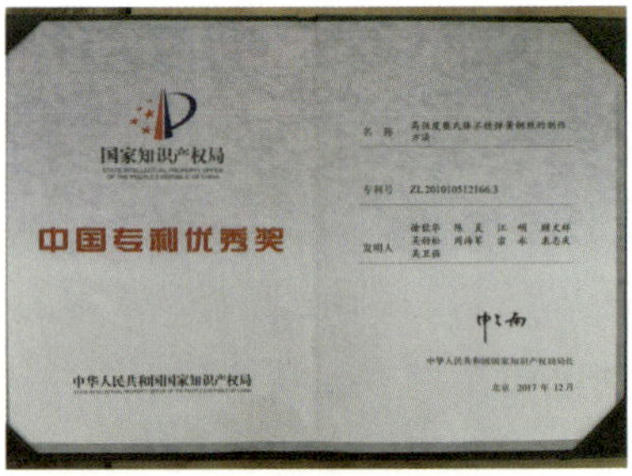

▲ 徐钦华获中国专利优秀奖

▲ 徐钦华获中国标准创新贡献奖

凝聚抗疫合力　引领复工复产

2020年初，恰逢春节，新冠疫情却肆虐而起，在江阴法尔胜泓昇不锈钢制品有限公司的一线员工中，外地员工占比70%，其中又有72%的员工回家过年。湖北籍员工又相对较多，复工和防控压力巨大。在疫情局势未明加之春节期间大量外地员工返乡的复杂情况下，公司党支部书记、总经理徐钦华同志在疫情肆虐初期提出并强调“员工健康、安全第一。只有生命健康，才有复工复产”的理念。据此，为保障员工安全返乡过年，公司将很难采购的1000只口罩全部分给返乡员工，反复叮咛一路注意安全。

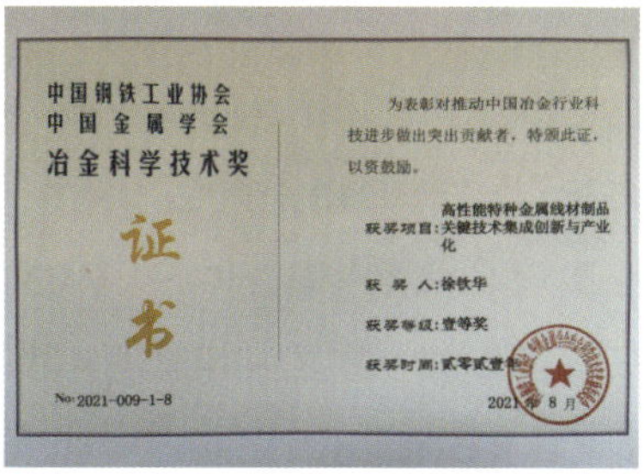

▲ 徐钦华获冶金科技进步奖一等奖

随着疫情局势愈发严峻，各地区加强封控使得公司面临着员工不能回岗的难题。面对困难，徐钦华没有犹豫，作出“管理人员下一线，三班轮轴转”的决策，同时安抚无法复工的外地工友，并启动点对点式的员工接收计划。截至2020年4月初，人员全部到位，产能逐步恢复正常。

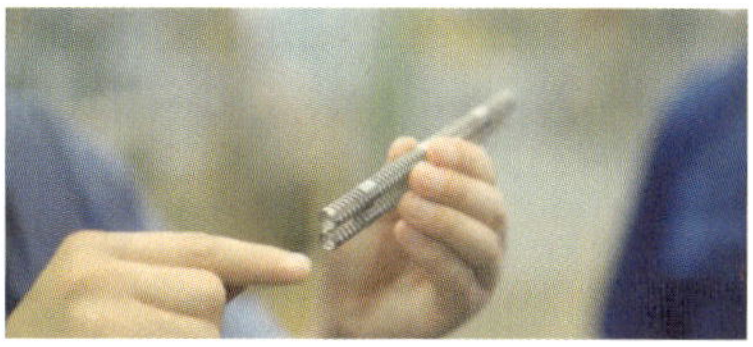

▲ 徐钦华团队研究开发的高强度奥氏体不锈弹簧钢丝

科技之星力创不“锈”传奇

高强度奥氏体不锈弹簧钢丝，外表看起来普通，背后却凝聚着徐钦华团队的智慧与心血。

由徐钦华负责研究开发的技术及产品，打破了业内固守的“较高的环境温度，导致不锈弹簧钢丝强度不达标”的传统观念。徐钦华团队围绕强度影响机制开展创新性工作，基于国产常规原料，通过系统的工艺研究，发明了在较高环境温度下也能有效生产高强度奥氏体不锈弹簧钢丝的制作方法，创新地解决了高强度奥氏体不锈弹簧钢丝的生产难题，节约了原材料采购成本，在无须额外的固定资产、能耗投入的基础上保证了操作便利，治愈了困扰行业已久的顽疾，同时满足了市场对高强度奥氏体不锈弹簧钢丝的要求，提升了行业对不锈弹簧钢丝强度形成机理的认识，取得了显著的经济效益和社会效益。在徐钦华及其团队昼夜不停的努力下，这款不锈弹簧钢丝凭借高性能、耐疲劳的特

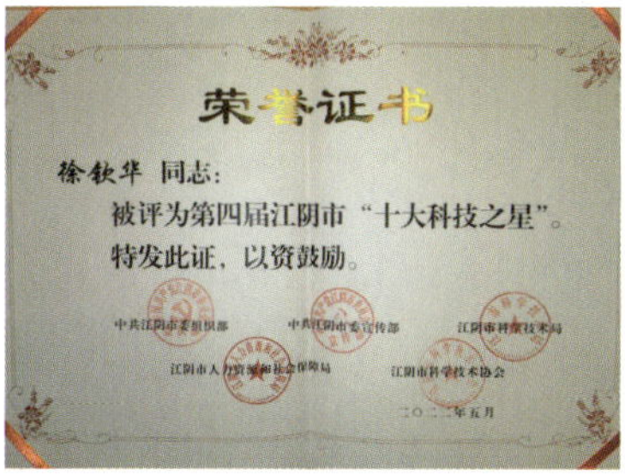

▲ 荣誉证书

点，成为电力行业关键持荷部件的单一来源。

该项研究成果于2017年12月获评中国专利优秀奖；基于国产材料、运用该研究成果生产的相关产品，作为国内电子行业关键持荷部件的“单一来源”，2020年首次成功入堆“华龙一号”（海外首堆——巴基斯坦K工程），解决了我国相关产品依赖进口材料的“卡脖子”问题。

“江阴好人” 敬业奉献

因为热爱，所以坚守。20年来，徐钦华把他的青春奉献给了冶金行业。正如徐钦华校友所说“创新驱动是科技发展的生命力，我和我的团队也将朝着这个方向持续努力，让更多国产代替进口，让全世界都能看到法尔胜，看到我们江阴的‘智’造力量”。目前，他正在主持不锈钢异型钢丝产品和相关成品的研发及量产项目，继续带领其团队在科技强国的道路上一往直前。

（图文来源：中国地质大学校友会）

李建辉：做一道亮光 助力昌江百姓通向幸福大道

李建辉，汉族，2005届经济学专业校友，中共党员，2020年10月19日，由中共中央组织部（简称中组部）选派到海南昌江黎族自治县人民政府挂职副县长，负责旅游、文化、体育、市场管理局、外事方面工作，分管县旅游和文化广电体育局、县市场监督管理局、县棋子湾管委会，协管县发展和改革委员会、县教育局，联系县文学艺术界联合会、县归国华侨联合会等部门。

▲ 李建辉

“来到昌江，我就是昌江人，一定会做好昌江的宣传员、战斗员、联络员、服务员！”这是挂职干部李建辉经常说的一句话。

2020年10月19日，来自深圳华侨城集团有限公司的李建辉由中组部选派赴海南西部的昌江县，挂任昌江黎族自治县政府副县长，续写中组部选派来琼挂职干部建功立业自贸港新篇章。

胸怀家国　始终坚持人民至上

从百姓眼中的“外地人”，到熟悉昌江的“自己人”，李建辉在昌江黎族自治县挂职后深入一线，为昌江的百姓纾困解难，成为群众的“暖心人”；积极转变角色，开拓创新，攻坚克难，兢兢业业，勇于担当，为昌江的文旅产业发展作出了积极的贡献，有效推动了昌江文化旅游高质量发展。

▲ 李建辉(左三)代表昌江赴甘肃兰州参加海南西部旅游联盟(甘肃)旅游推介活动

初来昌江，人生地不熟，语言不通，饮食习惯不同，李建辉感到万事开头难。天地无数有情事，世间满眼无奈人。“父亲因眼疾住院，母亲做膝关节手术，我都不能陪在父母身边；教会了我善良、感恩、坚强的奶奶今年8月5日永远地离开了我们，我也不能第一时间赶到她老人家身边，看奶奶最后一眼……除了在工作上遇到困难外，还有家里的很多困难都需要想办法解决。不管怎样，都要解决困难。”言语中虽然饱含他对家人的亏欠之情，但更听出他对工作的热爱与执着。

“作为一名中组部选派来琼挂职干部，能见证、亲历和参与海南自贸港建设，是我一生的荣幸。我无悔于自己的选择，时刻警醒自己，要在新时代、新征程上留下无悔的奋斗足迹！”

从初来昌江到扎根昌江，他始终初心不改，因为热爱，所以满怀激情，迎难而上，披荆斩棘。“所以我更加珍惜这样的机会，全力以赴地投入工作，在工作中把自己变成昌江人。热爱自己的工作，所有的困难都不再是困难了。”他如是说亦如是做。他不仅是公认的工作狂，还是敢啃硬骨头的好干部！于是，来不及熟悉昌江的环境，李建辉就立马投入工作，开始走访昌江8个乡镇，走遍项目建设现场，赴岛外推介昌江资源，向基层干部学习，向当地群众学习，了解掌握旅文产业的短板和优势，快速融入昌江。

扎实工作　绘就文旅高质量发展新画卷

在昌江挂职期间，李建辉围绕职责分工，稳步有序推进各项工作，找准重点难点，尽心竭力做好昌江旅文宣传推广工作。

多措并举，推动旅文市场全面复苏。挂职以来，李建辉以打造海南西部一流旅游目的地为目标，以创建全域旅游示范区为抓手，以“山海黎乡，纯美昌江，中国西岸，小众天堂”为战略定位，内抓管理，外树形象，以全域旅游视角抓昌江县域旅游发展，推动疫情后昌江旅文市场复苏。2021年昌江总接待游客232.36万人次，同比增长168.5%；实现旅游总收入11.54亿元，同比增长73.86%；接待游客人数累计增速在全省排名第一，过夜游客101.05万人次，同比增长50%，取得有史以来最好成绩。

以文塑旅，推动考古文化工作取得重大突破。中国科学院古脊椎动物与古人类研究所研究员李超荣教授被聘请为昌江县政府顾问，指导县域考古发掘工作。2022年2月，他们在昌江王下乡钱铁洞旧石器遗址洞顶发现距今约2000年的古代岩画遗存，这是海南首次发现的岩画遗存，它填补了海南岛地区无岩画实物的空白，对研究中国岩画的分布和特征具有重要学术意义。

开拓创新，全力夯实昌江全域旅游基础。李建辉成功创建“九个第一”，即第一个金宿、第一个省级旅游小镇、第一个全国乡村旅游重点村、第一个五椰级美丽乡村、第一个四椰级美丽乡村、第一个全国围棋之乡、第一个海南黎陶之乡、第一个世界级研学基地、第一个海南省民间文化艺术之乡；成功策划2021—2022年“冬登春赏”文旅活动，仅用1个月就让抖音播放量高达9.2亿次，昌江文旅在18个市县中成功出圈；助力《向往的生活》第六季在昌江沙渔塘村拍摄，自开播以来该节目累计新增全网曝光量60亿次，短视频相关曝光量6亿次，五网收视率排名第一，省级频道同时段收视率排名第一。

以赛带游，积极承办国家级赛事。李建辉积极主动与国家体育总局、中国围棋协会、海南省旅游和文化广电体育厅（简称省旅文厅）协调沟通，申请承办全国围棋赛、国际象棋联赛、全国青少年五子棋锦标赛、中国（海南）国际新能源车拉力赛（昌江站）等一系列国内外赛事活动，以赛事带动旅游业发展；助力中国（国际）围棋学院落户昌江棋子湾，推动围棋进校园活动，大力弘扬围棋文化，为昌江棋子湾围棋文化品牌建设作出突出贡献。

继往开来，持续开展系列旅游文化活动。李建辉邀请《放歌中国》节目组走进昌江，成功举办“春赏木棉红·畅想自贸港的春天”晚会，通过央视频道、快手平台向全国观众现场直播，全网累计观看人次超过380.5万；携手中国旅游景区协会举办中国旅游度假区高峰论坛暨首届景区高级职业经理人培训班，这是中国旅游景区协会首次在海南举办的活动，获中华人民共和国国家文化和旅游部与省旅文厅点赞。

蹄疾步稳，推动昌江文旅规划先行。2020年李建辉率先在全省范围内编制完成《昌江县域文旅融合发展总体策划及概念性空间规划》；2021年推动编制完成《海南昌江棋子湾旅游度假区控制性详细规划》并让该规划通过专家评审，有效解决了长期以来制约棋子湾发展的上位规划政策障碍。

敢闯敢试　只为建设更美好的昌江

一脉相承，不断丰富文化惠民活动。李建辉指导县文化馆开展群众文化活动。他挂职以来推动创办百姓大舞台，2021年线下参与人数1500人次；举行文化下乡惠民演出共52场，其中县级20场、省级32场；同时完成戏曲进乡村、进校园活动共16场；2022年上半年，组织开展的各类群众文化活动共计29场次。两年来他超额完成上级任务指标及年初工作计划。

砥砺前行，以高压态势加强广电领域行业管理。2020年昌江成为全省范围内第一个完成应急广播行政村覆盖率达100%的市县。

全力谋划，推动世界级和省级研学基地建设。结合昌江具备全海南岛所有旅游要素的实际情况，李建辉首次提出以研学旅游为突破口和抓手，走差异化道路，成功建立昌江核电站和霸王岭2个世界级研学基地和4处省级研学基地，携手海南师范大学推动完成十大研学课程体系编制工作。

推动昌江从小旅游向全域旅游转型。在全域旅游时代，李建辉借助昌江得天独厚的研学资源优势，走差异化道路，多措并举，下更大决心将昌江研学旅游做大做强，将温度、深度、纬度转化为昌江走绿色可持续高质量发展的加速度。

勇于变革，奋力开创市场监管工作新局面。李建辉落实省市场监督管理局决策部署，做好企业年报公示工作；落实压缩企业开办时间至1个工作日，将企业设立环节压缩至0.5个工作日；立案查处各类食品安全违法案件44宗，罚没款0.611 3万元；积极推动《黎家宴服务规范》地方标准编制工作通过省级立项；完善消费维权制度，2022年以来昌江受理投诉举报367件，办结率100%，为消费者挽回经济损失26.14万元。

全力配合，推进协管联系部门工作取得新成绩。李建辉助力乡村振兴，协助县发展和改革委员会发展电商产业，建设县级电商公共服务中心和电商物流中心及52个村级电商服务网点；打造书香校园，推动深化昌江教育教学改革，推动建立“县管校聘”工作和研训中心；助力昌江黎族自治县外事办公室获评“第二批公共场所外语标识标牌规范建设”考核全省第四名；推动文艺繁荣发展，指导昌江黎族自治县文学艺术界联合会每年举办摄影大赛，讲好昌江故事；助力县归国华侨联合会成立侨胞之家、开展金秋助学活动，组织高中生参加第22届世界华人学生作文大赛并获7项大奖。

情系昌江，带头践行为民服务宗旨。李建辉亲自挂帅解决了县电影公司、石碌影剧院72名退休老职工近30年没有领取到退休金的疑难问题，老百姓专程送来锦旗表达感谢之情。

两年昌江行　一生昌江情

为了把昌江的资源优势转化为发展优势，推动昌江产业转型，走绿色可持续高质量发展道路，李建辉大胆谋划，把昌江核电站打造成4A级景区。“昌江核电站是目前唯一人类可以走进去参观的核电站，届时将成为中国第一个，也是世界第一个4A级核电站景区！”思想决定出路，成功在于行动，在县委、县政府的坚强领导下，他埋头苦干，一面狠抓项目、补齐短板，一面优化产业结构，走生态化产业化高质量绿色发展之路，在锐意改革攻坚中不断缩小发展差距。

一组组亮眼的数据，是在昌江县委、县政府的坚强领导下，李建辉和昌江干部群众呕心沥血建设昌江的印证和回报。挂职以来，他敢闯敢试、殚精竭力，让昌江人合力铸造的火炬燃得更旺。

在即将离琼返深之际，李建辉万分不舍，他深情地说“酒杯太浅，敬不到来日方长，时间太短，难以一一言表，但青山常在，细水长流”，足见他对昌江的深厚情谊。

两年昌江行，一生昌江情。挂职工作即将结束，但建设自贸港的责任永远在肩上。“今后，无论何时何地，无论处在何种岗位，我会时时刻刻心系昌江家乡的发展变化，一如既往地关注昌江、支持昌江、宣传昌江，做一道亮光，照亮昌江百姓通向幸福的大道！”

（图文来源：微博号新浪海南）

黄俊光：求真务实　推动地质、岩土与结构融合创新发展

▲ 黄俊光

岩土工程是为满足工程建设需要，通过地质勘察、工程测量等方式，查明工程建设与自然环境相互关系，解决岩土与地下工程问题的综合应用科学，具有隐蔽性高、地域差异性大、不确定性强等特点。作为长期从事岩土与地下工程的“地下工作者”，必须坚持求真务实，持续探索地质工程、岩土工程、结构工程融合创新发展，为岩土与地下空间工程建设和环境保护提供坚实的理论保障和技术支持，推动地下空间高质量可持续开发利用。今天，黄俊光校友将给我们讲述他与岩土工程的故事。黄俊光，2002届土木工程专业校友，中国地质大学企业硕士导师，广东省工程勘察设计大师，广州市设计院集团有限公司副总工程师，广州市设计院集团有限公司岩土与地下空间院院长，广东省工程勘察设计行业协会岩土与地下工程分会会长，广州市工程勘察设计行业协会地下空间分会会长（筹），广东省工程质量安全应急救援专家，广东省超限高层建筑工程抗震设防审查专家，广东省文物保护专家，华南理工大学、中国地质大学、广州大学校外硕士生导师。荣获广东省勘察设计大师、首届广东省杰出设计师、建筑结构行业杰出青年、广东省土木建筑优秀科技工作者、广州市青年岗位能手等称号。黄俊光长期从事岩土与地下空间的设计研究工作，特别是在深大基坑、基坑群、高陡危大边坡、软土地基处理、复合桩基础、建筑抗浮设计等方面有较深入的研究；主编广东省标准《建筑边坡工程技术规范》和《岩土工程勘察规范》，参编《建筑基坑工程技术规程》《岩溶地区建筑地基基础技术规范》等12本行业及省级规范；主编《基坑工程设计方案技术论证与应急抢险应用研究》《岩溶地区建筑地基基础》《深大基坑工程技术》等著作；主持重大工程项目超300项，完成了广州塔、珠海中心等11项超300m超高层项目岩土专业设计工作，获中国建筑设计奖金奖等省级及以上各类奖项50余项，授权专利16项，发表论文30余篇。

与土木工程的不解之缘

我是来自广东省紫金县的客家人，深受我们客家人崇文重教、忠国孝家传统的影响，一直希望能成为一位传道授业解惑的老师，或者尽忠孝行仁爱的医生。彼时我考上依山而建的紫金中学，那里的校舍群是叠级退台的山地建筑，喜欢打篮球的我经常在山上教室和山下体育场来回跑动，经常攀爬步梯、翻越挡土墙、跳跃截水沟。那时我就经常遐想一些让人更省时、轻便和舒适的山地建筑设计方案，这也激发我做了很多自认为更合理的改造设想，比如某些地方可设桥跨越，局部错层布置，挡土护坡与主体结构融合设计。待深入研究后，我发现方方面面涉及知识很多，特别是土木工程知识，越嚼越有劲。于是，在高考前我郑重填报了能“战天斗地修地球”的地大土木工程专业。

因缘际会，1998年夏天，我如愿收到了中国地质大学土木工程（岩土）专业的录取通知书。作为在山区农村玩泥巴长大的我，面对“后缀的岩土”多了很多困惑，偶然看到的《南方周末》中的一句话“地下空间的合理开发与利用是21世纪城市可持续发展的最佳途径”，突然感觉研究“岩土”大有可为。做一行爱一行，深入学习了岩土工程专业知识后，渐渐地，岩土工程中大量的未知和不确定性吸引着我。我不忘初心，一步步探索，从中也慢慢发现，工程师尤其是岩土工程师，其实跟医生一样，通过不断地解决疑难杂症，为发展家国建设事业尽“忠孝”。

2002年毕业后，我一直在广州市设计院集团有限公司（简称广州市设计院）工作，得益于广州市设计院集团平台积累的技术优势，2010年起历任广州市设计院集团市政岩土设计所总工程师、市政岩土设计所副所长、岩土设计所所长（兼）；岩土与地下工程所所长、勘察测量所所长（兼）、房屋安全鉴定所所长（兼），广州市设计院集团副总工程师（兼）。回顾这20年来，从助理工程师到教授级高级工程师，从一个个项目的设计师到现在引领团队攻坚克难的岩土技术带头人，再到2022年被认定为广东省勘察设计大师的扎实的成长蜕变的经历，让我更深入理解了工程师的艰辛，也体会了工程师的成就感，更明白了工程师的使命与责任。

我们团队以克服一个个项目的难题为基础，通过深入挖掘新方向和研发新技术，提出了地质、岩土与结构融合发展的新路线；通过充分授权并发挥工程师的创造性，引进博士（后）进行技术研发，为产学研合作创造了较好的条件。这一系列措施的实施都为广州市设计院集团增光添彩。2022年3月，广州市设计院集团整合一部分专业所成立了岩土与地下空间院，我担任首任院长。目前，本院人员有60多名，其中，广东省勘察设计大师1人、广州市青年后备人才1人、注册土木工程师（岩土）8人、一级注册结构工程师4人、教授级高级工程师4人、博士及博士后10人、硕士30余人。目前，我院研发团队已成为华南地区岩土与地下空间方向综合设计实力强劲的优秀团队。

在项目中成长

自毕业以来，我一直专注岩土与地下工程专业相关工作，主要集中在以下几个方面。

（1）基坑工程设计。代表性项目成果有广州塔区基坑工程项目（600m）、广州广商中心基坑工程项目（350m）、广州国际文化中心基坑工程项目（320m）、广州冼村310地块基坑工程项目（330m）、珠海中心大厦基坑工程项目（330m）、广州珠江城基坑工程项目（303m）等超深超大基坑项目，珠江新城花城汇地下空间北区基坑工程项目、冼村旧改基坑工程项目、琶洲电商区基坑工程项目等复杂基坑群工程项目。

（2）边坡工程设计。代表性项目有广州黄埔区保利林语山庄后山边坡大型地质灾害治理项目（号称“华南第一坡”，最大边坡高约200m，治理面积约20万m^2）、中国南方电网生产科研综合基地边坡支护工程项目。

（3）复杂地质地基基础设计。岩溶强发育地区代表性项目有白云机场三期安置区项目、广州北站安置区项目、广州白云区沙亭岗安置区项目、花都融创城项目等。

（4）软土地基处理设计。珠海长隆海洋王国地基处理项目（珠海长隆海洋王国为全球最大海洋主题度假区，地基处理面积约50万m^2）、灵山岛尖九年一贯制学校地基处理项目，广东省中医院南沙医院地基处理项目。

（5）地下结构抗浮设计。代表性项目有广州港黄沙水产新市场项目地下结构抗浮设计（水产市场）、广州长隆熊猫酒店地下结构抗浮设计项目。

（6）轨道交通减振降噪咨询评估。代表性咨询项目有合景珠江新城A4－3地块项目、广州国际创新城一期C居住地块项目、广州环球贸易广场项目等地铁减振降噪评估项目。

用初心践行公益

2021年7月，我作为事故技术调查的勘察设计组组长参与了“7·15”珠海隧道透水事故调查处理，历时20余天圆满完成了抢险救援和事故调查任务，得到了广东省应急管理厅书面表扬。另外，我还参与了2019年广州地铁11号线沙河站施工区域“12·1”地面塌陷事故、2018年6月广州黄埔区保利林语山庄后山边坡大型地质灾害等多起事故的抢险救灾工作。

我在文物保护方面开展了较多加固工作，如加固越秀山五羊石像、中山纪念碑、石室教堂等全国文物建筑。许多项目虽然没有多少经济效益，但是作为一名工程师，能够利用自己的专业技术为文物保护贡献一份力量，常为此感到自豪和骄傲。

最近在忙什么

我日常主要还是围绕服务项目在做一些设计、咨询和研发工作。为了给团队创造更大的发展空间，近几年我在经验总结、科技创新、学术交流、平台搭建等方面也投入了比较多的精力。

（1）编写规范。主编了2本广东省标准《岩土工程勘察规范》与《建筑边坡工程技术》，还有《软土地区建筑技术规范》等多部规范正在参编中。

（2）编写专著。出版2本专著《深大基坑工程技术》（2022年出版）和《岩溶地区建筑地基基础》（2021年出版）。

（3）科技创新。主导成立了岩土与地下空间研究中心并任中心主任，带领在站7名博士后，承担了国家自然科学基金项目2项、住建部项目1项、省住建厅项目1项、广州建筑集团科技项目4项、广州设计院集团科技项目2项、广州横向科研经费年均800万元以上。去年一年，我们团队申请了专利15项，发表论文6篇，获广东省科学技术协会科技进步奖一等奖3项，科研成果还算令人满意。

（4）平台建设及学术交流。2021年承办“广东省工程勘察设计高质量发展大会暨岩土与地下工程分会成立大会”。2022年7月承办了第七届面向工程的地基基础技术交流会。2022年9月承办了“广州市工程勘察设计行业协会地下空间分会筹备大会”。

对行业和专业的思考

◆对行业现状及未来的一些思考

近两年房地产市场低迷，许多从业人员被悲观情绪笼罩，尤其是年轻的工程师对未来产生了一些迷茫。近20多年来，伴随着我国基础设施建设及房地产市场的爆炸式发展，相关专业在高校的扩招速度也相当惊人。在如今市场规模收缩的情况下，行业面临较大的就业压力，相信经过这次市场调整，高校人才输出规模也将会压缩，这对行业的长期健康发展是有利的。站在粤港澳大湾区的视角之下，土建市场规模依然巨大，特别是地下工程仍大有可为。如2021年9月广东省人民政府办公厅印发《广东省综合交通运输体系“十四五”发展规划》，粗略估算仅交通基础设施重大项目投资就超2万亿元，民用建筑、水利航道等行业土建工程也必将维持在一个较大的规模。但传统建筑市场难以再创高峰，不过考虑到对城市更新、韧性城市、地下空间、环境岩土、智慧建造、双碳建筑等的需求增长，建筑行业在高质量发展市场中依然大有可为。

◆ 对地质、岩土与结构融合创新发展的一些思考

伴随着城市现代化建设步伐的不断加快，工程条件复杂多变，工程难度日渐提高，工程各环节统筹协调、各部分协同配合，绿色建造与高质量发展已然成为工程行业升级发展的主流趋势。现阶段工程地质、岩土工程、结构工程三者存在行业职业专业的割裂问题，因技术衔接及沟通不够通畅，易出现工作重叠重复、信息传递失真等一系列资源浪费问题，甚至引发工程事故。工程地质、岩土工程、结构工程、结构工程之间有很好的互补性，应将三者协调统一，让它们在互相结合、互相渗透、互相衔接、互相依存中发展。

◆ 对从事地下工程技术人员的一些思考

从我自身经历来看，建议地质工程、岩土工程、结构工程等相关专业的地下工程技术人员向相关方向多延伸，改变有边界和分界的态度，寻求破界跨界的机会，主动将3个研究内容进行整合融合，提高个人竞争力和价值。

目前国内勘察设计模式，特别是地下工程相关的地质工程、岩土工程及结构工程被条块割裂严重，系统性不足，在具有隐蔽性、地域性和不确定性等特点的地下工程板块，融合创新发展具有专业先发破发优势。

工程建设逐步由增量市场进入到存量市场，勘察设计传统模式发展瓶颈难以突破，EPC 模式下地质岩土结构融合实践和研发创新有助于控制工期、规范造价。当前，我们应发扬工匠精神、创新精神，持续探索更先进合理的科学知识和工程技术。先行者必将先享受行业价值链创新发展的红利。

杨志军：唯教育、公益和运动不可辜负

教书育人、立德树人，背后是16年始终如一的坚守。今天我们将走近优秀青年校友杨志军，了解他的故事。杨志军，男，白族，贵州织金人，中国地质大学（武汉）2017 届思想政治教育专业博士，现任贵阳学院马克思主义学院副教授。

爱岗敬业　勤奋钻研

2006 年结束本科阶段的学习后，于同期加入中国共产党的杨志军出于为人民服务的坚定信念和对知识的渴望，一边工作一边攻读浙江大学硕士学位，之后又攻读了中国地质大学（武汉）博士学位。2011 年 11 月至今，杨志军校友先后就职于安顺学院及贵阳学院等单位，就职期间开展多个科研项目研究并取得优异成果。他曾主持贵州省哲学社会科学一般项目等省级项目多项，参与教育部及国家社会科学基金项目多项；发表论文 24 篇（部分论文被 CSSCI[①]收录），其中论文《铸牢中华民族共同体意识——2021 年贵州省普通本科高校思想政治理论课专任青年教师培训感悟》发表在《人民日报》融媒体平台——日报头条，浏览量超 15 万次；参编著作 1 部；获专利授权多项；积极到贵州雅光电子科技股份有限公司宣讲党的二十大精神，并被《贵州新闻联播》《学习强国》《贵州日报》《贵阳日报》等媒体纷纷报道。

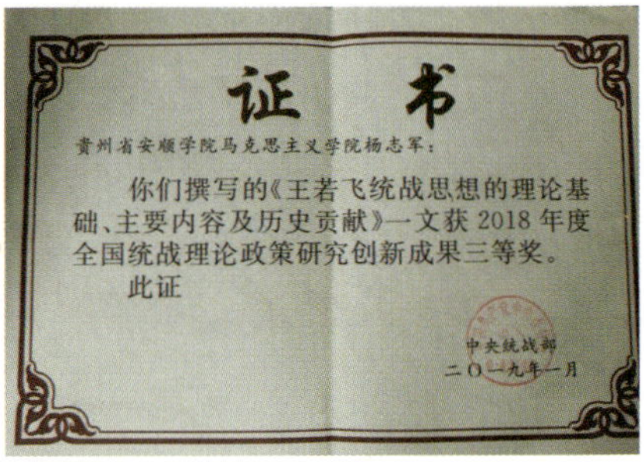
证　书

贵州省安顺学院马克思主义学院杨志军：

你们撰写的《王若飞统战思想的理论基础、主要内容及历史贡献》一文获 2018 年度全国统战理论政策研究创新成果三等奖。

此证

中央统战部

二〇一九年一月

▲ 杨志军校友论文《王若飞统战思想的理论基础、主要内容及历史贡献》获奖证书

2017 年 5 月，他的论文《西部基层“留才

①CSSCI，全称为Chinese Sciences Citation Index，中文全称为中文社会科学引文索引。

难”的困境及创新对策》在中央人才工作协调小组办公室主办、《人民论坛》杂志社承办的“学习习近平总书记关于人才工作重要论述征文活动”中荣获二等奖。2019年1月，论文《王若飞统战思想的理论基础、主要内容及历史贡献》荣获中央统战部主办的全国统战理论政策研究创新成果三等奖。2021年6月，他指导的学生作品《不忘初心》荣获贵阳学院庆祝建党100周年主题创客大赛三等奖。2022年4月，杨志军荣获“贵阳学院中青年学术骨干”荣誉称号。

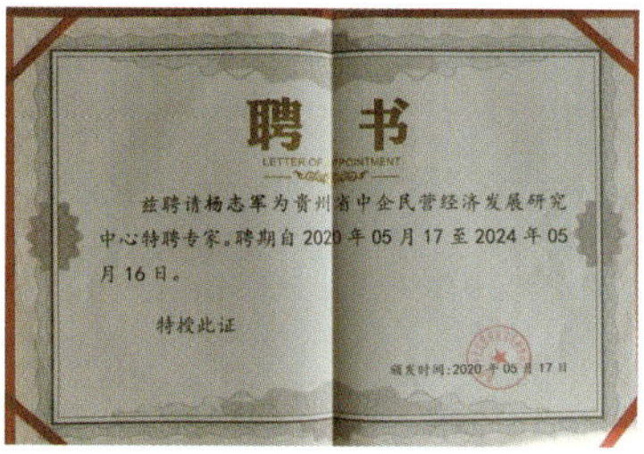

▲ 杨志军被聘为贵州省中企民营经济发展研究中心特聘专家

始于教书育人却不止步于此，杨志军校友也积极为地区建设及地区经济发展建言献策。2020年5月，杨志军校友被聘为贵州省中企民营经济发展研究中心特聘专家，其作品《建设高素质强大人才队伍打造高水平创新型省份的建议》于2021年10月在“我为强省会建言献策”征文大赛中获一等奖。

关爱学生　热爱运动

自2020年新型冠状病毒感染疫情暴发以来，在经历了数次将发热学生安全运送至医院就医等突发紧急状况后，杨志军校友更加深刻地意识到身体健康的重要性。在帮助学生完成课业任务，带领学生阅读马克思列宁主义原著及习近平新时代中国特色社会主义思想等相关著作，帮助学生提升理论水平的同时，他组建了贵阳学院首个学生跑团，带领学生跑步，帮助学生强身健体。

与跑步结缘的契机是一次体检。2019年杨志军体检时得知自己处于亚健康状态，为了身体健康，他开始坚持每天跑步。从起初的几百米到1km、2km、3km……到后来的清镇半马、荔波全马，直到 2020年4月21日的108km。疫情期间，不能到户外跑步，他就天天坚持在家里的客厅跑步，甚至在家中完成了“全马”。谈及原因，杨志军表示，一是追求健康，满足爱好；二是践行体育强国的理念；三是自己有不服输的精神。

服务社区　热心公益

疫情期间，杨志军校友作为志愿者在贵阳学院家属区服务，积极为社区疫情

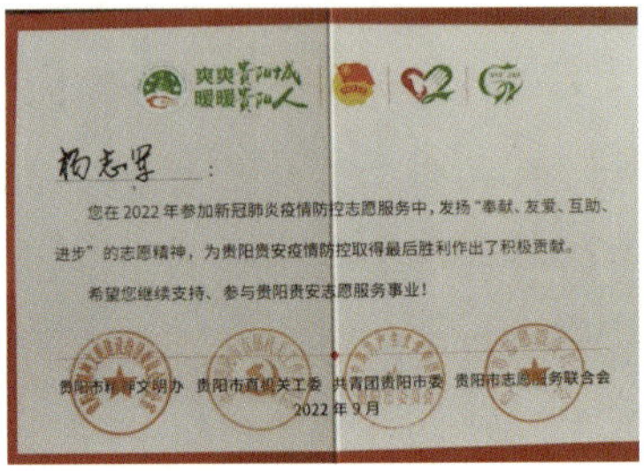

▲ 杨志军校友被评为第二届贵州省"最美劳动者"

防控作贡献，为人民生命财产安全保驾护航。

2022年11月，杨志军校友被贵州省总工会、中共贵州省委宣传部、贵州省人力资源和社会保障厅、共青团贵州省委员会、贵州省妇女联合会等部门评为第二届贵州省"最美劳动者"。

校友风采

中非共和国英赛校友：静水流深　化作连接中外的纽带

在2008年中国地质大学（武汉）毕业的研究生中，有一名来自中非共和国的国际校友英赛（Ndongami · L · Hinsaï）。英赛于2001年9月—2005年7月在中国地质大学（武汉）地球科学学院地质学专业学习，2005年9月—2008年7月在中国地质大学（武汉）资源学院能源地质工程专业攻读硕士学位。毕业后，他先后在中国石油集团测井有限公司和中国石油集团安全环保技术研究院有限公司工作。英赛精通法语、英语和汉语，一直在公司从事中外交流的相关工作。

"我十分感谢老师们的推荐"

英赛于2000年来到中国留学，通过几个月的汉语学习，2001年9月，英赛正式开始了在中国地质大学(武汉)地球科学学院地质学专业的学习。在本科即将毕业时,英赛原本以为自己与奖学金无缘,无法继续在中国攻读硕士学位,准备回国时,英赛的导师徐思煌教授和国际教育学院的老师们极力地推荐英赛申请奖学金,帮助英赛获得了湖北研究生奖学金和中国政府奖学金。"我十分感谢老师们的推荐,他们帮助我获得了这两份奖学金,让我能够继续在中国求学,"英赛感激地说道,"后来我用奖学金购买了笔记本电脑等学习必需品,缴清了各种学习费用,这对我意义重大。"

除此之外,英赛还提到了导师徐思煌教授对他的指导。"徐思煌教授不仅孜孜不倦地向我传授知识,而且教会了我如何与他人沟通相处并分享了大量资料给我,这些对我的学习和生活都有很大的帮助。"英赛诚恳地说道。

穿针引线　成为中外交流的坚实纽带

2010年,英赛进入了中国石油集团测井有限公司工作。步入工作的头两年,英赛在河北廊坊的油田工作,主要负责油田钻井过程中的取芯分析与瓦斯显现控制,同时负责油田的测井解译——对部门得到的数据进行即时翻译,并反馈给上级部门。后来,英赛调到了公司位于北京的国际项目部工作,主要负责非洲和中东市场的业务,探索在非洲提供石油测井服务的可能性,在海外市场为公司寻找潜在的项目。因为英赛精通法语、英语和汉语,所以在国外出差时,英赛一直负责与各国大使馆联系,办理签证,并与乍得共和国(简称乍得)等国家的政府石油部门交流,介绍公司情况,探索为他们提供服务的可能性。

▲ 英赛(后排左三)在大庆油田井下修井队

除此之外,英赛还一直负责提高员工的英语口语交际能力。谈起英语口语培训工作的机缘,英赛回忆道:"在我2001年入学时，便兼职为一家培训机构的学生进行英语口语的培训。”但英赛的母语并不是英语，而是法语。“事实上，我在高中学习过英语，但并不会用英语交流，到了中国后我花了大概一年的时间来提高英语口语能力。为了提高教学质量，我每天都在宿舍找英语资料学习背诵，一边教一边学。”正是因为有了英语口语培训工作的经历，所以英赛在工作后，便负责公司部门的英语口语培训工作。

2018年，英赛进入了中国石油集团安全环保技术研究院有限公司的海外HSE[健康(health)、安全(safety)、环境(environment)]技术中心工作。作为一名HSE工程师，英赛承担了更重的翻译与培训任务。针对国外合作方的技术人员，他负责HSE石油行业知识的培训工作；针对中国石油天然气集团公司(简称中石油)投资的非洲国家项目，他要翻译各国的法律法规及环境标准；每周修订并校对《中国石油天然气勘探开发公司健康、安全和环境预警公报》，协助完成环境和安全相关项目的数据研究和翻译工作，与中国石油天然气勘探开发公司在乍得共和国雇佣的外籍本地雇员进行沟通，并为中国石油长城钻探工程有限公司翻译1本HSE手册及26份程序文件。2016—2019年，英赛先后为乍得共和国、中非共和国等国家的政府官员提供汉法和汉英的口译服务，向他们介绍了石油行业的知识和前景，发掘了中石油在海外服务的潜在项目，成为了中石油与乍得共和国、中非共和国等国家在石油领域沟通合作的坚实纽带。

永远不会忘记地大

谈起自己的信念，英赛笃定地说道：“我从未停止努力，每一天我都觉得自己必须进步，努力工作的决心让我必须推动自己前进。我很钦佩中国人认真对待工作的态度，不管以后在哪里，我都会继续秉持认真负责的态度对待每一份工作。”在中国生活的这些年，英赛发现周围的人都在不断地通过学习提升自己。“我想我也不能落后，因此，我努力通过了雅思、托福法语等考试，目前正在准备考NEBOSH证书[①]，拥有NEBOSH证书，不仅代表我的HSE专业水平达到了专家级水准，还能让我在世界上任何一个地方得到同行的高度认可。”

工作十二余载，谈到在地大的求学经历，英赛说道：“在地大的求学经历，让我

①NEBOSH指英国国家职业安全与健康考试委员会，全称为The National Examination Board in Occupational Safety and Health。NEBOSH证书即指国际职业安全与健康通用证书。

受益匪浅。对地质学和能源地质工程等专业知识的学习,让我在工作中遇到难题时游刃有余。同时,在地大,我还学会了如何用中国人的方式和老师、同学相处,这让我在工作后学会了如何与同事相处,如何与客户交流。”

在地大即将迎来70华诞之际,英赛真挚地说道:“我衷心地祝福地大建校70周年快乐,感谢地大为我提供舒适的学习环境、丰富的学习资源,感谢中国政府为我提供的奖学金,我永远不会忘记地大。我希望地大能够继续给外国学生来中国学习的机会,希望更多的外国学生来中国学习专业知识和先进技术。最后,我诚挚地祝愿地大华章永续,再创辉煌!”

(图文来源:留学地大微信公众号)

3位地大人获得第六届“谷德振青年奖”

2022年11月1日,中国地质学会工程地质专业委员会发布第六届“谷德振青年奖”获奖者名单。学校2006届岩土工程专业本科毕业生、中铁第一勘察设计院集团有限公司正高级工程师黄勇校友,2006届土木工程专业本科毕业生、2011届地质工程专业博士毕业生、中国地质大学(武汉)国家野外站副研究员刘清秉校友,2010届工程地质专业本科毕业生、2015届工程地质专业博士毕业生、中国电建集团华东勘测设计研究院有限公司高级工程师孙淼军校友分别凭借申报成果“极复杂高原艰险山区天空地综合勘察关键技术及应用”“工程岩土体多尺度失稳演化机理与灾变防控”“海洋工程地质勘察关键技术与重大装备研究”获得该奖项。其中,黄勇校友获得2022年学校“优秀青年校友”荣誉称号。

黄勇校友自2006年工作以来一直从事铁路、轨道交通等领域的国家重大工程勘察设计工作,先后主持或负责川藏铁路、银西高速铁路、西安北至机场城际轨道、西安地铁、成都地铁等项目的勘察设计和科研攻关工作;作为川藏铁路执行总设计师,在山区铁路交通廊道安全稳定性评估与地质选线、超长深埋隧道深部地质灾害风险评估与防控技术等方面取得了突出成就,为川藏铁路规划建设奠定了基础。先后主持、参研国家级和省部级

▲ 黄勇校友

科研项目10余项,发表核心期刊论文18篇(1篇SCI[①]、7篇EI[②]),获2项国家发明专利授权、1项实用新型专利授权,获省部级及以上科学技术及勘察设计奖励19项。作为铁路行业地质青年领军人物,获“全国火车头奖章”,并获评“西藏工匠”“中国铁建十大杰出青年”“铁一院优秀青年工程师”等荣誉称号。

▲ 刘清秉校友

刘清秉校友长期致力于工程岩土体多尺度失稳演化机理与灾变防控方面的科研与实践工作。他始终坚持在野外一线工作,担任湖北巴东地质灾害国家野外科学观测研究站副站长。经过多年实践工作,刘清秉取得了丰硕的成果,如采用物理模型实验、数值模拟、原位监测等多手段交叉融合方法,针对特殊土边坡工程、海洋岛礁基础工程及大型水库工程滑坡中的典型岩土体变形特性、力学响应及失稳破坏机理进行了系统研究,在膨胀土工程灾变机理与防控、海洋土细观力学效应与承载性能评价、滑带土动态蠕变特性与滑坡多期次结构演化等方面取得了一批创新性成果,为三峡工程、南水北调中线工程、南海岛礁工程、蒙华铁路工程中的岩土体灾变防控与地质灾害防治提供了重要技术支撑,取得了突出的社会效益与经济效益。刘清秉兼任国际工程地质与环境协会(International Assdciation for Engineering Geology and the Environment, IAEG)海洋工程地质委员会委员、中国岩石力学与工程学会海洋工程地质灾害防控分会理事,入选国家铁路局铁路科技标准(地质组)规划专家库专家。他主持国家自然科学基金3项、省部级科研项目3项,作为骨干成员参加国家科技支撑计划项目、国家自然科学基金重点项目、欧盟第七研发框架计划(FP7)项目、中国地质调查局课题、湖北省水利科技攻关课题及湖北省移民局三峡库区地质灾害防治课题等,出版学术专著2部,在*Economic Geology*、*Landslides*、*Geotechnique*、*Rock Mechanics and Rock Engineering*、*Journal of Geotechnical and Geoenvironmental Engineering*等国际著名期刊发表SCI论文25篇,获10项国家发明专利授权、2项软件著作权,参编地质灾害行业规范(2部)。

---

①SCI是美国《科学引文索引》,全称为Science Citation Index。

②EI,全称为The Engineering Index,是指由美国工程师学会联合会于1884年创办的历史上最悠久的大型综合性检索工具。

孙淼军校友长期开展海洋工程地质勘察和海洋地质灾害防控方面的科技研发和工程实践，作为技术负责人承担了10余项重大海洋工程的工程地质勘察工作，参与科技攻关项目近10项。他在海洋勘察装备、技术与数字化领域取得了丰硕的成果，发表论文20余篇（其中以第一作者或通讯作者发表在SCI/EI检索期刊的论文有7篇），获20余项发明专利授权（其中以第一发明人身份获4项美国专利授权，以第一发明人身份获5项国家发明专利授权），参与制定了1项国家标准、3项行业标准。目前，他担任海洋岩土工程勘察技术与装备浙江省工程研究中心副主任、国际工程地质与环境协会海洋工程地质委员会执行委员、中国岩石力学与工程学会海洋工程地质灾害防控分会副秘书长等学术职务，获得省部级奖励5项，荣获2020年度"杭州好人"、杭州下城区第五届"十大杰出青年"称号，入选2021年杭州市高层次人才特殊支持计划第一层次培养人选。

▲ 孙淼军校友

据悉，"谷德振青年科技奖"创立于2012年，每两年评选一次，是中国地质学会工程地质专业委员会为纪念我国工程地质学的开拓者谷德振院士，表彰在我国工程地质领域作出突出贡献的青年工程地质人才而设立的专业权威奖项，迄今已举行了6届。

（图文来源：地大新闻网）

Zainab Abbas：以绵薄之力救拉合尔之水

Zainab Abbas，巴基斯坦人，1982年生，2016年毕业于中国地质大学（武汉）环境学院，环境工程专业博士研究生，目前在巴基斯坦第二大城市拉合尔的水和卫生局担任首席化学家。Abbas以优异的成绩获旁遮普大学拉合尔分校硕士学位，并获得了参与伊斯兰堡高等教育委员会在旁遮普大学拉合尔分校化学研究所授予的"利用土著资源开发化学品工

▲ Abbas在拉合尔水和卫生局办公室工作

业和农业意义”项目的工作机会。在工作期间，Abbas获得了拉合尔工程技术大学的哲学硕士学位。

2013年，Abbas获得了CSC奖学金①，申请了攻读中国地质大学（武汉）环境工程专业博士学位，并被成功录取。在校期间，Abbas潜心研究自己感兴趣的环境问题，2015年，在*Environmental Earth Science*上发表论文《Quality and hydrochemistry of groundwater used for drinking in Lahore, Pakistan: analysis of source and distributed》，在*International Journal of Scientific and Engineering Research*上发表论文《Study on Enumeration, Characterization and Antibiotic Susceptibility of Coagulase Positive Staphylococci Isolated from Hand Pump Water》；2016年，在*Journal of Environmental Sciences*上发表论文《Sources and Controls for Elevated Arsenic Concentrations in Groundwater of Datong Basin》；2018年，在*Environmental Monitoring Assessment*上发表论文《Spatial analysis of groundwater suitability for drinking and irrigation in Lahore, Pakistan》。

尽我所学，为祖国尽绵薄之力

Abbas的主要研究兴趣是环境问题，在她攻读硕士学位期间，她便开发了一种经济的塑料垃圾降解程序，这个项目受到了巴基斯坦高等教育委员会的高度赞赏。因此，在地大求学时，Abbas便根据祖国巴基斯坦所面临的水资源问题，选择了“中国大同盆地和巴基斯坦拉合尔高砷地下水的产生与地球化学反应”作为自己的研究课题。

巴基斯坦是世界上水资源匮乏的国家之一，不同地区都面临着水质和水量的问题。Abbas希望能够尽自己所学，为解决祖国水资源问题奉献一份绵薄之力。在攻读硕士学位期间，Abbas便完成了关于巴基斯坦第二大城市拉合尔的水质研究项目。在这个项目中，她从源头和水源分配网络收集样本，以检查拉合尔的饮用水质量，这对水和卫生局采取补救措施以改善水质帮助极大。

在攻读博士学位期间，Abbas致力于中国大同盆地和巴基斯坦拉合尔的具不

①CSC是China Scholarship Council的简称，CSC奖学金是中国国家留学基金管理委员会设立的奖学金，也叫作国家公派留学奖学金。

同砷浓度的含水层之间的比较研究，以了解促进饮用水中砷迁移的地球化学反应的细节。她共检查了50个饮用水样本的物理、化学和细菌参数，以评估拉合尔在源头和分配系统中的水质。为了获得与中国大同盆地高砷地下水进行比较的可靠数据，Abbas从巴基斯坦的拉合尔收集了水、土壤和沉积物样品，并通过快递运往地大的环境学院，通过使用地大的精密仪器来分析样品并获得可靠的数据。

Abbas通过研究发现，砷的还原受到氧化还原反应、溶解和蒸发的影响。与拉合尔的水源相比，大同盆地地下水的元素组成变化更大。这项研究成果提供了拉合尔含水层地球化学相关信息，有助于拉合尔的水资源治理。Abbas以这项研究数据为依据撰写的论文被发表在国际期刊上，拉合尔水和卫生局正在使用Abbas研究收集的水质数据来评估拉合尔的水质，并进一步规划滴水和废水的处理。

感恩怀德　感谢帮助过我的人

Abbas在开展研究工作时，与实验室的研究员互相帮助，共同合作。在遇到研究困难时，导师苏春利也给予Abbas正确的指导与帮助。Abbas在3年内便成功获得博士学位，她坦言："成功获得博士学位，不是我一个人的功劳，我的导师、我的同事，他们都给予了我无私的帮助。"

Abbas说："在地大，我有幸接触到现代化的研究技术、仪器，有机会学习先进的软件并以此来解释、研究数据，我的导师和实验室伙伴共同帮助我学习和实践。" 目前，Abbas的研究领域中的研究成果较少、研究数据有限，因此她的论文成

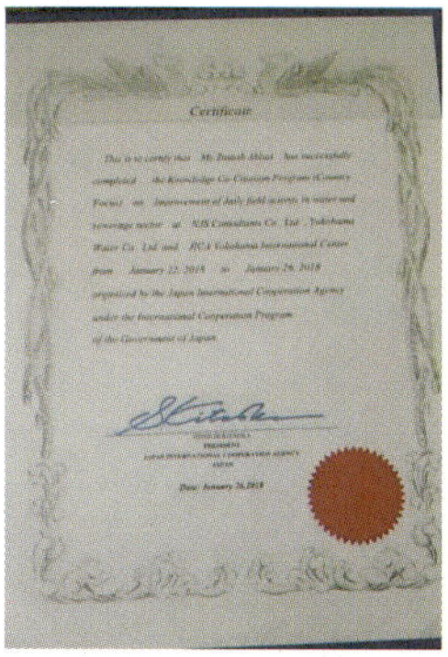

▲ Abbas参与水资源治理项目证书

▲ Abbas参与环境影响评估项目证书

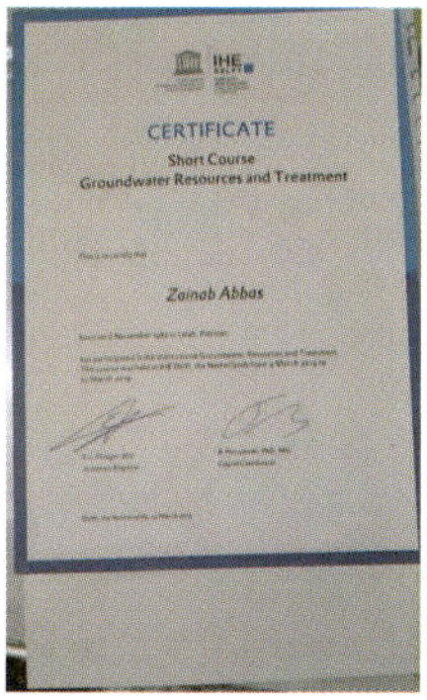

▲ Abbas参与地下水资源治理项目证书

为学生们的研究指南。她的研究成果有助于评估未来几年拉合尔的水质，并有助于当地相关部门在未来及时采取行动解决与水有关的问题。“希望我的研究成果能够帮到其他有需要的人，将他人对我的帮助传递下去。”

不忘初心　随时接受新的挑战

在地大求学期间，Abbas学习了中国的语言与文化，完整的语言文化系统令她印象深刻。Abbas深受中国文化价值观的影响，不同工作中的研究和沟通技巧都令她受益匪浅。“不同的工作研究技巧，让我在祖国的工作与生活焕然一新。”“在未来，我会继续不忘初心，致力于研究拉合尔的水资源问题。我随时准备接受新的挑战。”Abbas笃定地说道。

（图文来源：留学地大微信公众号）

2位校友为国际大陆架划界贡献智慧

2022年6月15日，在《联合国海洋法公约》第32次缔约国会议上，2013届海洋地质专业博士、自然资源部第二海洋研究所研究员唐勇校友作为中方候选人成功连任联合国大陆架界限委员会（简称委员会）委员，任期为2023—2028年。唐勇校友于2019年首次当选联合国大陆架界限委员会委员。

▲ 唐勇校友

原北京地质学院1966届物探系毕业生、自然资源部第二海洋研究所研究员吕文正校友，获得中国海洋学会“杰出服务联合国大陆架界限委员会25年（1997—2022）”的表彰。自1997年吕文正教授在第6次《联合国海洋法公约》缔约国会议上当选为首届联合国大陆架界限委员会委员后，连任至2022年，为联合国大陆架界限委员会服务25年，在改善全球海洋治理状况方面作

▲ 吕文正校友

出了杰出贡献。吕文正校友于2018年因病请辞联合国大陆架界限委员会委员。

外交部发言人汪文斌在2022年6月16日的外交部例行记者会上进一步介绍了相关情况，表示新设立的委员会将负责审议沿海国外大陆架提案，中方一直高度重视并大力支持委员会工作。他指出，此次中方候选人得到了大多数《2022年公约》缔约国的广泛支持。中方候选人连任的决议反映了国际社会对中方资质和能力的认可，也是对中方恪守包括《2022年公约》在内的国际海洋法、坚持真正多边主义的高度肯定。中方委员必将进一步为委员会工作作出积极贡献。

据悉，大陆架是大陆向海洋的自然延伸，基本包含了领海、专属经济区以及专属经济区以外的陆地延伸部分。大陆架富含油气和矿产资源，吸引了很多沿海国家向深水进军。《联合国海洋法公约》规定，宽大陆架国家可以拥有200n mile（1n mile=1852m）之外的大陆架海底管辖权。沿海国家纷纷将大陆架划界提上日程，为领海和专属经济区寻找合法边界。

▲ 吕文正获中国海洋学会“杰出服务联合国大陆架界限委员会25年（1997—2022）”的表彰

大陆架界限委员会是根据《联合国海洋法公约》成立的机构，1997年正式运作，由21位地质学、地球物理学或水文学方面的专家组成，负责审议沿海国关于其200n mile外大陆架外部界限的资料和其他材料，并向沿海国提出建议。目前有74个国家提交了100多个划界案。自大陆架界限委员会成立以来，一直有中国籍专家担任委员。

（图片来源：校友本人　部分文字来源：中华人民共和国外交部官网、自然资源部第二海洋研究所微信公众号、中央人民政府网站）

索马里校友格第：梦想从“新丝路”启航

栉风沐雨，春华秋实。多年来，中国地质大学（武汉）培养了一批批了解中国、热爱中国，并愿意为中外交流与友好关系作出贡献的优秀国际学生。这些优秀国际校友活跃在世界各地，在政界、学界、商界等领域有着突出表现，是学校的一笔宝贵财富，同时也是学校国际化办学成就的集中体现。

来自索马里的Mohamed Ibrahim Geddi（中文名：格第）是学校机械与电子信息学院2019届硕士毕业生。毕业后，格第在中国广州创办了博赞（广州）进出口有限公司。目前公司代理的家居、机械、钢材等中国产品已远销至肯尼亚、埃塞俄比亚、土耳其、也门、沙特阿拉伯、美国、加拿大等多个国家。

告诉你一个不一样的索马里

提到格第就不得不提到索马里，对于索马里，大多数中国人都知之甚少，但是在格第的眼中，当地人的生活跟世界上其他人是一样的。"索马里目前人口为1500多万，我的家乡位于索马里首都摩加迪沙，那里有非常美丽的大海和整齐的楼房，很多人在那里学习和生活。我有一个幸福的童年，父亲是政府官员，母亲是商人，他们从小就很重视我们的教育，送我们到当地最好的学校读书。有很多来自中国和其他国家的外国人在索马里工作和生活。"一谈到自己的国家索马里，格第的话匣子一下就打开了，他眼里闪着耀眼的光芒，并不时从手机中找出视频给我们观看，视频里面的阳光、沙滩、成片的椰林，在海边悠闲散步的人们，与我们印象中的索马里大相径庭。

和地大命中注定的缘分

2008年格第高中毕业，周围的朋友大多选择比较熟悉的国家如印度、孟加拉国、美国作为自己理想的求学目的地，并劝他一同前往，在中国经营生意的叔叔却告诉格第，中国的经济正在迅速发展，选择中国意味着将拥有更多的发展机会，并且能够学习到先进的商业知识。此时的格第，父亲已去世，家里的生计全靠母亲一个人维持。思考再三，格第听从了叔叔的建议。2008年12月，一个对未来满怀希望的少年从索马里经吉布提辗转至埃塞俄比亚带着母亲辛苦为其筹集的学费只身来到中国学习。

"其实我差一点就与地大擦肩而过，但是现在看来是命中注定的缘分。"格第微笑着说。原来2009年在经过半年时间的汉语学习后，格第准备继续留在原大学学习通信工程专业，但是那所大学没有通信工程英文课程，而恰恰从2009年起，地大第一次开办国际学生通信工程英文项目班，于是格第才选择来地大学习，这一来就从本科一直学到了硕士毕业。

常怀对中国的感恩之心

▲ 格第参加硕士学位授予仪式

作为一名刚毕业不久的国际学生，格第认为自己之所以能够取得初步创业成功，离不开中国政府和母校地大对他的支持和辛勤培育。对此他每时每刻都心怀感恩。“感谢中国政府和母校，不仅给我提供学习机会，并且在硕士阶段给予中国政府奖学金，这是让我一辈子都感到光荣和自豪的事情；感谢导师王瑾在毕业论文撰写阶段连续数日对我的悉心指导；感谢国际教育学院的老师们在我创业时期提供的宝贵意见，感谢你们在毕业答辩前夕，在我右手骨折最焦灼最无助的阶段积极地鼓励和关心我；感谢地大法律专业的同学兼好朋友马振林在我创业初始阶段无偿地提供法务援助，使我在遵守中国各项法律的前提下放心地创业。”

疫情中选择与中国站在一起

疫情发生时，格第和家人正在土耳其度假，顺便跟客户洽谈合作，并打算2月10日返回中国。然而凶猛的疫情让人望而却步，不久航空公司通知，从土耳其飞往中国的航班被取消了，家人也认为中国目前疫情形势不明朗，劝他不要回去。可是格第告诉家人，自己在中国已经生活11年了，中国就是他的第二个故乡，现在他的第二故乡面临困难，他必须赶回去和他的中国家人们一起面对。而且，中国是一个有责任和担当的国家，他对中国人民战胜这场疫情充满信心。

格第想尽各种办法回中国，最后用贵于平日5倍的价格购买机票从伊斯坦布尔飞回广州。飞机落地的一刹那，他感到内心特别平静。隔离结束后，格第义无反顾地加入了所在社区的防疫志愿者队伍，负责向由境外返回中国的外国人宣传防疫知识。随着中国抗疫取得阶段性胜利，格第感到由衷的自豪：“我庆幸自己见证了这一切，也在重要关头选择与中国站在了一起。中国用在抗疫中的付出与努力再次向世界证明了中国是个负责任的大国。”由于格第在疫情中勇敢逆行、积极助力中国复工复产，中国的出入境部门一次性为他发放5年“国际人才”工作签证，取得工作签证是外国人在华创业就业的首要条件，格第觉得这是中国对自己最大的肯定。

▲ 格第在港口检查发往肯尼亚的集装箱

诚信和勤奋是创业成功的基石

“成功没有捷径”，格第说自己之所以能够创业成功靠的是诚信。每一批货物他都会亲自跟厂商再三核对信息，然后在港口严格确认货品的数量、颜色、质量等无误后才发货给客户。靠着良好的口碑、专业的背景、娴熟的汉语，来找他合作的客户越来越多，公司经营的范围也越来越广。

采访中，我们发现格第从早到晚一刻也不停歇地工作着，格第却说自己一点也不累。不同国家的客户存在时差，格第的工作需要跟随他们的节奏，许多客户在凌晨两三点还在向他咨询产品问题，他都会第一时间回复。当自己略感疲惫时，他会找一家环境很好的咖啡厅，点一杯自己爱喝的饮品，静静地坐会，放松一下。

梦想从“新丝路”启航

“中国的营商环境优良，产品质量能得到保障，生意人都很诚信，不用时刻担心自己会受骗。此外中国货运很发达，这些都是我选择留在中国创业的原因。下一步我不仅要将中国的产品出口到别的国家，也准备把索马里的芝麻进口到中国。”格第一边说一边从柜子里拿出一盒来自家乡的白芝麻给我们看。他告诉我们索马里的芝麻色泽饱满、营养价值极高，中国人一定会喜欢。“古人在丝绸之路依靠骆驼运送货物，而“新丝路”只需要通过一部手机就可以随时随地轻松地联通世界各地。

2017年5月14日，国家主席习近平在“一带一路”国际合作高峰论坛开幕式上的演讲中引用《韩非子·说林上》的观点，指出“国之交在于民相亲”。“一带一路”倡议不分国家，不分肤色，只有身处其中，才能切身体会它所带来的发展新机遇。无数像格第这样友好、谦逊的中外青年正怀着美好的愿景和青春梦想从“新丝路”扬帆起航，他们一定会在这条倡导和谐、友谊、合作与共赢的道路上不负韶华，用智慧和汗水浇灌出属于他们的最绚丽的青春之花。

（图文来源：中国地质大学校友会）

科摩罗校友阿拉丁：离开我最爱的地大时，我流泪了

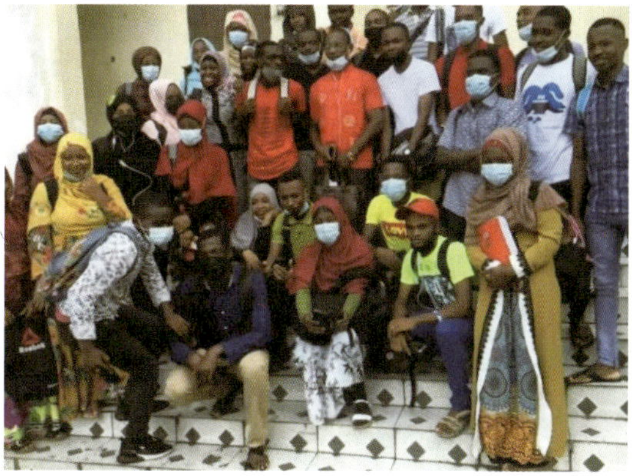

▲ 阿拉丁（二排右五，穿红色唐装）与其教授的科摩罗大学学生

不同于现在气候多变、樱花盛开的武汉，位于非洲东侧，印度洋上的岛国科摩罗正经历着高温炎热的天气。在科摩罗大学地质和环境学院担任老师的阿拉丁，正忙于他的教学工作。阿拉丁于2012年来到中国，在中国地质大学（武汉）石油与天然气工程专业攻读硕士研究生。2020年博士毕业后，阿拉丁怀揣着这几年在中国学习到的专业知识与心中的梦想，回到了他的祖国科摩罗。

谈起科摩罗，阿拉丁自豪地介绍起祖国的点点滴滴。“我的祖国科摩罗是一个岛国，由位于印度洋上的4个岛组成。”此外，阿拉丁还自豪地说道：“科摩罗是一个美丽的国家，景色十分优美，周围环海，海鲜比较多，又新鲜又好吃。”

在一起开口说中国话的感觉特别棒

回想起在中国的生活，阿拉丁满是回忆，言语中透露着对中国的万般思念。他刚来武汉的时候很孤独，感觉很陌生，不同的环境、不同的语言、不同的天气、不同的食物，都使他感觉非常不习惯。但是，阿拉丁很欣慰地说：“地大给我提供了很好的学习环境，中国人也十分友好，慢慢地我便适应了在武汉的生活。”

在中国生活了接近10年的阿拉丁，能够说一口流利的中文，他是同学和老师眼中的“中国通”。其实科摩罗的官方语言是法语和阿拉伯语，阿拉丁从初中才开始学习英语，刚来到中国时，他的英语水平不高，但在地大他认识了许多同学，每天和他们一起用英语和汉语沟通交流，语言水平便渐渐提高了。阿拉丁坦言：“刚

开始学汉语时，感觉特别难，学不会，甚至想放弃。但是当我和别人交谈，流利地说出第一句标准的中国话时，那种感觉真的特别棒。”

在武汉我有了很多第一次

在中国生活时，因为开会、学习、出差等任务，阿拉丁去过中国的许多城市，广州、北京、上海这些城市他都去过，但他仍笃定地说：“武汉是我最爱的城市，在武汉我感觉很舒服，很安全，我对武汉有着深厚的感情。我在武汉认识了很多中国朋友和外国朋友，在武汉我有了很多第一次，第一次说中国话，第一次看到雪，第一次吃热干面，第一次用筷子，第一次感觉自己和别人不一样。”

在地大求学时，除了固定的课程和实验外，阿拉丁每天的生活都是丰富多彩的。“我特别喜欢运动，一般周末的时候会和朋友们出去踢足球、打排球等。我也很喜欢中国的舞龙，以前还参加过我们国际教育学院的舞龙队。”值得一提的是，阿拉丁不仅中文说得特别好，还特别喜欢中国的书法。

离开中国时，带不走可爱的他们

俗话说，一日为师，终身为父。阿拉丁提到他最爱的导师，资源学院的姚光庆教授，说道：“他把我当作他的儿子一样，对我非常好，很照顾我。疫情刚刚开始的时候，他很担心我，天天打电话问我是否有什么问题。那时候因为不能见面，我们就在网上讨论我的毕业论文。”当阿拉丁拿到自己的博士研究生毕业证书时，他第一个想到的就是导师姚光庆教授。“他帮助了我很多，在他的指导下，我发表了一篇国际期刊论文。我能从地大顺利地毕业离不开他给予我的指导和帮助。”

阿拉丁还提到了在地大学习时，帮助过他的老师和同学。“他们都是我人生中不可或缺的一部分，地大的同学对我非常好，遇到困难时，他们马上就会来帮助我。还有国际教育学院的老师们，他们是最棒的。他们给所有的留学生提供了很好的学习环境和平台。”

▲ 阿拉丁（右）和导师姚光庆教授（左）的合影

阿拉丁坦言：“登上飞机的那一刻，我真的很舍不得离开中国。我在中国生活接近10年，中国已经成了我的第二故乡。离开我最爱的地大时，我流泪了。我带不走可爱的同学们和老师们，能带走的只有深深的不舍和牵挂。”

感谢伟大的中国

回想起去年中国爆发的新冠疫情，阿拉丁感慨道：“疫情发生的时候我在武汉，我主动告诉老师我要代表我的国家为中国加油。中国是科摩罗的真朋友、真兄弟，疫情期间中国政府为科摩罗人民提供了很大的帮助。上个星期，中国政府援助的抗疫医疗队携带了新型冠状病毒感染疫苗和抗疫物资抵达了科摩罗，我真的十分感动，感谢伟大的中国。”

（图文来源：中国地质大学资源学院官网）

中国建筑劳动模范魏新颜：国企改制显成效　企业发展放异彩

魏新颜，1999届工程学院土木工程专业（地下建筑方向）校友，毕业后加入中国建筑集团有限公司（简称中国建筑），先后在中国建筑系统内从事项目管理、审计监督、纪检巡视等工作。2019年7月，魏新颜担任中建六局水利水电建设集团有限公司（简称水利水电公司）党委书记、董事长。

2022年4月27日，魏新颜荣获“2020—2021年度中国建筑劳动模范”称号。

二次创业提业绩

公司改制后，魏新颜带领企业开始“二次创业”。经过3年的摸爬滚打，公司的业务领域由传统涉水业务，向水环境治理、水务环保、高标准农田、市政工程等多元拓展，企业发展规模和效益每年迈上一个新台阶，2021年新中标合同额突破百亿元大关，较改制前，中标合同额、新签合同额、营业收入、当期利润复合增长率均有大幅提升。

把牢企业“方向盘”

改制前，水利水电公司是成立30年的天津市地方国有企业；改制后，如何在新发展阶段有效破解企业发展制约难题，实现高质量发展，是他们面临的首要问题。水利水电公司党委坚持将党的领导融入生产经营，发挥把方向、管大局、促落实作用，与班子成员统一思想、凝聚共识，抓住企业发展面临的主要矛盾和突出问题，积极进行改革创新实践。水利水电公司以“走出去”为突破口，围绕国家重点城市群和都市圈，组建天津、华北、华中、华东、山东、西北、华南、西南8个区域分公司，形成“扎根天津、深耕核心、辐射全国”“内外兼修”“多核支撑”的市场布局，为企业高质量发展打牢根基。

筑牢企业“压舱石”

发挥市场拓展方面的优势从而推动企业规模扩大与效益快速提升，成为中建六局乃至中建系统水利水电业务的关键，这是他们面临的紧要问题。公司党委始终牢记央企初心，致力服务国家发展战略不动摇、发展目标不偏离，聚焦重大项目，整合高端资源，在国家重要战略区域中标一批代表性工程。其中，山东德州齐河世纪大道道路建设工程EPC[①]项目入选集团重大项目，中标项目平均单体合同额约为改制前的5.17倍，经过3年时间，企业成功实现跨越发展。

激发企业“创新力”

科技创新是提高企业综合实力和竞争力的战略支撑，在公司生产经营中，如何发挥科技创新的驱动作用，是他们面临的重要问题。公司党委助推创新创造，组建科技部（技术中心），引进博士2名，制订技术管理与研发制度21项；积极申报“天津市企业技术中心”和国家高新技术企业并顺利通过遴选，有效提升企业科技软实力；与高等院校、科研机构建立合作关系，推进产学研融合，涉足大型水利水电工程、水环境保护、高标准农田建设、冰蓄冷技术等业务领域，积极参与科研课题立项，先后获得全国各类BIM[②]技术大赛奖项5项、实用新型专利授权89项、局级科技类奖项28项，申报的2项施工方法入选水利行业工法名单，企业竞争力显著提升。

---

①EPC，全称为engineering procurement construction，即设计采购施工，是指承包方受业主委托，按合同约定对工程建设项目的设计、采购、施工等实行全过程或若干阶段的总承包模式。

②BIM，全称为building information modeling，即建筑信息模型，是建筑学、工程学及土木工程的新工具。

汇聚企业"源动力"

在职工队伍建设方面，如何积极搭建人才成长平台，服务企业快速发展，是他们面临的主要问题。公司党委坚持突出市场化、专业化、年轻化要求，实现党管干部、党管人才和市场化选聘有机统一。截至2021年底，公司现有从业人员1126人，人数为改制前的2.44倍；具大学本科及以上学历的员工有721人，人数为改制前的2倍；获注册类职业资格的员工有263人，人数为改制前的3.6倍。当前，人才引领发展的作用更加凸显，200余名员工主动"走到生产一线"工作，形成人才活力竞相迸发、聪明才智充分涌现的新局面。

（图文来源：中国水利水电建设集团）

肖卫东：勉之期不止　多获由力耘

肖卫东，1989届工业分析专业校友。毕业后，肖卫东扎根赣南，从事稀土行业30载。她在不断学习中吸取经验、积累知识、沉淀思想，成为一名行业内的专家。

2011年，赣州稀土友力科技开发有限公司落户江西省赣州市高新技术产业开发区。作为总工程师的肖卫东，从基础建设，到设备调试，再到设备升级，事必躬亲，精益求精。

肖卫东作为第一序位人负责了赣州市重大专项"稀土萃取废水中有价元素综合回收技术"的实施工作，为公司新增利润300万元。该技术的推广应用为赣州地区相关企业整体提高2000余万元收入，产生了巨大的经济效益。除此之外，她还参与了"稀土料液连续深度净化工艺的研究"项目，该项目获评2018年度"中国稀土科学技术奖"二等奖。

▲ 肖卫东校友

肖卫东获得了稀土萃取系统等多项发明专利授权。肖卫东坚持技改不停步，向技改要效益。2018年公司投资近200万元，运用新技术、新设备、新工艺对钠皂升级为钙皂的工艺流程进行了改造，公司的自动化、信息化水平及产品的技术含量都得到了进一步的提高。

作为一名有着24年党龄的老党员，肖卫东在工作和生活上处处以高标准要求自己，爱岗敬业、踏实工作、勇争一流，曾荣获"2017年度赣州高新区优秀共产党员""2017年度赣州高新区优秀科技工作者""2018年度赣州市五一巾帼标兵""2018年度赣州市优秀科技工作者""2018年度赣州市女创业带头人"等光荣称号。

肖卫东还热心公益事业，多次参与赣州市赣县区消费扶贫活动，市、区志愿者活动，赣县区暖心基金、红十字会志愿捐款活动。

肖卫东常常利用交接班或休息时间和公司的员工交心谈心，了解他们心里所想及家中的困难，把了解到的情况及时反馈公司，积极帮助他们解决问题。她在井井有条安排好生产各项工作的同时，鼓励并带领车间的员工积极参与公司组织的各项内容丰富、形式多样的文化建设活动，员工们不仅得到放松，更增强归属感和自豪感。

30年的泪水与汗水，浇灌得她更加挺拔；30年的花丛与荆棘，让她前行的脚步愈加坚定。如今她一颗匠心扑事业，默默奉献、初心不改的肖卫东就是不负韶华、拼搏奋斗的劳动楷模。

（图文来源：中工网搜狐号）

2位校友获"黄汲清青年地质科学技术奖"

2022年10月24日，中国地质学会公布第十一届"黄汲清青年地质科学技术奖"评选结果。2000届地质学（理科基地）班毕业生、中国地质大学（北京）地球科学与资源学院教授王庆飞校友获"黄汲清青年地质科学技术奖——野外地质工作者奖"，2003届环境工程专业本科毕业生、2009届环境工程专业硕士毕业生、山东省地质调查院朱恒华校友获"黄汲清青年地质科学技术奖——野外地质工作者奖"。朱恒华校友曾于2020年获得学校"杰出青年校友"荣誉称号。

王庆飞教授长期开展造山带金多金属和大型盆地表生成矿作用研究。其研究成果具体为：查明造山型金矿、斑岩矽卡岩型金矿、卡林型金矿和浅成低温型金矿等不同类型金矿的时空分布和构造背景；建立造山型金矿富集地幔活化成矿模型，突破了经典地壳变质成因理论；查明喀斯特型铝土矿异地多源和多因耦合短时成矿机制，建立了岩溶地貌控制下的离子结晶－多期改造矿物演化模型，改变了对原地长期风化成矿的认识。他在*Economic Geology*、*Geology*、*Earth－Science Reviews*、*Journal of Geophysical Research*、*Advanced Materials*、*Geochimica et Cosmochimica Acta*等期刊发表SCI论文100余篇，主编国际SCI专辑4部，入选科睿唯安“高被引科学家”；获得国家科技进步奖二等奖2项、省部级科技进步特别贡献奖和一等奖共4项；入选“教育部新世纪优秀人才支持计划”与“国土资源部杰出青年科技人才计划”，荣获“第十四届中国青年地质科技奖——金锤奖”“霍英东基金青年教师奖”，获“全国黄金行业科技标兵”称号，获得2021年度国家杰出青年科学基金资助。

▲ 王庆飞校友

朱恒华校友参加工作近20年来，始终坚守在野外一线，主持或参与完成30余个省部级科研项目，多项科研成果经鉴定达国际领先水平，获省部级科技进步奖9项，省国土资源科学技术奖16项，其他科技奖15项。他出版专著6部，发表论文80余篇，获授权专利、软件著作权共32项，入选“自然资源部高层次科技创新人才工程”“山东省直接颁发类高层次人才工程”，曾获“山东省青年科技奖”“第十七届青年地质科技奖——金锤奖”“第三届野外青年地质贡献奖——金罗盘奖”“第十二届山东省青年地质科技奖”，获评山东省“新时代齐鲁最美青年”“山东省优秀工程师”、山东自然资源“十大人物”等多项荣誉称号。

▲ 朱恒华校友

据悉，“黄汲清青年地质科学技术奖”是为缅怀我国著名地质学家黄汲清先生而设立的奖项，旨在鼓励广大青年地质工作者献身地质事业，促进我国地质事业的繁荣与发展，加速国家现代化建设，为建设世界科技强国作出新贡献。经过专家初评、公示和终评，15位同志获得中国地质学会第十一届“黄汲清青年地质科学技术奖”。其中，7位同志获得“黄汲清青年地质科学技术奖——地质科技研究者奖”，

6位同志获得“黄汲清青年地质科学技术奖——野外地质工作者奖”，2位同志获得“黄汲清青年地质科学技术奖——教师奖”。

（图文来源：中国地质大学校友总会微信公众号）

4位校友获“全国五一劳动奖章”

2022年5月，中华全国总工会召开大会表彰2022年全国五一劳动奖和全国工人先锋号获得者。学校1987届水文地质专业校友王贵玲、1992届工业分析专业校友阳国运、1994届水文地质与工程地质专业校友孙红林、2005届法学专业校友黄文娟获2022年“全国五一劳动奖章”。

（图文来源：地大新闻）

王贵玲校友

王贵玲，现任中国地质科学院水文地质环境地质研究所副总地质师，自然资源部地热与干热岩勘查开发技术创新中心主任，自然资源部高层次创新型科技人才培养工程科技创新团队负责人。

2017年以来，王贵玲带领团队完成雄安新区地热资源整装勘查和雄安新区地热资源潜力评价项目；建成京津冀地区首个地热梯级综合利用科研基地，形成了中低温地热发电、供暖在设施农业中的高效利用的新模式。他还提出了我国不同构造区水热与岩热相伴相生的“同源共生—壳幔生热—构造聚热”地热系统成因理论，建立了我国不同类型干热岩资源与水热型地热资源的成藏模式，成功圈定了一批地热资源勘查开发靶区并取得了找矿重大突破；提出了地热资源采灌均衡动态评价理论与方法；攻克了低渗透碳酸盐岩热储强化增产的卡脖子技术，大幅度提高了雄安新区地热资源可采量，多项成果获得省部级科学技术。

◆ 阳国运校友

阳国运，广西壮族自治区地质矿产测试研究中心化学室副主任，正高级工程师。

阳国运运用电感耦合等离子发射光谱仪内标法和铝土矿主量元素的测定方法，准确地进行多元素检测，一举解决了传统检测方法工作流程长、效率低等问题，推动了广西铝土矿勘查分析任务的高效完成。他还运用内标法完成了原广西壮族自治区国土资源厅（现为广西壮族自治区自然资源厅）设立的科技项目，先后创建了电感耦合等离子发射光谱仪内标法测定锡矿、钨矿等多种矿石的检测法，并将该检测法用于常量样品的检测，促使检测效率提高了30%，高质量完成了检测任务。他所创建的检测方法被应用于多个技术领域，有力地推动了我国地勘行业分析测试技术的发展。同时，以此检测方法申请的国家发明专利也已获批。2016年，他参加广西地矿系统地质专业职业技能竞赛，荣获化学实验测试项目竞赛一等奖；2017年，获评“广西技术能手”；2018年，获得中国能源化学地质工会全国委员会授予的“大国工匠”称号。

◆ 孙红林校友

孙红林，现任中铁第四勘察设计院集团有限公司副总工程师、正高级工程师。

孙红林曾任京沪高铁建设指挥部副总工程师，带领团队用技术创新破解了京沪线因水系多、地质条件复杂等而形成的诸多工程难题，为京沪高铁的快速平稳安全运行提供了坚实基础。投身铁路工程勘察、设计、研究工作28年，孙红林主持完成了京沪高铁、沪宁城际轨道交通、商合杭高铁等30余项国家重大交通项目的勘察设计和科技攻关工作。作为技术专家，他参与编写了《京沪高速铁路设计暂行规定》《客运专线无砟轨道铁路设计指南》《高速铁路设计规范》等行业标准，为建立和完善我国高速铁路技术标准体系作出了重要贡献。

◆ 黄文娟校友

黄文娟，现任浙江省宁波市鄞州区人民法院邱隘人民法庭副庭长、四级高级法官、“文娟工作室”负责人，先后被授予全国政法系统“双百政法英模”、“全国法院先进个人”、浙江省劳动模范、“浙江省优秀法官”等荣誉称号。

黄文娟长期奋战在审判一线，近5年担任员额法官以来，办案2300余件。2020年初回乡省亲因疫情被困湖北，黄文娟高效灵活运用移动微法院，50天结案50余件，其先进事迹被写入浙江省“两会”工作报告。2020年，鄞州法院成立“文娟工作室”，她带领团队大力探索立审执一体化工作模式和数智赋能司法改革，用最短的时间、最少的流程、最优的服务让当事人的事得到解决，实现案结、事了、人和。工作室成立以来服判息诉率达100%，成为宁波市审判领域“当事人一件事”集成改革的闪亮名片。法庭之外，她参与“共享法庭”建设，开设“文娟驿站”，为社区居民提供义务法律咨询服务；担任电视台《文娟有约》栏目的主讲人，通过线上线下传递法治理念。

据悉，全国五一劳动奖章和全国五一劳动奖状，是中华全国总工会授予在中国特色社会主义建设中作出突出贡献的劳动者和企事业单位、机关团体的光荣称号，是中国工人阶级最高奖项之一。

第四章

神来之笔颂地大

母亲小院桂花香

周日照例回老家看望母亲。走到老家院外，一阵浓烈的花香袭来，哦，已是中秋，是桂花开花的时候了。

母亲住在离县城不远的农村。家里正房3间，偏房3间，院子有上百平方米，栽有柿树2棵，种有青菜一畦。另外就是20来盆大小不一的桂花了，那是我原来住一楼时养的，后来搬去二楼，没法养了，就搬回了老家，由母亲代养。母亲养花很上心，浇水、施肥，从不让别人插手，怕别人弄不好。她还悄悄地把弟媳种庄稼的化肥包一些来，给桂花施肥。花长势很好，开得自然就多，满院飘香。我担心母亲劳累，她却觉得活动活动挺好。其实，母亲是闲不住的，除养花、种菜，还经常帮弟弟家干一些家务活。这对身体倒是一种锻炼，眼看就九十岁的人了，身体竟没啥大毛病。生活完全能自理。

今天是许多天以来最晴朗的一天。我这次回来，主要是帮母亲晒晒床上用品，晾一晾秋天要穿的衣服。我在院子里扯好了几根绳子，刚把被褥晒上，母亲就说："我做饭给你吃吧？我给你下面条？"我笑了："才几点呀，不到十点就吃午饭？"我把母亲的衣箱打开，一摸那些衣服，十分潮湿。我对母亲说："衣服都潮了！"母亲反问我："你不想吃面条啊？"母亲近两年耳朵慢慢聋了，要大声说才能听得清楚。我只好走近一点跟她说话。母亲也笑了："你的话我听不清啊！"

箱子里的衣服，不但潮湿，有的还生了一些霉点。我想是母亲年老，手没有力气搓衣服，一些污点没有洗净，一受潮就发霉了。我只好把发霉的衣服挑出来，重洗一下。我看母亲身上的衣服也不干净了，就让她换下来一起洗一洗。起初母亲不乐意，说衣服不脏，坚持自己洗。我说："你洗费劲又洗不干净,你看你洗的衣服都发霉了。”母亲不再说什么,把衣服换下来给了我。她也闲不住,又找出盖电视机的布,自己洗起来。我望着满头银发、满脸皱纹、背驼腰弯的老母亲,想说句什么,又咽了回去。

明亮的阳光洒在小院子里,我和母亲坐在柿树下,各自搓洗着手中的衣物,时不时地交谈几句。柿树很矮,结了很多柿子,已经泛黄的柿子把树枝都压弯了,我坐着都能碰到头。院子南边的菜畦里长满绿油油的小白菜,那是母亲的劳动果实,吃菜、喂鸡都靠它。我也时常带一点回去吃。

已近中午,桂花的香气更为浓烈,一阵阵飘过,沁人心脾。我们说到了桂花,母亲说:“桂花香,你们没闻着,都让我闻了。”我说:“你管理的花,就应该你闻。”远处树上一只不知名的鸟,咕咕地叫着,节奏缓慢而悠长,有点单调,音色也不华丽,却圆润浑厚,让我想到了女中音歌唱家关牧村。母亲不知何时去了厨房。我在花香鸟语中竟然有点昏昏欲睡。

哦,母亲的小院,桂花飘香。

(1970届校友 孔庆华)

难忘南望山 怎不忆江城

——校园趣事几则

光阴似箭,弹指一挥间,20余年已然过去,青春也早已在指尖划过,但此刻回想大学时光,穿梭在青春的走廊里,当年的点点滴滴仍历历在目,仿佛昨日。

沉舟侧畔千帆过

我的老家在安徽省怀宁县,紧挨着安庆市,安庆城依长江而建。1995年我有幸考上地大,成为村里第一个土生土长的大学生。我第一次出省上学,对即将到来的大学生活,既兴奋又好奇。因没有直通武汉的高速公路,武汉又在长江边上,在安庆的上游,沿江客轮是最合适的交通工具。那4年的回村之路都伴随着长江上来来回回的客轮。诚然,我也挺喜欢坐轮船,一是便宜，四等客卧票价45元，学生享半价。再者轮船虽有点慢，但沿途景致迷人，白天可在船头吹风，极目远眺，阳光下江面波光粼粼，沿岸也时有高耸的悬崖、嶙峋的山峰显现，时有错落有致的青瓦白墙房子的村庄走进视野。轮船劈波前行，岸边渐行渐退，那时的我真正体验到了诗人笔下“千里江陵一日还”的惬意。到了夜晚，月朗星稀，看两岸江枫渔火，听远处轮船悠扬笛声，让人感觉在时空中游荡。那时轮船从武汉到安庆港下游也要耗时16小时左右，但同学、朋友同乘轮船时的乐趣，江岸边如诗如画的风景，倒让人觉得时间过得很快。

南望山下乐悠悠

大学生活，虽枯燥但也有趣。周一至周五不是上课就是上自习。除了上课，我们的很大一部分时光是在教室或图书馆的自习室度过。那时候班级少，教研室本专业也新进了几位年轻的老师，许多老师只比我们大几岁，我们和老师的关系相处得非常好。一下课，我们就围着老师聊天，还约着去老师家玩。冬天的武汉很冷，同学们常跑到老师家蹭饭，尽管那时老师家的饭菜并不丰盛，但大家吃得甚欢。

最让我们期待的课程是野外实习了。每次实习，我们都跟带队老师吃住在一起，老师们和蔼可亲，同学们勤学好问。记得1998年我们去湖北大冶铁矿实习，白天跟着老师们下矿井，参观炸药装配工厂等，时值法国世界杯开赛，晚上和老师们看世界杯直播，甭说多有趣。其间发生一个小插曲：我走矿山路时，因路上湿滑不小心摔了一跤，结果膝盖侧面摔破皮了，因皮薄还能看到骨头，虽有点恐怖，但所幸没大碍，涂点消炎药没几天就好了。

山水田园觅美食

每逢周末放假，同学们便三五成群去武汉各地游玩，近一点的地方有东湖磨山公园、植物园等，远一点的地方有户部巷、汉正街，我们在这些地方都留下了足迹。记得有天下午大家在宿舍觉得无聊，一位同学提议去学校后面的南望山转转，我们附和好，说走就走。大家绕着南望山山脚漫无目的地转悠，走着走着来到一片菜园，旁边有很多水沟，而那水沟里竟然有小龙虾！我们来劲了，在水沟里抓起小龙虾，接着又发现水沟两旁的田埂底部有很多小洞，用手掏一掏就发现有小龙虾藏在里面。大家兴致勃勃，抓小龙虾的抓小龙虾，不敢抓的将小龙虾用袋子装起来，忙得不亦乐乎。

突然听到刘贵应同学“啊”的一声，似是惊吓过度，伴随着声音有条长长的东西飞出两三米远。“啊，蛇！”我们不禁为他捏把汗，等那东西落地，有个同学眼尖，喊道：“是黄鳝！”我们转忧为喜，赶紧过去看，果然是一条大黄鳝，黄鳝的身体竟比大拇指还粗。我们赶紧把黄鳝给抓起来，想着晚上可以美餐一顿兴奋不已。

傍晚时分，我们将抓到的小龙虾和黄鳝拿到一家小餐馆加工，将小龙虾去头去尾留下肥美的中间部分，连同黄鳝做了一大盘美食。那天晚上我们吃得很香，回味至今。那时候小龙虾还不是人们的常备菜品，烹饪方法也有限，现在来看我们也算是“超前一族”了。后来和魏新颜谈及刘贵应“以身试鳝”，不料老魏大叫“哪里是老刘，是我好不好。”很显然，他对被黄鳝咬到的惊悚瞬间肯定是印象深刻。

金球虽进恨幽幽

地质大学除了具备地质等专业学科优势外，体育专业优势也非常突出，如登山运动、攀岩运动、羽毛球运动等，印象比较深的是我们的同届校友，当时中国大学生登顶珠穆拉玛峰第一人、藏族小伙次落。比赛方面，我记得有次全国大学生羽毛球运动会在我校举行，竞争比较激烈，我每天跑过去观看。学校举办的最热门的体育盛事非每年一度的“地大杯”足球比赛莫属了。那时的冠军基本上是在文管学院与勘建学院之间产生。因文管学院足球队有体育特招生助力，所以勘建学院足球队几乎年年排第二，但大家心有不甘。记得大三那年，又到决赛时刻，我们宿舍倾巢出动看比赛，共同为新来的有体育天赋的邓金柯同学助威。尽管较少看到他练习比赛项目，但一到赛场他总能展现出较高水平的技能。比如，在一场我们班与其他班的篮球比赛中，他一人拿下7分，而总分是72分，真是让人佩服！

有次我问他，体育上这么有天赋，为什么不走职业路线？他回答，家里人认为以体育为职业很苦，还是上大学好。

且说1998年的“地大杯”足球赛，两个学院的足球队，经过一番鏖战，在90分钟内打成平手。接着进入加时赛，按照比赛规则，加时赛采用当时世界足坛颇为流行的“金球制”，即谁先进球谁就获胜。两队都重防守，非常小心，你来我往，随着时间推移，有的队员都体力不支了。就在这时，勘建学院足球队发起进攻，突然间有队员一个远射，球如离弦之箭飞向球门，对方守门员条件反射地扑向球，球被扑出，但此时还留有进球机会，勘建队前锋，也就是我们班的邓金坷，冲上补射。“球进了！”勘建学院足球队进入了决赛，队员和同学们纷纷冲进球场，开心拥抱。尽管在决赛中勘建学院足球队还是遗憾地输给了有很多特招体育生、实力强劲的文管学院足球队，但大家拼搏过、成功过，这份记忆已足够回味一生。

（1999届校友　汪国曙）

诗言诗语寄深情

李金发咏花三首

山茶花

晚秋天气寒，傲霜吐新芽。雪里绽放到晚春，堪称世间耐久花。迎春艳若染，向冬更潇洒。枝头万朵齐吞火，烈焰烧红天边霞。纷纭含娇羞，姹紫依风雅。不争报春第一枝，耐得寂寞迎百花。

蕊新珠流丹，月明玉无瑕。婷婷丽姿若绣锦，袅袅清香似煮茶。层层叠叠砌，浅浅淡淡画。艳若桃花心思静，壮如牡丹格局大。花粉藏金蜜，茶油香万家。胸怀壮志有乾坤，人若淡泊气自华。

水仙花

白雪皑皑，草木寂寂，冲寒一笑展芳姿。金盏银台，千瓣素影，天生慧质。翠袖黄冠衬玉英，绿裙青带浣涟漪。轻盈步微月，雅韵欲流，花容婀娜叶生碧。暗馨微薰满屋香，窗明几净好风日。玉壶映真色，天露凝冰肌，一段香染霓云衣。此是春风第一花，幽韵清香两绝奇。

蛾眉淡淡，环佩藉藉，花中四雅第一枝。缃罗缥纱，凌波仙子，亭亭玉立。水上开似小莲花，睡云正美俄惊起。孤根如银丝，寡欲清欢，一杯净水几粒石。绝冷空谷有佳人，岁寒总与梅雪依。清芬生皎洁，高洁养风骨，纤尘不染净如洗。凡心涤尽无春波，几分恬淡是大气。

杜鹃花

鹧鸪声声啼，杜鹃花满枝。雨破石榴芊芊红，风翻火焰滚滚急。阳伞遮娇羞，绣球抛媚姿，一颦一笑美西施。欲将佳人饰玉钗，又恐灼焦翠云髻。疏林池畔生，高山荒野栖。彩蝶迷，黄蜂痴，新染晴烟醉柳堤。一时繁华莫贪欢，春来春去，花开自有花落时。

朱袍照白日，光彩生路歧。山上高松窗前竹，浅紫深红染清溪。映山花时鲜，寻常人不识，醇香扑扑欲沾衣。月照中庭梨花雪，落红铺径向柳堤。花繁春事空，艳色各东西。春寂寂，雨凄凄，风回日暮芳入泥。相思更比天涯远，离情别绪，牵肠挂肚有谁知。

（1986届校友 李金发）

武当山

陆块碰撞，构造隆升，千回百转岩成群。节理交错，断裂纵横，流水切割差异分。飞泉下九台，悬崖立千仞。天柱一峰擎日月，洞门十座锁雷云。古木生紫气,群峦织翠锦。二十四涧漾蔚蓝,七十二峰朝大顶。

朝雾滴露,晚霞流金,溪转万山荡回声。南岩悬空,金殿叠影,琳宫弘敞天庭明。天风来去闲,山花开落静。路通绝顶青冥阔,凤鸣丹阳紫霄晴。北望丹江水,南聆神农韵。天上仙境落人间,道教文化扬远名。

(1986届校友 李金发)

喀斯特地貌

可溶碳酸岩,褶皱紧密,裂隙纵横。侵蚀风化久,溶解流水静,地上地下万般景。碧波潋滟洞中来,奇峰连绵落地生。夹岸青山秀,醉倒江中心。万里青天藏锦绣,东风随地散落春。

溶沟石芽群,孤岫远岑,玉立婷婷。天坑万重险,竖井千尺深,天生桥上舒卷云。峰丛林立万叠翠,清溪玉照十里明。钙华凝水脂,霓虹织彩锦。万颗碧珠垂银帘,千顷岚光生华英。

溶洞天庭阔,暗流回荡,精光内蕴。飞霞入石门,钟乳悬玉灯,一柱擎天世人惊。涌云巧作千朵莲,滴露翻成万株笋。石幔含娇羞,轻展百褶裙。如诗如画难写意,如梦如幻却是真。

(1986届校友 李金发)

石榴宝石

地幔岩浆,高压变质,岛状硅酸盐,千熔百炼成宝石。八面玲珑,晶莹瑰丽,华彩通明灵光奇。寒玉叠香雪,金丝抛光朱粉砌,翠条泄春晨露滋。生来周身锦,绣苞千针织。云破雾山千帆竞,月展凌波江花碧。

流霞纤染,五彩生熠,天赐冰洁姿,万紫千红浴瑶池。镁铁铬锰,光怪陆离,钙铝榴石成体系。丹霞簇玉衣,玫瑰钗上水晶红,唯恐烧却美人髻。浓蓝润春水,嫩黄染柳溪。祖母绿色绿若真,沙弗莱石翠欲滴。

(1986届校友 李金发)

猫眼石

猫眼鳞英幻影绕，荧光透碧霄，天生百媚，千姿窈窕。变色游戏洇脂韵，晶质砾石焰火燎。金瓷闪釉，天虹飞桥，胚色深染变彩俏。花海锦屏秀，红绿蓝波妖。秋光金叶染千山，春水嫩江放画艄。

（1986届校友　李金发）

蛋白石

二氧化硅含水胶，天然骤凝巧，非晶浑圆，玻璃光耀。致密温润半透明，质地坚硬过玛瑙。欧泊澳宝，闪山云飘，珠光淡荡一梦遥。浮岚朝虹满，悬光夜月娇。调色板上玉液倾，天将颜色揉作宝。

（1986届校友　李金发）

遥远的记忆

一九八七年夏季，
北国晴空万里，
地学师生聚北地。
锦高书记带队，
武昌奔赴京西。

大会堂里华灯放，
四老神采奕奕。
大姐接过地质包，
包上写满青春寄语。
慈祥的面容，
亲切的询问，

恰似微风徐徐。
嘱托犹在耳边响，
已定格为永久记忆。

地质部里欢聚，
部长讲述留苏往事，
深情轻奏一曲。
看访大光老部长，
葡萄架下留真迹。
嘱托与期望，
饱含对晚辈深厚的希冀。
矿产资源是命脉，
地质工作是根基。
那山谷的风，
狂暴的雨，
已成为历历往事。

三十五载如烟雨，
先辈事业后人继。
纵览改革四十年，
不忘初心走下去。
今日又逢春风来，
我乘东风入深地。
科技创新又当先，
不负韶华再伏枥。

（1982届校友 李志忠）

七律·颂地大攀登雕塑

夏日匆匆入校园，歌声阵阵上云巅。
苍松挺立英姿展，金塑雄浑气宇轩。
穹顶九垓摘皓月，旌旗一杆向长天。
攀登勇士凝神处，极地珠峰响誓言。

（体育学院原党委书记 刘锐）

西北地质之歌

（一）

来到西北，登上高坡。
翻山越岭，蹚过大河。
天山昆仑，钻塔林立。
沙漠戈壁，点燃青春的篝火。
“是那山谷的风，吹动了我们的红旗；
是那狂暴的雨，洗刷了我们的帐篷。”
我想起了《勘探队员之歌》，这首歌伴我们一路前行。

（二）

春夏秋冬，岁月蹉跎。
五大油盆，告别寂寞。
勘探健儿，为国奉献。
可可托海，美丽的地质传说。
“是那天上的星，为我们点燃了明灯；
是那林中的鸟，向我们报告了黎明。”
我想起了《勘探队员之歌》，这首歌伴我们一路收获。

（三）

西北地质，山川辽阔。
创新发展，拼搏开拓。
一带一路，践行承诺。
绿色西北，美丽中国！

（作者分别为李志忠、刘英华、姜晓玮）

念奴娇·黄河之悬河

黄龙出涧，
劈开万重山，
大河飞湍。
势将浊流挂云端，
扫尽苍穹云烟。
九曲回环，
长歌当喧，
豪气满坤乾。
瀚波万剑，
斩破万古擎混元。
摇得一池黄潋潋，
射青天，
日月浪中悬。
横行万里九龙盘，
无限青山写胸间。
笑傲宇寰，
气冲霄汉，

东去何浩瀚。
谁敢比肩？
我自滔滔垂纶长川。

（1990届校友 裴中朝）

青山与江流

青山，
挺着高高的胸脯，
向着远方，
昂起了头。
江水，
在山的脚下经过，
向着东方奔流。

青山的影子映进了江心。
江水欢快地挥动着双手。
青山巍巍，
伫立着一份坚守。
江水汤汤，
一刻也不停留。

（1970届校友 孔庆华）

喜迎母校七十周年盛典

狂欢地大七旬秋，盛典登场世瞩眸。
遴选名师全国著，栽培桃李遍寰稠。
嫦娥采样垂青史，院士摇篮满九州。
喜看今朝常揽月，首凭深处矿藏流。

（1968届校友 邢新田）

隆重庆祝母校成立七十周年

壬寅地大七旬芳，嘹亮歌声庆典昂。
谦逊校风膺重任，温馨学舍育才梁。
惊寰硕果一流颂，垂史丰碑四海扬。
始立燕京功卓著，半迁汉市又增光。

（1968届校友 邢新田）

贺母校探工专业光辉历程

吟歌母校七旬荣，草创探工学府成。
授课用书师墨著，讲台提要语赅明。
参天古木伞寰宇，拔地新星培业英。
德艺双馨施弟子，科研教育世闻名。

（1968届校友 邢新田）

七律·贺美国校友会成立

盛夏同窗北美逢，欢歌庆典曲情浓。
人生有数天行健，岁月无常地势躬。
绿树分晖来去客，浮云弄影各西东。
珠联校友初心在，感慨良多送律风。

（1984届校友　胡宁）

自度曲·贺山西校友会成立

山西分会今成，
地大校友欢腾，
经天纬地绕苍穹。
三晋校友多豪情，
不随燕雀，
愿伴鹄鸿，
才智尽显大矿省。
过崇山峻岭，
阅层层地层，
找矿藏，
探水文，
寻煤田，
钻油井，
思山谷意境，
觉泉水叮咚。
地大精神在传承，
我们在，

母校目光中。
校友喜相逢，
助业又增闻！

（1990届校友 王利田）

地大赋

地球历乎亿年，鸿恩泽于众生。列重峦以峥嵘，孕矿藏于地层。国以资源为重，校为国运而生。于是乎楚生瑶圃，辉耀长空；绾依九衢，矗立江城。依南望山而建校，偎东湖水而竞程。地学特色，气势恢宏；文理合璧，风雨兼行。厚积先贤之底蕴，演绎历史之传承。赫赫兮誉满华夏，妍妍兮桃李缤纷。七十风华，卓尔不群！

沧桑校史，璀璨历程。珠献清北，发高端于初韧；璧合津塘，匀风月以三分。于是乎择首都之一角，奠基建校。继而馆立，初为北京地院；复迁武昌，乃有地大之名。于是聚贤纳才，继往开来；部省共建，协同创新。既兴地学之栋梁，又育文理之良材。周公理国，察亿众之民情；嫦娥探月，有院士之引领。先生效以鹤奔，弟子趋之笃行。辨析地理，知大地之律；察金识玉，取矿藏之精。放舟沧海，探索星空，征服南极，登顶珠峰。于是乎鸿基既筑，荣光辉映！伟哉！我地大学子！壮哉，我地大历程！

尊己校训，而表其志："艰苦朴素、求真务实"。赓续荣光，激励学子。不尚浮华，乃知荣耻。立志报国，初心而誓。入而脚踏实地，积学为渊；出则仰望星空，怀德蕴智。情怀家国，不负青春之气；志向高远，共赴华夏雄起。唯以献身，是为宗旨。

嗟夫！国运渐盛，寰宇尽是舞台；地学多奥，进而揽天摘星。国际一流，目标既定。是以众多教师，潜心以育膏壤；莘莘学子，协力而攀高峰。唯此雄心，百载不怠，唯此豪情，历久弥新！是则"地大"，得无千般鸿彩，万里鹏程乎？

（1995届校友 郭富赟）

翰墨飘香迎校庆

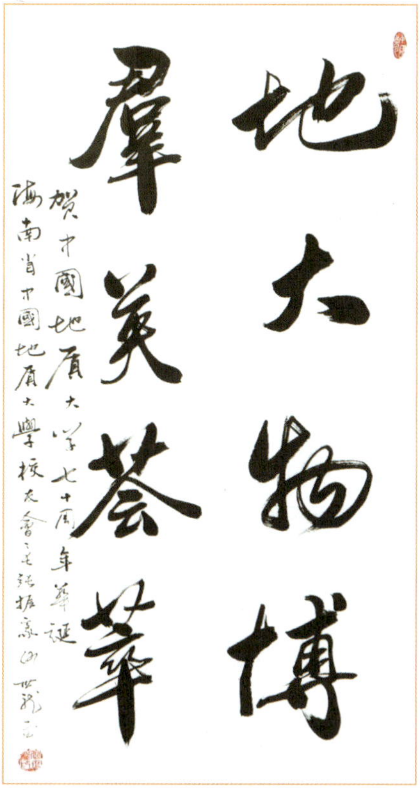

▲ 海南校友会会长张振豪提请书法家何世龙题字庆祝母校70华诞

▲ 水文系51782班肖光平校友绘《寿桃》庆祝母校70华诞

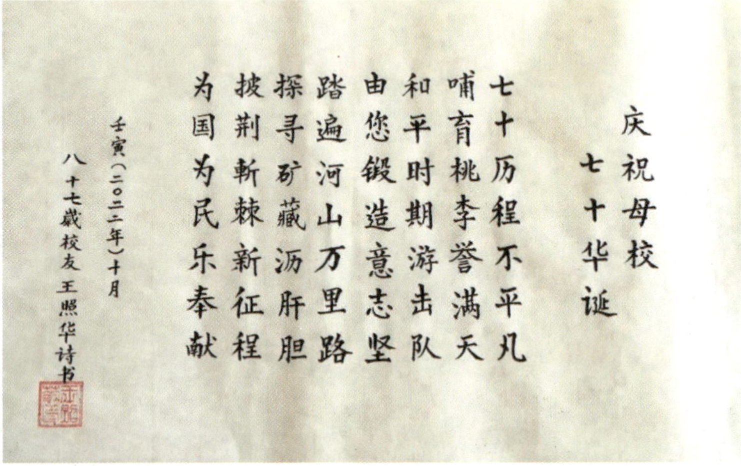

▲ 原北京地质学院1954级物探系王照华校友题字

▲ 河南校友会题字“七秩荣光”“逐梦未来”庆祝母校70华诞

▲ 水文系51782班肖光平校友绘《银龙图》庆祝母校70华诞

第五章

大爱无疆汇人才

情系地大学子：殷鸿福院士再捐奖学金50万元

2022年3月15日，中国科学院院士殷鸿福教授87岁生日之际，“殷鸿福金钉子奖学金”捐赠仪式在学校南望山校区教学综合楼B702举行。殷鸿福院士，校党委书记黄晓玫，学校基金会理事长郝翔，副校长刘杰，相关管理与服务机构、学院负责人及教师代表，“殷鸿福金钉子奖学金”获奖学生代表参加会议。刘杰主持捐赠仪式。

▲ “殷鸿福金钉子奖学金”捐赠仪式现场

本科生院副院长苏洪涛介绍了“殷鸿福金钉子奖学金”的实施情况。“殷鸿福金钉子奖学金”于2002年由殷鸿福院士和童金南教授提议设立。2002—2019年，殷鸿福院士先后3次注资“殷鸿福金钉子奖学金”，奖项基金总额超过60万元，其间共有26名本科生、6支团队获得该项奖学金，共计17.1万元。此次，殷鸿福院士再次捐赠50万元奖学金，奖金总额超110万元。“殷鸿福金钉子奖学金”是学校本科生最高奖励金额奖项，也是单项评奖要求最高的奖项，获奖学生的先进事迹不断激励学校众多学子积极向上、奋勇拼搏、勇攀高峰。

▲ 学校基金会理事长郝翔（左）向殷鸿福院士（右）颁发捐赠证书

殷鸿福院士表示，非常高兴能在学校建校70周年校庆之际，第4次捐赠“殷鸿福金钉子奖学金”。“我于1952年考入中国地质大学的前身——北京地质学院，作为地大首届学生，从本科生到研究生，从教师到校长，直至退休，我伴随着地大的诞生和成长，一起走过了整整70年，地大培养了我，我理所应当回报

▲ 殷鸿福院士发言

地大。”他说，希望通过“殷鸿福金钉子奖学金”，对教育事业作出自己的贡献，回报国家和人民。他还对各位奖学金获得者取得的成绩表示欣慰，期待地大学子以后建设“双一流”高校作出更大成就。

学校基金会理事长郝翔表示，殷鸿福院士作为杰出科学家和教育工作者，在学校的发展史上留下了浓墨重彩的一笔，体现了老一辈科学家不畏艰难、勇于探索的“金钉子”精神。我们要规范奖学金管理工作，弘扬“殷鸿福金钉子奖学金”承载的精神，将“金钉子”精神一直传承下去。

参会师生纷纷表示，殷鸿福院士无私奉献、勇攀科研高峰的精神和节俭朴素的品质，让他们深受感动和钦佩，“全国最美教师”，他当之无愧。他们表示将不负殷鸿福院士所望，努力夯实专业基础，潜心研究，坚持创新，将论文写在祖国的大地上。

黄晓玫代表学校祝愿殷鸿福院士生日快乐。她说，大家共同见证了一件堪称师者楷模的典型事例，见证了殷鸿福院士20多年来4次捐赠“殷鸿福金钉子奖学金”，深深感受到一位老教师奖掖后学、提携晚进的教育理想，为国育才的赤子之心。同时，捐赠仪式也激励大家将教育事业做得更好。她强调，要充分发挥奖学金在育人过程中的激励机制，以“殷鸿福金钉子奖学金”为代表的奖励体系，在学校人才培养和思想政治教育工作当中发挥着重要的作用，要充分发挥其育人导向的功能、内在的激励功能和外在的示范功能，以及价值传承的功能。她希望，全校师生学习和弘扬殷鸿福院士的奉献精神和高尚品质，向以殷鸿福院士为代表的老一辈地大人学习，学习他们胸怀祖国、服务人民的高尚品格，学习他们坚持真理、追求卓越的科学精神，做好事业的接棒人，为地大的高质量发展打下坚实的基础，努力为建设地球科学

▲ 校党委书记黄晓玫讲话

▲ 与会人员合影

领域国际知名的研究型大学作出贡献。她要求，要充分发挥基金会在大学治理中的重要作用，努力汇聚各方资源，切实提高资金的使用绩效，扎实用好每一笔钱，让以殷鸿福院士为代表的捐赠者满意放心，让他们看到学校的发展变化，看到学生的成长进步，增强大家对学校高质量发展的信心和决心，共同为实现地大梦不懈努力。

（图文来源：地大新闻网）

高山院士研究团队再次向学校教育发展基金会捐赠“高山奖学金”

2022年10月，高山院士研究团队再次向学校教育发展基金会捐赠20万元，用于支持“高山奖学金”项目。学校教育发展基金会秘书长陈华荣与高山院士研究团队代表李明老师签署捐赠协议，并向捐赠方授予捐赠证书。高山院士研究团队和学校教育发展基金会衷心希望，“高山奖学金”能激励更多青年学生投身地球科学事业，为国家富强、民族复兴作贡献，鼓励青年学生奋发努力、积极进取，成为品学兼优的地学人才。

“高山奖学金”设立于2018年，旨在纪念中国科学院院士、著名地球化学家、英国皇家化学学会会士、国际地球化学学会会士、中国地质大学（武汉）高山教授，弘扬“高山精神”并鼓励青年学生继承和发扬艰苦奋斗、严谨求实、勇于创新、追求卓越的科学精神，为高等地质教育事业和科学研究作贡献。高山院士研究团队累计捐赠70万元，用于奖励地球科学学院、材料与化学学院、地质过程与矿产资源国家重点实验室的优秀研究生。

（图文来源：中国地质大学校友会）

吴信才教授设立“信息拔尖人才奖学金”

校庆70周年之际，国家高层次人才、MapGIS创始人、国家地理信息系统工程技术研究中心首席科学家吴信才教授捐赠30万元，设立“信息拔尖人才奖学金”（简称“信才奖学金”），用于奖励空间信息技术领域的拔尖学生。

2022年9月28日，“信才奖学金”捐赠仪式在计算机学院举行。校党委副书记、纪委书记唐忠阳，校友与社会合作处、计算机学院等相关单位负责人，教师代表参加捐赠仪式。计算机学院党委书记李国昌主持捐赠仪式。

▲ 校党委副书记唐忠阳(左)向吴信才教授(右)颁发捐赠证书

唐忠阳感谢吴信才教授对学校教育事业的大力支持，“信才奖学金”的设立，彰显出吴信才教授深厚的教育情怀和对优秀信息人才培养的期待，这一善举将激励更多校友和社会各界人士，以各种方式支持学校的教育事业，也会激励更多的学子奋发学习、努力成才。

研究生院常务副院长、计算机学院院长王力哲表示，吴信才教授设立奖学金的善举，饱含着对学校的热爱、对优秀学生成长的关切，希望获得“信才奖学金”资助的学子们，倍加珍惜学习的机会，努力钻研专业。

吴信才教授讲述了自己40多年来在地大求学、工作的经历。他希望“信才奖学金”能够助力培养出更多空间信息技术领域的优秀人才，将来为空间信息产业发展作出贡献。

捐赠代表人刘永教授表示，中地数码科技有限公司始终重视基础研发和人才培养，“信才奖学金”将持续资助品学兼优的学生，为空间信息产业优秀人才的培养贡献力量。

据悉，“信才奖学金”由吴信才教授和刘永教授牵头设立，用于奖励在空间信息技术领域品学兼优的大学二年级及以上的本科生和研究生。每学年评选1次，每次评定6人。该奖学金设立一等奖学金名额1个，奖励金额为10 000元；二等奖学金名额5个，每人奖励5000元。

▲ 中国地质大学—武汉中地数码科技有限公司地理信息系统国家地方联合工程实验室挂牌

捐赠仪式结束后，吴

信才教授和王力哲院长共同为地理信息系统国家地方联合工程实验室揭牌。王力哲表示，中国地质大学—武汉中地数码科技有限公司地理信息系统国家地方联合工程实验室的挂牌，将增强计算机学院的科研实力，促进学院向前发展。

（图文来源：地大新闻网）

瞰景科技发展有限公司捐赠学校Smart 3D软件

2022年10月14日，瞰景科技发展（上海）有限公司（简称瞰景公司）向学校工程学院、海洋学院、地理与信息工程学院、公共管理学院、计算机学院、地质探测与评估教育部重点实验室6个单位分别捐赠6套Smart 3D软件，用于支持相关学院的建设与发展。瞰景公司董事长兼总经理周非池、副总经理艾席勇、副总经理吴俊、华中大区经理任伟，武汉太阳路测绘技术有限公司总经理卫舸铸、副总经理王小兵、销售部经理罗学良，以及学校教育发展基金会秘书长陈华荣、校庆工作办公室常务副主任吴堂高、工程学院副院长章广成、海洋学院副院长陈刚、地理与信息工程学院副院长宋小青、公共管理学院院长胡守庚、公共管理学院副院长龚健、计算机学院副院长张冬梅、地质探测与评估教育部重点实验室副主任李正汉参加捐赠仪式。会议由陈华荣秘书长主持。

▲ 学校教育发展基金会秘书长陈华荣（右边右五）主持会议

学校教育发展基金会秘书长陈华荣与瞰景公司董事长周非池分别代表与会双方签署捐赠协议，校庆工作办公室常务副主任吴堂高向捐赠方授予捐赠证书。双方衷心希望，Smart 3D软件能够助力6个单位的教学科研工作，相关单位未来能够为瞰景公司输送专业人才，实现互利共赢。

▲ 校庆工作办公室吴堂高副主任（右）向瞰景公司颁发捐赠证书

会上，周非池对瞰景公司的Smart 3D建模及Smart 3D Sat卫星建模进行了展示，大家进行了深入交流。各学院代表从自身的实际情况出发，讨论了Smart 3D软件作为前沿科技在不同场景中的应用可能性与发展前景。最后，陈华荣秘书长对瞰景公司的捐赠表示感谢，就学校与瞰景公司的进一步合作提出了建议。

▲ 双方合影留念

瞰景公司成立于2012年，是首批将倾斜摄影自动建模技术引入国内，并始终以实景三维技术作为公司发展核心的行业领军企业。公司经过近10年行业深耕与研发投入，自主研发的“瞰景Smart 3D实景建模软件系统”已经在各方面超越国外竞品，“KWS系列高性能GPU集群”“小怪兽专业倾斜航摄仪”等产品均获得市场广泛认可，省部级专业用户及成功案例遍及全国上百个省、自治区、直辖市。瞰景公司目前已经与学校计算机学院、公共管理学院建立了合作关系。听闻学校迎来了建校70周年校庆，公司主动提出向学校相关学院捐赠最新版的三维建模软件(Smart 3D)。未来双方将深度开展教学、新产品研发等方面的合作。

(图文来源：中国地质大学教育发展基金会网站)

施修春校友向学校捐赠“施修春、陈博基金”

2022年11月1日，“施修春、陈博基金”捐赠仪式在校举行。学校校友、福建施沃德实业有限公司董事长施修春，校党委副书记王林清、相关部门负责人参加捐赠仪式。

2022年恰逢母校70华诞，施修春与夫人陈博女士决定捐赠人民币70万元，用于购买学校公共用车，便于两校区师生通行和实习实践。1998年，施修春毕业于学校宝石加工与鉴定专业。

施修春校友、学校后勤保障部党委书记徐岩、校友与社会合作处处长陈华荣代表三方签订《捐赠协议书》，王林清代表学校向施修春校友颁发捐赠证书。

▲ 校党委副书记王林清向施修春校友颁发捐赠证书

施修春讲话。他感恩母校对自己的指导与帮助，对自己事业的鼓励和支持。他表示，在学校70周年校庆之际设立基金，希望以捐赠的方式回馈母校培养，为母校发展作力所能及的贡献。

王林清代表学校对施修春表示感谢。他指出，教育的根本任务在于立德树人，施修春作为地大优秀校友代表，心系母校发展，为广大学子树立了榜样，也体现了学校人才培养的成效。他强调，学校的发展离不开校友的支持，学校将不负校友期盼，扎实用好每一笔捐赠款，进一步提升人才培养质量，为建设地球科学领域世界一流大学努力奋斗。

▲ 与会人员合影

（图文来源：地大新闻网）

校友马广伟捐赠200万元设立“申昙新材料”奖助学金

2022年11月5日，“申昙新材料”奖助学金捐赠签约仪式在校举行。上海申昙新材料科技集团有限公司董事长马广伟、总经理梁军一行，校党委副书记王林清，相关管理与服务机构、学院负责人出席仪式。

▲ 捐赠签约仪式现场

马广伟是学校2000届材料与化学学院材料科学与工程专业本科毕业生、2003届硕士毕业生。2012年，他和一群志同道合的校友开始创业。10年间，公司从小作坊发展为实验室，再到目前在湖北天门、京山，以及山东济宁、宁夏石嘴山建成4个生产基地。马广伟说，是母校“艰苦朴素、求真务实”的校训精神一直激励鼓舞着他们。在母校建校70周年之际，他们决定捐赠200万元设立“申昙新材料”奖助学金，激励更多优秀学子奋发向上、励志成才、全面发展。

▲ 校党委副书记王林清(右)向上海申昙新材料科技集团有限公司总经理梁军(左)颁发捐赠证书

捐赠仪式上，申昙新材料科技(武汉)有限公司总经理杜军、校友与社会合作处处长陈华荣签订《捐赠协议》，王林清代表学校向上海申昙新材料科技集团有限公司总经理梁军颁发捐赠证书。

▲ 马广伟校友发言

校友们深情回忆了在校求学的美好时光，畅谈步入社会后的人生感悟。他们说，学校在人才培养中秉承宽口径、厚基础的理念，注重将学校各优势学科交叉融合，培养的学生创新意识强、勤奋踏实，这奠定了他们创业成功的基础。

王林清代表学校对马广伟等校友表示感谢。他指出，校友们成功创业并反哺母校的事迹，既佐证了学校人才培养的质量和成效，也体现了校友对母校的深厚感情。他期待，学校与上海申昙新材料科技集团有限公司加强产学研用合作，在人才培养、科技创新方面结出更多的硕果，推动双方共同发展。

（图文来源：地大新闻网）

中国地质大学与广东省地质局联合办学第一届工程硕士班全体学生向母校捐赠“粤地质越优秀”奖学金

2022年10月31日，中国地质大学与广东省地质局联合办学第一届工程硕士班全体学生向母校发来70周年校庆贺信，并向学校捐赠共计15万元，用于设立“粤地质越优秀”奖学金，旨在奖励环境学院、资源学院、地球科学学院、工程学院、地球物理与空间信息学院共5个学院的全日制本科生中的优秀学子。

中国地质大学与广东省地质局联合办学第一届工程硕士班共招收学生68人，其中环境班46人、矿产班22人。该班走出的毕业生中，现有正高级职称4人、副高级职称46人、中级职称8人。他们在水工环地质、岩土工程、物探遥感、地质矿产勘查、地球化学调查等领域都发挥着重要作用。

（文字来源：中国地质大学教育发展基金会网站）

水科学基金捐赠仪式顺利举行

2022年10月26日，水科学基金捐赠仪式在环境学院308室举行。中国地质大学（武汉）环境科学与工程博士后流动站的博士后、武汉中地水石环保科技有限公司创始人（董事长）彭浩，武汉中地水石环保科技有限公司总经理范奇、技术总监李秀文、质控部长罗红雪，学校校友与社会合作处处长陈华荣，教育发展基金会办公室主任张鑫，环境学院党委书记李素矿、院长史建波、辅导员宋霖等参加捐赠仪式。

史建波从学科建设、师资队伍、科研平台建设、科教协同育人的人才培养模式、中外合作办学、国际交流与合作等方面介绍了学院的发展情况。他强调，学院在“十三五”建设期间成绩斐然，科学研究成果丰硕，科研经费突破亿元大关，社会服务能力进一步增强。“十四五”期间学院将继续奋进，取得更加优异的成绩。

彭浩对学校和学院在他创业期间给予的支持与帮助表示感谢。他讲道，公司近几年发展迅速，目前在净水领域取得了很多成果，已经成为海尔集团、美的集团、深圳安吉尔饮水产业集团有限公司、莱克电气股份有限公司、荷兰皇家飞利浦公司等企业供应商，与重庆水务集团股份有限公司等合作研发的低矿化度饮用水处理设备已应用于管道直饮水示范性工程，与大型瓶装水企业合作研发的水质改善设备已进入生产线。公司在净水行业的影响力不断加强，主导了行业标准《家用及类似用途矿化（矿泉）水机》（T/CAQI 103—2020）的制定和国家标准《家用和类似用途饮用水处理内芯》（GB/T 30306—2013）中的矿化滤芯部分的制定，推动了净水器CCLC①“矿泉水级”水质认证的出台，推动了净水行业由安全标准向健康标准过渡。公司在校庆70周年、院庆20周年之际进行奖学金捐赠，希望能够助力母校发展建设，祝福母校越办越好。

▲ 彭浩（中）、陈华荣（左）、史建波（右）共同签署三方协议

陈华荣对彭浩校友团队对学校发展建设的支持表示感谢。他提到，彭浩是学院科技成果转化的优秀代表，彭浩团队所研发的产品满足了人民群众对美好生活的向往和需求，进一步推动了人民群众生活品质的提高。环境学院近年来建设成果丰硕，平台建设发展空间大，希望学院和校友企业未来能进一步加强合作，共同为生态环境事业作出贡献。学校将进一步建立校友数据库、校友数据平台，加强校友服务工作，推进校企合作，积极帮助、支持校友事业发展。

▲ 与会人员合影

李素矿总结指出，彭浩校友是环境学院优秀校友代表，在创新创业中取得了非常好的成绩。彭浩校友团队在自身取得成绩的同时助推学院发展建设，让全院师生感到自豪。学院会充分利用好水科学基金，助力学生成长成才，鼓励学生把学问做好，把创新创业做好，把论文写在祖国大地上，争做“红专能优”的生态环保铁军。近年来，学院的高质量内涵式发展取得成果，水科学基金的注入，将为学生发展插上丰满的羽翅，让学生飞得更高更远。

武汉中地水石环保科技有限公司是一家专业从事饮用水矿化技术研发的国家高新技术企业，公司于2014年由学校资源环境工业技术研究院投资成立，是学校重点支持的科技成果转化项目。

①北京中轻联认证中心，英文全称为Certification Center of Lightlnalstry Council，简称CCLC，是我国最早开展产品认证且具有独立法人地位的第三方认证机构。

水科学基金由竹溪创意皂素公司、校长王焰新院士及其弟子等共同出资设立，武汉中地水石环保科技有限公司在3年周期内捐赠50万元，用于水科学之星奖学金设置以及学院发展建设。

（图文来源：中国地质大学环境学院网站）

校友肖卫东在材料与化学学院设立奖学金

2022年11月9日，学校1989届校友、赣州稀土友力科技开发有限公司总工程师肖卫东向学校教育发展基金会捐赠8万元，在材料与化学学院设立奖学金。

肖卫东，1989年毕业于材料与化学学院工业分析专业，后进入赣南地质调查大队工作。她扎根稀土领域32年，努力从事相关科学研究，先后荣获“2017年度赣州市五一巾帼标兵”“2018年度赣州市优秀科技工作者”“2018年度赣州市女创业带头人”等称号以及2018年度中国稀土科学技术奖二等奖等。

▲ 肖卫东校友

肖卫东校友一直关心和支持母校的建设和发展，牵头赣州稀土友力科技开发有限公司和材料与化学学院长期建立产学研合作关系。10余年来，每年为地质分析卓越工程师班的学生提供实习岗位和社会实践平台。

（图文来源：地大新闻网）

马振东教授赠书仪式暨传承敬业精神座谈会举行

2022年11月16日，马振东教授赠书仪式暨传承敬业精神座谈会在南望山校区图书馆举行。仪式上，地球科学学院退休教授马振东向图书档案与文博部捐赠了《中国矿产地质志——中国地球化学场与成矿关系研究》（共14册）。学校副校长赖旭龙，校党委常委、宣传部部长储祖旺，各相关部门、学院主

▲ 储祖旺主持赠书仪式

要负责人及师生代表参加赠书仪式。

▲ 副校长赖旭龙致辞

赖旭龙致辞。他说，马振东教授此次捐赠的《中国矿产地质志——中国地球化学场与成矿关系研究》，填补了新中国成立以来地球化学场与成矿关系研究的空白，为普及矿产资源国情和地学知识发挥了积极作用。他希望马振东教授继续为学校人才培养、科学研究发挥积极作用。他要求，师生们要传承并发扬爱岗敬业精神，共同推动学校事业高质量发展。

图书档案与文博部党委书记帅斌介绍了马振东教授教书育人的事迹。

马振东教授向图书档案与文博部捐赠图书，图书档案与文博部部长刘先国接受捐赠，并向马振东教授颁发了捐赠证书。

座谈会上，马振东教授作了题为《七秩荣光　传承敬业精神》的报告。他深情回忆了在学校的求学历程，以及《中国矿产地质志——中国地球化学场与成矿关系研究》的撰写与研究过程。他表示，研究生毕业留校任教后，他谨记老一辈地质教育工作者的教诲，不忘初心，牢记使命，以实际行动践行学校优良传统。

储祖旺指出，相关部门要深入挖掘离退休教师教书育人事迹，做好新进教师的传帮带和培训工作，把“艰苦朴素、求真务实”校训精神传承好、弘扬好，办人民满意的教育，培养更多担当民族复兴大任的时代新人。

据悉，《中国矿产地质志》系新中国成立以来我国矿产资源首套志书，是“十三五”国家重点图书，被列为2021年度地质调查十大进展之一。《中国矿产地质志——中国地球化学场与成矿关系研究》由马振东教授等撰写，全面总结地球化学在矿产勘查的研究成果，运用信息技术，以成岩、成矿、成晕地球化学理论为依据，以应用地球化学为背景进行区域成矿规律研究，为不同层次的

▲ 与会人员合影

地质背景、成矿规律和矿产预测提供丰富的地球化学信息，为中国区域成矿规律研究和总结提供科学参考。

马振东教授1966年毕业于学校勘探系金属非金属专业，是改革开放以来学校培养的首批研究生。自1982年毕业留校任教后，一直从事地球化学专业的教学和科研工作，培养了大批优秀地学人才。在努力从事教学科研工作的同时，作为民盟盟员，他积极建言献策，为推进鲁磨路扩建作出了积极贡献。他曾担任洪山区第十一届、第十二届、第十三届人大代表，第十二届洪山区人大常委会委员。

（图文来源：地大新闻网）

70件校友捐赠的藏品：浓浓的地大情怀助力地学科普

南极火山熔渣、地衣标本，全球首批地质遗产地的浙江长兴“金钉子”剖面点位标本，世界最高峰珠穆朗玛峰的岩石化石标本……2022年，中国地质大学逸夫博物馆“校友捐赠藏品展”开展，现场展出了70件珍贵的藏品。在每一件藏品后面，都有着地大人70年来“上天入地下海登极”，在地质报国的征途上孜孜以求的动人故事。

▲ 校友捐赠藏品展现场（葛文靓 摄）

党的二十大报告指出，我国坚持科技是第一生产力、人才是第一资源、创新是第一动力，深入实施科教兴国战略、人才强国战略、创新驱动发展战略，开辟发展新领域新赛道，不断塑造发展新动能新优势。同时报告还提到，加强国家科普能力建设，深化全民阅读活动。

面对新时代新要求，中国地质大学逸夫博物馆认真学习贯彻落实党的二十大精神，坚持把科普能力建设作为一项重大任务，凭借学校70年的办学积淀，瞄准地球科学前沿，不断创新展陈手段、深化展陈内容，主动服务国家战略和经济社会发展，在科普能力建设方面取得了亮眼的成绩。

一颗“金钉子”敲开国际地层研究的大门

在“校友捐赠藏品展”中，一块不起眼的灰岩标签引人注意。仔细一看才知道，它是由“全国最美教师”、1952级校友殷鸿福院士团队的吴顺宝教授、张克信教授、童金南教授等于1996年捐赠的。

▲ 浙江长兴煤山二叠—三叠系界线层型点位标本（李富强 摄）

虽然这块灰岩其貌不扬，但它正是产自浙江长兴煤山的二叠—三叠系金钉子剖面的点位标本，是地球史上3个最重要的断代界线之一的标本。

1993年，殷鸿福教授当选为国际二叠—三叠系界线工作组组长。他带领吴顺宝教授、张克信教授、童金南教授等，经过艰苦的探索，确定了浙江长兴煤山为首选界线层型候选剖面。2001年，国际地质科学联合会会议正式确定中国浙江长兴煤山剖面为全球二叠—三叠系界线层型剖面和点位（俗称“金钉子”）。这颗“金钉子”，被认为是我国地质学可载入史册的突破性进展。2022年10月，浙江长兴“金钉子”地质剖面入选首批全球地质遗产地名录。

“作为地大首届学生，从本科生到研究生，从普通教师到校长，直至退休，我伴随着地大的诞生和成长一起走过了整整70年，地大培养了我，我理所当然要回报地大。”殷鸿福院士说。2002年，殷鸿福院士设立“殷鸿福金钉子奖学金”，至2022年捐赠奖项总额超过110万元。

5块标本揭秘3位地大人的南极之旅

南极是地球上最冷的地方之一，最低温度低于－80℃。由于冰层覆盖和人迹罕至，南极大陆的地质活动鲜为人知。但是，“校友捐赠藏品展”展出的一块火山熔渣却显示，南极的火山早已存在。

▲ 校友金庆民在南极

这块火山熔渣标本正是由学校1961届校友、著名地质学家、全国劳动模范、我国首位深入南极腹地考察的女科学家、中国地质科学院南京地质矿产研究所研究员金庆民于1992年捐赠的。

1961年,大学毕业的金庆民毫不犹豫地在毕业分配志愿表上写下“新疆”,自此她成为哈密地质队的第一位女队员。在她30多年的地质研究生涯中,有20多年是在新疆戈壁滩艰苦的工作环境中度过的。

1986年至1990年间,金庆民曾3次深入南极进行科学考察,是世界上第一个登上南极最高峰——文森峰的女性。在南极科学考察期间,她历经艰险,获得多项科研成果,首次在南极文森峰发现较大规模的铁岩系及具有广阔开发前景的铁矿,填补了文森峰山区几项地质学研究的空白,为提高我国在南极研究方面的国际地位作出了重要贡献。

1992年,金庆民应邀回母校讲学。在参观了学校博物馆后,她向博物馆赠送了她从南极采集的1块火山熔渣标本、1块玄武岩标本。此前,国外一直有人要高价购买这些珍贵的标本,她都没有同意。

和金庆民一样,对南极科考情有独钟的地大人还有1981级校友、地球物理与空间信息学院邓世坤教授,1987级校友、广州大学郑先昌教授等。

▲ 邓世坤校友(左)在南极埃默里冰架科考
(屠傲凌 供图)

2002年11月,邓世坤随同中国第19次南极科学考察队先后到达南极长城站、中山站,然后从中山站乘直升机到达东南极的埃默里冰架,在冰架上工作了30多天。科考队采用地质雷达对冰架结构进行了探测,确定了冰架的基本结构情况,并参与了冰芯钻探工作。整个科学考察活动为期4个半月,邓世坤也成为学校第一位到极地科考的教师。从南极回来后,他把精心找到的1件地衣标本和1件石榴石斜长伟晶岩标本捐赠给博物馆。

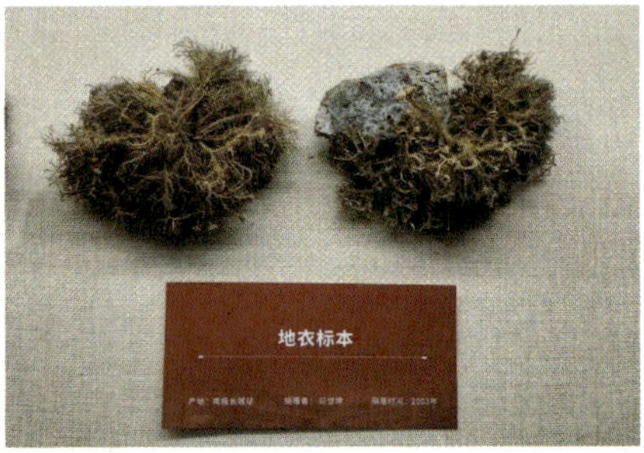

▲ 邓世坤校友捐赠的南极地衣标本(李富强 摄)

在“校友捐赠藏品展”中,还有一块风蚀构造片麻岩标本,它同样产自南极,是由郑先昌博士于2005年捐赠的。2004年10月,学校1987级校友郑先昌博士随中国第

▲ 郑先昌校友(左)在南极中山站工作
(受访者 供图)

▲ 郑先昌校友捐赠的风蚀构造片麻岩标本
(李富强 摄)

21次南极科学考察队，远赴南极进行为期5个多月的科学考察。在南极科考期间，他对我国两个站区冻土及建筑物冻融危害进行全面调查，这是我国第一次在南极地区进行工程地质勘探。同时，他提出的“钢梁基础+地锚加固”方法，使我国南极站区首次实现利用风力发电，为南极站区建设作出了突出贡献。

一块钙化木讲述地大人为国寻找战略能源的故事

“希望这几块标本能在博物馆展出，用于地质教学和科普教育。”在“校友捐赠藏品展”展厅中央，有一块来自中侏罗世品相极好的钙化木。它产自鄂尔多斯盆地北部鄂尔多斯市东胜区神山沟，由“全国模范教师”、资源学院焦养泉教授捐赠。

▲ 焦养泉教授在“校友捐赠藏品展”讲述钙化木的发现过程(徐燕 摄)

在自然界中，较为常见的是硅化木，唯独鄂尔多斯市东胜区一带以钙化木居多，此处的钙化木极具收藏和研究价值。另外，该区还蕴藏着世界级规模的砂岩型铀矿床，赋存于钙化木产出层的下部。能找到这块钙化木标本，离不开焦养泉教授20多年来在砂岩型铀矿勘查领域的艰苦探索。

铀矿是涉及国家安全的紧缺战略矿产资源，也是重要的非化石“零碳”能源资源。1999年，焦养泉教授率先组建了盆地铀资源研究团队，先后在我国北方的吐哈盆地、鄂尔多斯盆地、二连盆地、松辽盆地、巴音戈壁盆地、伊犁盆地开展了系列偏重铀矿勘查应用的基础科学研究，创建了“铀储层沉积学”理论技术体系。研究团队在数个万吨级至十万吨级的砂岩型铀矿床(田)的勘查预测和系列找矿突破行动中，取得了突破性成果。他悉心培养的研究生也成为核工业地质系统及其相关领域的佼佼者。焦养泉教授组建的盆地铀资源研究团队被业界誉为产学研合作的典范。2019年，焦养泉教授获评“全国模范教师”称号。

首次登顶珠峰采集的标本献给了母校

作为2020年珠峰高程测量冲顶小组成员，湖北省优秀共产党员、“荆楚好老师”、海洋学院陈刚教授全程参与了中尼珠峰高程测量这一国家任务。

▲ 陈刚教授(右)在珠穆朗玛峰采样(受访者 供图)

陈刚教授长期奋斗在大地测量、海洋测绘科教工作第一线，曾参与过汶川地震科技赈灾工作、学校组织的全球“7+2”登山科考，在珠峰地区开展了10余年的地壳运动监测工作，为青藏高原地质演化及全球地壳运动研究提供基础数据。2022年4月30日上午，他与其子陈李昊成功登顶珠穆朗玛峰。

▲ 陈刚教授捐赠的岩石标本(李富强 摄)

回校后，陈刚教授把在珠峰地区采集的2件菊石化石标本，以及分别在海拔5200m处、8600m处和8700m处采集的岩石标本捐给了中国地质大学逸夫博物馆。

▲ 吕新彪教授捐赠的磁铁矿晶簇标本

他说：“珠穆朗玛峰亿万年前曾是沧海桑田，这些标本是非常直观的地质教科书，放在博物馆能更好地发挥其科研价值。”

自学校建校以来，西藏科考一直是学校科研的重要领域。在“校友捐赠藏品展”中，还珍藏着一块学校西藏科考队岩石组1981年捐赠的斜长玢岩标本。它是1985届校友吕新彪捐赠的磁铁矿晶簇标本。当年师生、校友们科考的足迹从喜马拉雅山到雅鲁藏布江，从藏南到藏北，他们用现代地质科学的理论和手段取得了累累硕果，使中国地学界在世界青藏高原研究领域成为一股不容小觑的重要力量。

致力乡村振兴战略　海林檎化石落户武汉

海林檎，一种原始的有茎棘皮动物，体似林檎（沙果），又因海生，故名海林檎。如今，数块由冯庆来教授捐赠的海林檎化石，静静地躺在逸夫博物馆的展柜里，向广大游客诉说着它们的前世今生。

云南省保山市施甸县何元乡，4.6亿年前曾是一片汪洋，也是中国海林檎的故乡。2022年9月，中国地质学会公布第二批地质文化村（镇）评定结果和第二批天然富硒土地认定结果，施甸县何元乡获评“何元海林檎地质文化乡”，成为云南省首个全国地质文化乡。

▲ 冯庆来教授（右一）带领学生在何元乡勘查化石资源（受访者 供图）

2019年以来，学校开始定点帮扶施甸县，全力助推乡村振兴。长期从事古生物学研究的冯庆来教授带领古生物资源调查与评价帮扶团队，深入何元乡开展地层学和古生物学研究，挖掘当地的地学科普研学特色和潜力。经过对施甸县进行全域勘查，冯庆来教授团队发现并证实该地区具有在全国范围内较为完整的包括海林檎、环海林檎、海百合、腕足、珊瑚等10类化石在内的化石生物群落。团队编制完成的何元海林檎地质文化乡建设方案和研发的系列地学科普产品，为施甸县地学科普、研学旅游发展提供了新思路。

▲ 冯庆来教授捐赠的海林檎标本（李富强 摄）

心怀母校：海外校友不远万里送来珍贵标本

丝光沸石、自然铜、硅孔雀石、巨晶沸石、针沸石、富赤铁矿铁矿石……在“校友捐赠藏品展”现场，数件来自海外校友捐赠的标本令人惊奇。

捐赠丝光沸石等标本的刘光华，正是学校1978级硕士毕业生。他长期致力于矿物标本收藏、藏品科普教育传播及地质藏品保护工作，在海内外有着很高的知名度。2018年11月，他提供了近300件中国特有的精品矿物晶体，在中国地质大学逸夫博物馆举办“自然瑰宝　大美中华——中国特色矿物精品展”。几年来，该矿石精品展吸引了大量游客与师生前来参观学习。

▲ 刘光华校友（左）向逸夫博物馆捐赠陨石标本（王俊芳　摄）

2022年11月，他又提供了近300件来自世界各地的精品矿物晶体，在中国地质大学逸夫博物馆举办了“世界矿物精品展”，并将在此长期开展，为师生与游客提供一扇了解世界矿物宝石资源的窗口。此外，他还向母校捐赠了矿物与陨石标本近50件。他说：“在海外工作生活近40年，非常感谢母校的教育和培养。我要以实际行动回报母校、家乡和祖国！”

“70年的艰辛70年的奋斗，70年的创业70年的硕果，我们地大人从来没有停止攀登的脚步！”70周年校庆前夕，远在美国的1964级校友胡昌铭为母校送上深情祝福。2006年，他将在美国收集到的1块自然铜标本和1块硅孔雀石标本带回武汉，亲自捐给了母校。

▲ 校友胡昌铭捐赠的硅孔雀石标本（李富强　摄）

此外，学校的师生、校友还利用出差、访学等机会，将在海外千辛万苦得到的矿物、岩石标本捐给母校。1984年，陈森煌校友将产自希腊的1块致密块状铬铁矿标本和1块豆状铬铁矿捐给了母校；1987年，王光宇校友将1块采自太平洋深海5050m处的锰结核标本捐给了母校；1992年，1952届校友游振东教授、1982届校友桑隆康教授将1块产自俄罗斯贝加尔湖的橄榄岩标本捐给了母校；1997年，马力校友将1块产自西澳大利亚州帕拉伯杜铁矿的富赤铁矿铁矿石标本捐给了母校；2021年1月，1978级校友马昌前教授和地球科学学院王伟教授将1块采自阿曼苏丹国北部索哈尔地区的红色硅质岩标本捐给了母校……这里的每一块标本都承载着海内外校友对母校的关心和祝福，代表着校友们的拳拳爱心。

▲ 王光宇校友捐赠的太平洋深海锰结核标本（李富强 摄）

▲ 北京奥运会金牌用玉原石标本（李富强 摄）

北京奥运会金牌、铜牌用玉原石，小秦岭地区岩石薄片，贵州新铺鱼龙、震旦角石、海百合、三叶虫、菊石、鹦鹉嘴龙、凌源潜龙、狼鳍鱼、横宽秦岭虫等化石标本……自20世纪50年代以来，几代海内外校友在各种艰苦的野外环境下，采集、积累了大量地质标本，无偿捐赠给了母校。

副校长赖旭龙表示，校友们向母校捐赠的珍贵标本，不仅具有很强的专业教学功能，也具有很好的科普功能，寄托着海内外校友对老师、对母校的感恩和敬意，生动诠释了“艰苦朴素、求真务实”的校训精神。

“双一流”高校的建设，少不了一批优质的教学标本；一流博物馆的打造，离不开积极响应母校召唤的校友们。白驹过隙，七秩荣光。校友们充满爱心捐赠的标本，背后的故事精彩纷呈，现在这些标本仍在为师生、社会公众普及和传播地学知识。

（图文来源：地大新闻网）

中国地质大学（武汉）70周年校庆捐赠鸣谢

2022年11月7日，学校迎来70华诞。校庆捐赠工作启动以来，加强了校友和母校的联系，得到了来自各界校友、企业和团体的关注和大力支持，体现了广大校友对母校的深厚感情。在此，向各位捐赠者表示最诚挚的谢意！

截至目前，企业及其他社会组织捐赠名单如下：

龙岩市永翠慈善基金会

武汉佑辉科技有限公司

厦门三烨清洁科技股份有限公司

福建施沃德实业有限公司

紫金矿业基金会

河南羚锐制药股份有限公司

公安县佳源水务有限公司

湖北华鼎团膳管理股份有限公司

河南锦冠新能源集团有限公司

昆山捷美服装有限公司

东莞市洛克莱特科技有限公司

北京展雅展览服务有限公司

深圳诗普琳珠宝有限公司

武汉中地水石环保科技有限公司

湖北学府园餐饮管理有限公司

深圳市腾扬达科技有限公司

东方煜龙（北京）教育科技有限公司

武汉世纪中显科技有限公司

内蒙古远程与继续教育学院

武汉百礼汇科技有限公司

安百拓贸易有限公司

中煤科工西安研究院（集团）有限公司

个人捐赠名单如下:

殷鸿福院士

王丽

占志斌

李国强、程伟帅

朱玉锋

肖卫东

郭昭志

周愁

徐亮

季惠彬

团体捐赠名单如下:

高山院士研究团队

中国地质大学与广东省地质局联合办学第一届工程硕士班全体学生

测控技术与仪器专业全体校友

山西校友会

工程学院73951班全体校友

自动化学院073001班

另外,50余个单位及个人也通过捐赠实物的方式为学校发展助力。刘光华校友向学校捐赠的毛里塔尼亚石陨石(5kg)已在中国地质大学逸夫博物馆展出。瞰景科技发展(上海)有限公司向学校捐赠6套Smart 3D软件。航天宏图信息技术股份有限公司向学校捐赠3套VR设备。同时,有1000多位爱心人士及校友参与微信端小程序捐赠活动,为母校庆生。

大厦巍然,梁椽共举,慷慨捐赠,以资后学。衷心感谢各位校友及社会组织对地大70周年校庆的捐赠。站在建校70周年的新起点,学校将坚守立德树人初心,牢记为党育人、为国育才使命,扎实推进事业建设,以昂扬奋进姿态走好新的赶考之路,努力为国家培养出更多的优秀人才!